Leonhard Euler

オイラー
《ゼータ関数論文集》

黒川信重
Kurokawa Nobushige

小山信也
Koyama Shinya

馬場 郁
Baba Kaoru

高田加代子
Takada Kayoko

[著・訳]

日本評論社

はじめに

　ゼータ関数論は現代数学の根本であり，オイラー (1707–1783) がゼータ関数論の基本的なところを独力で発見してしまったことは有名である．本書では，オイラーの足跡を原論文に沿って見ていく．

　第 I 部では，オイラーのゼータ関数研究の概要をまとめ，解説をしている．それは，オイラーが 28 歳のときの「特殊値表示」，30 歳のときの「オイラー積表示」，42 歳のとき（32 歳が起点）の「関数等式」，61 歳のときの「積分表示」，そして 65 歳のときの「$\zeta(3)$ の表示」という 5 つの名所旧跡にあたる．

　第 II 部には，5 個のオイラー論文が日本語に翻訳してある．これらは第 I 部の 5 つの章にそれぞれ対応している．オイラー論文は 4 つがラテン語，1 つがフランス語である．テキストは『オイラー全集』に依拠している．オイラー論文の楽しさとともに難解さも日本語で味わってほしい．

　以上は，当初の予定通りであるが，本書ではオイラーの「絶対ゼータ関数論」の紹介を第 I 部第 6 章に収めている．絶対ゼータ関数論は 21 世紀の数学として数多くの研究が進行している．これらのオイラー論文は，オイラーが 67 歳〜69 歳の頃に研究されたものである．その内容が「絶対ゼータ関数論」と正しく認識されたのはオイラーの執筆以来 2 世紀半近く経った 2017 年のことであり，本書に収めることができるのは大いなる喜びである．

　このように，オイラーは 20 代から 60 代まで一生をかけてゼータ関数論を研究した．その範囲の広さと深さは実に超人的である．生きる模範としたい．

　本書によって，オイラーの多彩なゼータ関数論を楽しまれたい．

2018 年 3 月 6 日

著者・訳者を代表して

黒川信重

目次

はじめに   i

第 I 部　オイラーのゼータ関数研究の概要と解説

第 0 章　オイラーのゼータ関数とは何か   2

第 1 章　特殊値表示   7

第 2 章　オイラー積   16

第 3 章　関数等式   41

第 4 章　積分表示   62

第 5 章　$\zeta(3)$ の表示   80

第 6 章　オイラーの絶対ゼータ関数論   92

第 II 部　オイラーのゼータ関数論文（翻訳）

E 41　逆級数の和について (馬場 郁 訳)   114

E 72　無限級数に関するさまざまな考察 (馬場 郁 訳)   128

E 352　逆数の冪級数と元の級数の間の見事な関係についての考察 (高田 加代子 訳)   152

E 393　ベルヌーイ数を含む級数の和について (馬場 郁 訳)   171

E 432　解析の例題 (馬場 郁 訳)   207

第Ⅰ部
オイラーのゼータ関数研究の
概要と解説

第0章　オイラーのゼータ関数とは何か

　ゼータ関数は現代数学の基盤であり，至るところで活発な研究テーマとなっている．数学においては，ゼータ関数なしには話ができない，というのは多くの数学者の率直な実感である．それは，物理学における「分配関数（状態和）」の役割と対比して考えるとわかりやすい．物理学において分配関数は根本概念であり，分配関数なしに話ができる，と考える物理学者はいないのである．

　ゼータ関数はオイラー（1707年4月15日〜1783年9月18日）が発見したと言って過言ではない．オイラー以前に

$$\sum_{n=1}^{\infty} \frac{1}{n} = \infty$$

というオレームの結果（1350年頃，フランス）と

$$\sum_{n:奇数} \frac{(-1)^{\frac{n-1}{2}}}{n} = \frac{\pi}{4} \tag{0.1}$$

というマーダヴァの結果（1400年頃，インド；$\pi = 3.1415\cdots$ は円周率）が知られてはいたが――後者については第1章の論文においてオイラーはライプニッツの結果として引用し，

$$\sum_{n=0}^{\infty} \left(\frac{1}{8n+1} + \frac{1}{8n+3} - \frac{1}{8n+5} - \frac{1}{8n+7} \right)$$
$$= 1 + \frac{1}{3} - \frac{1}{5} - \frac{1}{7} + \frac{1}{9} + \frac{1}{11} - \frac{1}{13} - \frac{1}{15} + \text{etc.}$$
$$= \frac{\pi}{2\sqrt{2}}$$

というニュートンの結果（1676年10月24日付；mod 8 の指標付ゼータ関数の特殊値）に触れている――それらは単発的なものであり，系統立ったものではな

かったのである．

そのような時代背景において，オイラーは 20 歳代〜60 歳代にかけてゼータ関数の研究を行い，基本的な性質

(1) 特殊値表示（1735 年；28 歳）

(2) オイラー積（1737 年；30 歳）

(3) 関数等式（1739 年，1749 年；32 歳，42 歳）

(4) 積分表示（1768 年；61 歳）

(5) $\zeta(3)$ の表示（1772 年；65 歳）

をたった一人で発見したのである．さらに，2017 年に認識されたばかりであるが，

(6) オイラーの絶対ゼータ関数論（1774 年〜1776 年；67 歳〜69 歳）

という埋もれていたゼータ関数研究があることも報告されている（黒川信重「オイラーのゼータ関数論」『現代数学』2017 年 4 月号〜2018 年 3 月号）．

本書の第 I 部には (1)(2)(3)(4)(5)(6) の各テーマについての解説があり，第 II 部には (1)(2)(3)(4)(5) の原論文の翻訳がある．なお，(6) については第 I 部の解説中に原論文の様子がわかるように記述されている．

さて，ここで問題となるのは，オイラーにおいて「ゼータ関数」とは何だったのかということであり，オイラーの論文のうちどれを「ゼータ関数論」と見るべきかということである．まず，「ゼータ関数」という名前が定着したのは，オイラーから 100 年後のリーマン（1826 年 9 月 17 日〜1866 年 7 月 20 日）が 1859 年の論文において「$\zeta(s)$」という呼び方で

$$\zeta(s) = \sum_{n=1}^{\infty} n^{-s}$$

を指してからである，という問題がある．(5) の解説で述べてある通り，オイラーも Z（ラテン語では「ゼータ」）という記号を $\zeta(3)$ の研究において用いていたのではあったのだが，普及はしなかったようである．

したがって，文字通りに言えばオイラーの時代には「ゼータ関数論」はなく，(1)〜(6) の各々から代表的なものを例示すると，オイラーが示したのは，単に

(1) $\displaystyle\sum_{n=1}^{\infty} n^{-2} = \frac{\pi^2}{6}$

(2) $\displaystyle\sum_{n=1}^{\infty} n^{-2} = \prod_{p: \text{素数}} (1 - p^{-2})^{-1}$

4

(3) $\displaystyle\sum_{n=1}^{\infty} n^{-2} = -2\pi^2 \sum_{n=1}^{\infty} n$

(4) $\displaystyle\sum_{n=1}^{\infty} n^{-2} = \int_0^1 \frac{\log x}{x-1} dx$

(5) $\displaystyle\sum_{n=1}^{\infty} n^{-3} = \frac{2\pi^2}{7}\log 2 + \frac{16}{7}\int_0^{\frac{\pi}{2}} x\log(\sin x)dx$

(6) $\displaystyle\int_0^1 \frac{x-1}{\log x} dx = \log 2$

という等式の列でしかないとも言える．もっとも，そこにゼータの流れがあることは見る人が見ればわかるのであるが．

より一層はっきりさせるために，

$$\zeta_{\mathbb{Z}}(s) = \sum_{n=1}^{\infty} n^{-s}$$

というリーマンの記号に整数環 $\mathbb{Z}$ の記号を明示した記法を導入すれば，各テーマ (1)〜(5) に対しては

(1) $\zeta_{\mathbb{Z}}(2) = \dfrac{\pi^2}{6}$

(2) $\zeta_{\mathbb{Z}}(2) = \displaystyle\prod_{p:\,\text{素数}} (1 - p^{-2})^{-1}$

(3) $\zeta_{\mathbb{Z}}(2) = -2\pi^2 \zeta_{\mathbb{Z}}(-1)$

(4) $\zeta_{\mathbb{Z}}(2) = \displaystyle\int_0^1 \frac{\log x}{x-1} dx \left(= \frac{\pi^2}{6}\right)$

(5) $\zeta_{\mathbb{Z}}(3) = \dfrac{2\pi^2}{7}\log 2 + \dfrac{16}{7}\displaystyle\int_0^{\frac{\pi}{2}} x\log(\sin x)dx$

となるので，なるほど，オイラーは整数環 $\mathbb{Z}$ の解明のためにゼータ関数論を開拓していたのだなと納得することは難しいことではない．

これに比べて，(6) のテーマは，何がゼータなのか，あるいは何が「絶対ゼータ関数論」なのかという哲学的な問題も提出する．つまり「見立て」という問題である．実際，(6) は「単なる定積分」と，これまでの 250 年近く見られてきたのであった．これに対して，第 6 章で明確に解説する通り

(6) $\zeta_{GL(1)/\mathbb{F}_1}(2) = \exp\left(\displaystyle\int_0^1 \frac{x-1}{\log x} dx\right) (= 2)$

が絶対ゼータ関数論からの解釈である．つまり，これも別種のゼータ関数の積分
表示なのである．

しかも，オイラーは

$$\zeta_{\mathbb{Z}}(2) = \int_0^1 \frac{\log x}{x-1} dx = \frac{\pi^2}{6}$$

から通常のゼータ関数論 (1)(2)(3)(4)(5) を展開し，その積分内を上下逆転させて

$$\zeta_{GL(1)/\mathbb{F}_1}(2) = \exp\left(\int_0^1 \frac{x-1}{\log x} dx\right) = 2$$

から絶対ゼータ関数論 (6) を展開した，という構図も見えてくる．その逆転が起
こったのは，オイラーが 65 歳頃の 1770 年代前半であったこともわかる．

　オイラーの論文の森にこれから分け入る読者には，ちょっとした助言も有用で
あろう．まず，オイラーの論文には追うのが困難なことがよく起こってくること
は覚悟しておいた方がよい．むしろ，それを楽しむ余裕が欲しい．それは，計算
が複雑で追うのが難しいという場合もあるかも知れない．しかし，そうとばかり
とは限らない．たとえば，オイラー積を扱っている (2) の論文は

$$x = 1 + \frac{1}{2} + \frac{1}{3} + \frac{1}{4} + \frac{1}{5} + \frac{1}{6} + \text{etc.}$$

とおいて証明を始めて，オイラー積（定理 7）を導くのであり，これは「計算が複
雑で追うのが困難」という種類の難しさではなくて，そのまま読めば $x = \infty$（無
限大）から何かが導かれるという不条理の問題である．したがって，これを理性
的に解釈するには「等式」を如何なる意味で理解するかということが読者に投げ
かけられているのである．つまり，オイラーを読むということは読者が試されて
いるというチャレンジなのである．

　また，(1) の論文で引用しているニュートンの結果をオイラーはきちんと

$$1 + \frac{1}{3} - \frac{1}{5} - \frac{1}{7} + \frac{1}{9} + \frac{1}{11} - \frac{1}{13} - \frac{1}{15} + \text{etc.} = \frac{\pi}{2\sqrt{2}}$$

と（ mod 8 の表示で）書いているのであるが，きちんと理解していない人が写すと

$$1 + \frac{1}{3} - \frac{1}{5} - \frac{1}{7} + \frac{1}{9} + \frac{1}{11} - \text{etc.} = \frac{\pi}{2\sqrt{2}}$$

と書いたりするものである．このくらい項を書いておけばいいだろうと判断して
のことだろうが，本当のところをまったく理解していないことがすぐわかる．オ
イラーは一般項を書くことは少なく，様子が充分にわかるまでの項を書くという
方針であり，オイラーを写すなら，途中で省略されては困るのである．

オイラーを追うコツを1つ伝授しよう．それは，オイラーの論文を手書きで写すのが最善なのである．オイラーを何度も何度も —— ときには何十回も —— 写しているうちに心が澄むと同時に心境が進み各人なりの理解に至るものである．もちろん，それがオイラーの言いたかったことに一致するかどうかは保証の限りではない．

以上，簡単に解説した通り「オイラーのゼータ関数論」はさまざまなことを読む者に考えさせてくれる．明らかなことは，オイラーのゼータ関数論を読むことによって，発掘されていないゼータ宝石がたくさん埋まっていること，および未来の発展が限りないことを確信できることである．

第1章　特殊値表示

　これは，オイラーの出世作として有名な 1735 年 12 月 5 日付 (オイラー 28 歳) の論文である：論文番号 E 41. バーゼル問題としてよく知られた平方数の逆数の和

$$\sum_{n=1}^{\infty} \frac{1}{n^2}$$

を求める問題を解決している．その結論は

$$\sum_{n=1}^{\infty} \frac{1}{n^2} = \frac{\pi^2}{6}$$

である (論文 §11. なお，ここで §11, §12 などは論文中の節の数字)．もちろん，π は円周率 3.1415926$\cdots$ である．

　オイラーはこれだけでなく

$$\sum_{n=1}^{\infty} \frac{1}{n^4} = \frac{\pi^4}{90} \qquad \text{(論文 §12)}$$

$$\sum_{n=1}^{\infty} \frac{1}{n^6} = \frac{\pi^6}{945} \qquad \text{(論文 §13)}$$

$$\sum_{n=1}^{\infty} \frac{1}{n^8} = \frac{\pi^8}{9450} \qquad \text{(論文 §13)}$$

$$\sum_{n=1}^{\infty} \frac{1}{n^{10}} = \frac{\pi^{10}}{93555} \qquad \text{(論文 §18)}$$

$$\sum_{n=1}^{\infty} \frac{1}{n^{12}} = \frac{691\pi^{12}}{6825 \cdot 93555} \qquad \text{(論文 §18)}$$

も求めている．

　その計算方法は，「さすがオイラー！」と思わず声を掛けたくなるやり方であり，

8

三角関数の無限積分解

$$\sin(x) = x \prod_{n=1}^{\infty} \left(1 - \frac{x^2}{n^2 \pi^2} \right)$$

を用いるという，思い切ったものである．オイラー以外の人には解決できなかったのも仕方ない，とあきらめがつくというものである．

　ただし，一旦この無限積分解に着目すれば——それは後知恵というものであってオイラー以外は無限積に分解しようとも思わなかったのである——，無限積を展開して

$$\sin(x) = x \left(1 - \left(\sum_{n=1}^{\infty} \frac{1}{n^2} \right) \frac{x^2}{\pi^2} + \cdots \right)$$

$$= x - \frac{\zeta(2)}{\pi^2} x^3 + \cdots$$

となることは簡単にわかることである．さらに，1600 年代のライプニッツの研究から知られていた級数展開（これも実際にはマーダヴァが 1400 年頃には知っていたはず）

$$\sin(x) = x - \frac{1}{6} x^3 + \cdots$$

と見比べると

$$\frac{\zeta(2)}{\pi^2} = \frac{1}{6}$$

がわかる．つまり，

$$\zeta(2) = \frac{\pi^2}{6}$$

となり，バーゼル問題が見事に解決する（もちろん，π は "知られているもの" と理解した上であるが）．

　さて，ここで論文 E 41 の翻訳を見ていただきたい．すると，オイラーの業績として解説される上記の部分はオイラーの論文では他のいくつかの級数和の計算の間に書いてあることがわかる．しかもオイラーは，別のゼータ関数（L 関数）

$$L(s) = \sum_{n: \text{奇数}} \frac{(-1)^{\frac{n-1}{2}}}{n^s}$$

の特殊値表示

$$\sum_{n: \text{奇数}} \frac{(-1)^{\frac{n-1}{2}}}{n} = \frac{\pi}{4} \qquad （論文 \S 10）$$

$$\sum_{n:\text{奇数}} \frac{(-1)^{\frac{n-1}{2}}}{n^3} = \frac{\pi^3}{32} \qquad \text{(論文 §12)}$$

$$\sum_{n:\text{奇数}} \frac{(-1)^{\frac{n-1}{2}}}{n^5} = \frac{5\pi^5}{1536} \qquad \text{(論文 §13)}$$

$$\sum_{n:\text{奇数}} \frac{(-1)^{\frac{n-1}{2}}}{n^7} = \frac{61\pi^7}{184320} \qquad \text{(論文 §13)}$$

も同時に詳しく求めていたこともわかる. さらに,

$$\sum_{n=0}^{\infty} \Big(\frac{1}{8n+1} + \frac{1}{8n+3} - \frac{1}{8n+5} - \frac{1}{8n+7} \Big) = \frac{\pi}{2\sqrt{2}} \quad \text{(論文 §14)}$$

$$\sum_{n=0}^{\infty} \Big(\frac{1}{6n+1} + \frac{1}{6n+2} - \frac{1}{6n+4} - \frac{1}{6n+5} \Big) = \frac{2\pi}{3\sqrt{3}} \quad \text{(論文 §15)}$$

なども求めていることに気付く.

オイラーの求め方の基本は

$$y = \sin(A), \qquad 0 < A \leq \frac{\pi}{2}$$

に対して方程式

$$y = \sin(s)$$
$$= s - \frac{s^3}{3!} + \frac{s^5}{5!} - \frac{s^7}{7!} + \cdots$$

の解

$$s = A, \ \pi - A, \ -\pi - A, \ 2\pi + A, \ -2\pi + A, \ 3\pi - A,$$
$$-3\pi - A, \ 4\pi + A, \ -4\pi + A, \ 5\pi - A, \ -5\pi - A, \ \cdots$$

を見ることである. オイラーの主張 (論文 §5–§7) は, 方程式を

$$0 = 1 - \frac{s}{y} + \frac{s^3}{3!y} - \frac{s^5}{5!y} + \cdots$$

と書き変えておくと

$$1 - \frac{s}{y} + \frac{s^3}{3!y} - \frac{s^5}{5!y} + \cdots$$
$$= \Big(1 - \frac{s}{A} \Big) \Big(1 - \frac{s}{\pi - A} \Big) \Big(1 - \frac{s}{-\pi - A} \Big) \Big(1 - \frac{s}{2\pi + A} \Big) \Big(1 - \frac{s}{-2\pi + A} \Big) \cdots$$

と因数分解ができるので, s の 1 次の係数を比較して

$$\frac{1}{y} = \frac{1}{A} + \frac{1}{\pi - A} + \frac{1}{-\pi - A} + \frac{1}{2\pi + A} + \frac{1}{-2\pi + A} + \cdots$$

という等式を得る，というものである．

ここで，y をいろいろと取り換えるとゼータ関数（および L 関数）の特殊値を得ることができる．たとえば，

- §10 では $y = 1 \left(A = \frac{\pi}{2} \right)$ のときに

$$1 = \frac{2}{\pi} + \frac{2}{\pi} - \frac{2}{3\pi} - \frac{2}{3\pi} + \frac{2}{5\pi} + \frac{2}{5\pi} - \frac{2}{7\pi} - \frac{2}{7\pi} + \frac{2}{9\pi} + \frac{2}{9\pi} + \cdots$$

から

$$\left(1 - \frac{1}{3} \right) + \left(\frac{1}{5} - \frac{1}{7} \right) + \left(\frac{1}{9} - \frac{1}{11} \right) + \cdots = \frac{\pi}{4},$$

- §14 では $y = \frac{1}{\sqrt{2}} \left(A = \frac{\pi}{4} \right)$ のときに

$$\sqrt{2} = \frac{4}{\pi} + \frac{4}{3\pi} - \frac{4}{5\pi} - \frac{4}{7\pi} + \frac{4}{9\pi} + \frac{4}{11\pi} - \cdots$$

から

$$\left(1 + \frac{1}{3} - \frac{1}{5} - \frac{1}{7} \right) + \left(\frac{1}{9} + \frac{1}{11} - \frac{1}{13} - \frac{1}{15} \right) + \cdots = \frac{\pi}{2\sqrt{2}},$$

- §15 では $y = \frac{\sqrt{3}}{2} \left(A = \frac{\pi}{3} \right)$ のときに

$$\frac{2}{\sqrt{3}} = \frac{3}{\pi} + \frac{3}{2\pi} - \frac{3}{4\pi} - \frac{3}{5\pi} + \frac{3}{7\pi} + \frac{3}{8\pi} - \frac{3}{10\pi} - \frac{3}{11\pi} + \cdots$$

から

$$\left(1 + \frac{1}{2} - \frac{1}{4} - \frac{1}{5} \right) + \left(\frac{1}{7} + \frac{1}{8} - \frac{1}{10} - \frac{1}{11} \right) + \cdots = \frac{2\pi}{3\sqrt{3}}$$

を得ている．ただし，この最後のものはディリクレ指標の L 関数としては

$$2 \left(\left(1 - \frac{1}{5} \right) + \left(\frac{1}{7} - \frac{1}{11} \right) + \cdots \right)$$
$$- \left(\left(1 - \frac{1}{2} \right) + \left(\frac{1}{4} - \frac{1}{5} \right) + \cdots \right)$$

という 2 つの和になっていることを注意しておこう．

また，以上は 1 乗の和の形であったが，2 乗の和，3 乗の和，……の一般論は §8 に書いてあり，等式

$$1 - \frac{s}{y} + \frac{s^3}{3!y} - \frac{s^5}{5!y} + \cdots$$
$$= \left(1 - \frac{s}{A}\right)\left(1 - \frac{s}{\pi - A}\right)\left(1 - \frac{s}{-\pi - A}\right)\left(1 - \frac{s}{2\pi + A}\right)\left(1 - \frac{s}{-2\pi + A}\right)\cdots$$

を

$$1 - \alpha s + \beta s^2 - \gamma s^3 + \delta s^4 - \cdots = (1 - as)(1 - bs)(1 - cs)\cdots$$

と書いておくと（今の場合は $\beta = 0,\ \delta = 0,\ \cdots$）関係式

$$\begin{cases} a + b + c + d + \cdots = \alpha, \\ a^2 + b^2 + c^2 + d^2 + \cdots = \alpha^2 - 2\beta, \\ a^3 + b^3 + c^3 + d^3 + \cdots = \alpha^3 - 3\alpha\beta + 3\gamma, \\ a^4 + b^4 + c^4 + d^4 + \cdots = \alpha^4 - 4\alpha^2\beta + 4\alpha\gamma + 2\beta^2 - 4\delta \\ \cdots \end{cases}$$

から求められる，ということになる．

ここで，冪和と基本対称式（$\alpha,\ \beta,\ \gamma,\ \cdots$）との関係はオイラーにとっては手慣れたもので暗算のたぐいである．はじめの方は，2 次の場合

$$a^2 + b^2 + c^2 + d^2 + \cdots = (a + b + c + d + \cdots)^2 - 2(ab + ac + bc + \cdots)$$
$$= \alpha^2 - 2\beta$$

のように直接計算できるが，一般次の場合には対数微分を使うのが便利である（オイラー論文 E 153）．つまり

$$1 - \alpha x + \beta x^2 - \gamma x^3 + \cdots = (1 - ax)(1 - bx)(1 - cx)\cdots$$

としておくと，対数微分から

$$\frac{-\alpha + 2\beta x - 3\gamma x^2 + \cdots}{1 - \alpha x + \beta x^2 - \gamma x^3 + \cdots}$$
$$= \frac{-a}{1 - ax} + \frac{-b}{1 - bx} + \frac{-c}{1 - cx} + \cdots$$
$$= -a(1 + ax + a^2x^2 + \cdots) - b(1 + bx + b^2x^2 + \cdots) - c(1 + cx + c^2x^2 + \cdots) - \cdots$$
$$= -(a + b + c + \cdots) - (a^2 + b^2 + c^2 + \cdots)x - (a^3 + b^3 + c^3 + \cdots)x^2 - \cdots$$

において，左辺の分母を払って係数を比較することにより

$$a + b + c + \cdots = \alpha,$$
$$a^2 + b^2 + c^2 + \cdots = \alpha(a + b + c + \cdots) - 2\beta$$
$$= \alpha^2 - 2\beta,$$

$$a^3 + b^3 + c^3 + \cdots = \alpha(a^2 + b^2 + c^2 + \cdots) - \beta(a + b + c + \cdots) + 3\gamma$$
$$= \alpha^3 - 3\alpha\beta + 3\gamma,$$
$$\cdots$$

となるのである.

たとえば, 論文 §10 $\left(y = 1,\ A = \dfrac{\pi}{2}\right)$ のときは

$$1 - s + \frac{s^3}{6} - \cdots = \left(1 - \frac{2}{\pi}s\right)^2 \left(1 + \frac{2}{3\pi}s\right)^2 \cdots$$

であったので,

$$\begin{cases} a = \dfrac{2}{\pi},\ b = \dfrac{2}{\pi},\ c = -\dfrac{2}{3\pi},\ d = -\dfrac{2}{3\pi},\ \cdots \\[2mm] \alpha = 1,\ \beta = 0,\ \gamma = -\dfrac{1}{6},\ \delta = 0,\ \cdots \end{cases}$$

より,

$$a^2 + b^2 + c^2 + \cdots = \alpha^2 - 2\beta = 1,$$
$$a^3 + b^3 + c^3 + \cdots = \alpha^3 - 3\alpha\beta + 3\gamma = \frac{1}{2}$$

となるので

$$2\left(\left(\frac{2}{\pi}\right)^2 + \left(\frac{2}{3\pi}\right)^2 + \left(\frac{2}{5\pi}\right)^2 + \left(\frac{2}{7\pi}\right)^2 + \cdots\right) = 1,$$
$$2\left(\left(\frac{2}{\pi}\right)^3 - \left(\frac{2}{3\pi}\right)^3 + \left(\frac{2}{5\pi}\right)^3 - \left(\frac{2}{7\pi}\right)^3 + \cdots\right) = \frac{1}{2}$$

であり,

$$1 + \frac{1}{3^2} + \frac{1}{5^2} + \frac{1}{7^2} + \cdots = \frac{\pi^2}{8},$$
$$1 - \frac{1}{3^3} + \frac{1}{5^3} - \frac{1}{7^3} + \cdots = \frac{\pi^3}{32}$$

が得られる.

よって,

$$1 + \frac{1}{3^2} + \frac{1}{5^2} + \frac{1}{7^2} + \cdots$$
$$= \left(1 + \frac{1}{2^2} + \frac{1}{3^2} + \frac{1}{4^2} + \cdots\right) - \left(\frac{1}{2^2} + \frac{1}{4^2} + \cdots\right)$$
$$= \zeta(2) - \frac{1}{4}\zeta(2)$$
$$= \frac{3}{4}\zeta(2)$$

より

$$\zeta(2) = \frac{4}{3} \cdot \frac{\pi^2}{8} = \frac{\pi^2}{6} \qquad (\text{論文 §11})$$

および

$$L(3) = \frac{\pi^3}{32} \qquad (\text{論文 §12})$$

が得られたことになる．あとは同様である．

　ところで，根本問題なのであるが，オイラーが基本とした等式

$$1 - \frac{\sin(s)}{y}$$
$$= \left(1 - \frac{s}{A}\right)\left(1 - \frac{s}{\pi - A}\right)\left(1 - \frac{s}{-\pi - A}\right)\left(1 - \frac{s}{2\pi + A}\right)\left(1 - \frac{s}{-2\pi + A}\right)\cdots$$
$$(\text{☆})$$

は，そもそも正しいものなのであろうか？　実際，正確なものなのであるが，それにはちょっとした計算が必要である．

　オイラーの計算過程を疑う人は多いので，ここではきちんと確かめてみよう．その等式は s を x に改め，$y = \sin(A)$ と書き直せば

$$1 - \frac{\sin(x)}{\sin(A)}$$
$$= \left(1 - \frac{x}{A}\right) \prod_{n=1}^{\infty} \left\{ \left(1 - \frac{x}{(2n-1)\pi - A}\right)\left(1 - \frac{x}{-(2n-1)\pi - A}\right) \right.$$
$$\left. \times \left(1 - \frac{x}{2n\pi + A}\right)\left(1 - \frac{x}{-2n\pi + A}\right) \right\}$$

である．これを，現代の三角関数論の基本定理

$$\sin(x) = x \prod_{n=1}^{\infty} \left(1 - \frac{x^2}{n^2 \pi^2}\right)$$

から導くのは良い練習問題であるので，後に答えは書くが，自分でやってみてほしい．この基本定理も，もちろん，このオイラーの論文（§16）にて提出されたものである．基本定理の証明は現代の関数論では定番のものであるが，詳しくは，その背景とともに

　黒川信重『現代三角関数論』岩波書店，2013 年

14

の第 4 章を見られたい.

次のようにすればよい. まず,

$$1 - \frac{\sin(x)}{\sin(A)} = \frac{\sin(A) - \sin(x)}{\sin(A)}$$

$$= \frac{2\sin\left(\dfrac{A-x}{2}\right)\cos\left(\dfrac{A+x}{2}\right)}{2\sin\left(\dfrac{A}{2}\right)\cos\left(\dfrac{A}{2}\right)}$$

$$= \frac{\sin\left(\dfrac{A-x}{2}\right)}{\sin\left(\dfrac{A}{2}\right)} \cdot \frac{\cos\left(\dfrac{A+x}{2}\right)}{\cos\left(\dfrac{A}{2}\right)}$$

において, 基本定理からの

$$\sin\left(\frac{A-x}{2}\right) = \frac{A-x}{2}\prod_{n=1}^{\infty}\left(1 - \left(\frac{\dfrac{A-x}{2}}{n\pi}\right)^2\right),$$

$$\sin\left(\frac{A}{2}\right) = \frac{A}{2}\prod_{n=1}^{\infty}\left(1 - \left(\frac{\dfrac{A}{2}}{n\pi}\right)^2\right),$$

$$\cos\left(\frac{A+x}{2}\right) = \prod_{m:\text{奇数}}^{\infty}\left(1 - \left(\frac{\dfrac{A-x}{2}}{\dfrac{m\pi}{2}}\right)^2\right),$$

$$\cos\left(\frac{A}{2}\right) = \prod_{m:\text{奇数}}^{\infty}\left(1 - \left(\frac{\dfrac{A}{2}}{\dfrac{m\pi}{2}}\right)^2\right)$$

を用いる. ただし, 後の 2 つは

$$\cos(\theta) = \frac{\sin(2\theta)}{2\sin(\theta)}$$

の右辺に基本定理を用いて

$$\cos(\theta) = \prod_{m:\text{奇数}}\left(1 - \left(\frac{\theta}{\dfrac{m\pi}{2}}\right)^2\right)$$

としたものである.

すると,

$$1 - \frac{\sin(x)}{\sin(A)}$$

$$= \frac{A-x}{A} \prod_{n=1}^{\infty} \left(\frac{(n\pi)^2 - \left(\frac{A-x}{2}\right)^2}{(n\pi)^2 - \left(\frac{A}{2}\right)^2} \right) \prod_{m\,:\,\text{奇数}} \left(\frac{(m\pi2)^2 - \left(\frac{A+x}{2}\right)^2}{(m\pi2)^2 - \left(\frac{A}{2}\right)^2} \right)$$

$$= \left(1 - \frac{x}{A}\right) \prod_{n=1}^{\infty} \left(1 - \frac{x}{2n\pi + A}\right)\left(1 - \frac{x}{-2n\pi + A}\right)$$

$$\times \prod_{m\,:\,\text{奇数}} \left(1 - \frac{x}{m\pi - A}\right)\left(1 - \frac{x}{-m\pi - A}\right)$$

$$= \left(1 - \frac{x}{A}\right) \prod_{n=1}^{\infty} \left\{ \left(1 - \frac{x}{2n\pi + A}\right)\left(1 - \frac{x}{-2n\pi + A}\right) \right.$$

$$\left. \times \left(1 - \frac{x}{(2n-1)\pi - A}\right)\left(1 - \frac{x}{-(2n-1)\pi - A}\right) \right\}$$

となって，オイラーの等式 (☆) が正しいことがわかった.

　オイラーの書いていることの真意を理解することはしばしば困難なのであるが，オイラーを信じて従い自分なりに何度も計算をやってみると，そのうちオイラーを読むことが喜びに変わるのである.

第2章 オイラー積

　本章では，論文 E 72 の解説をする．これは，オイラーが 30 歳のときの著作で，「オイラー積の発見」という数学史上に残る偉大な業績を成し遂げた論文でもある．

　論文 E 72 は定理 1〜定理 19 からなり，定理 7 以降がオイラー積を扱っている．定理 1〜定理 6 は，その前段階で，種々の級数の値を求めている．

　ここでは，定理 1 から順に解説をしていく．まず，定理の意味を現代的な記法で正しく理解することが必要である．定理 1 で求めている級数の一般項に関し，オイラーは「任意の項は式 $\dfrac{1}{m^n - 1}$ で与えられる」と書いている．しかし，そこからこの級数を

$$\sum_{m=2}^{\infty} \sum_{n=2}^{\infty} \frac{1}{m^n - 1}$$

とするのは誤りである．定理 1 においては，項 m^n が，たとえば，$16 = 2^4 = 4^2$ のように 2 通りに表される場合，一度しか算入していないからである．$\dfrac{1}{15}$ は一度しか現れないのである．

　級数を正しい記法で表すには，自然数のうち，冪（power）であるようなものの集合を

$$\mathrm{Pow} = \{m^n \mid m \geqq 2,\, n \geqq 2,\, m, n \in \mathbb{Z}\}$$

とおき，

$$\sum_{k \in \mathrm{Pow}} \frac{1}{k - 1}$$

とすることになる．

　また，定理 1 の証明において，論文でオイラーが

$$x = 1 + \frac{1}{2} + \frac{1}{3} + \frac{1}{4} + \frac{1}{5} + \text{etc.}$$

とおいているが，この級数は発散するため，現代の記法では x とおくことはできない．そこで，以下に現代に通用する証明を掲げる．以下の証明では，2以上の自然数の全体を，Pow とその補集合

$$\overline{\mathrm{Pow}} = \{n \geqq 2 \mid n \in \mathbb{Z} \setminus \mathrm{Pow}\}$$

に分割して処理する．

また，オイラーの時代にはなかったリーマン・ゼータ関数の記号

$$\zeta(s) = \sum_{n=1}^{\infty} n^{-s} \qquad (\mathrm{Re}(s) > 1)$$

を用いる方が，現代人にはわかりやすく見通しが良くなるので，適宜用いることにする．

定理 1

$$\sum_{k \in \mathrm{Pow}} \frac{1}{k-1} = 1.$$

証明． $\mathrm{Re}(s) > 1$ とすると，以下の級数はいずれも収束する．

$$Z(s) = \sum_{n=2}^{\infty} \frac{1}{n^s - 1},$$

$$Z_{\mathrm{Pow}}(s) = \sum_{m \in \mathrm{Pow}} \frac{1}{m^s - 1},$$

$$Z_{\overline{\mathrm{Pow}}}(s) = \sum_{k \in \overline{\mathrm{Pow}}} \frac{1}{k^s - 1}.$$

すると，無限等比数列の和の公式により，

$$Z_{\overline{\mathrm{Pow}}}(s) = \sum_{k \in \overline{\mathrm{Pow}}} \frac{1}{k^s - 1}$$

$$= \sum_{k \in \overline{\mathrm{Pow}}} \frac{k^{-s}}{1 - k^{-s}}$$

$$= \sum_{k \in \overline{\mathrm{Pow}}} \sum_{l=1}^{\infty} k^{-ls}.$$

ここで，$n = k^l$ $(k \in \overline{\mathrm{Pow}}, l \geqq 2)$ とおくと，n は2以上の整数の全体をわたる

18

ので,

$$Z_{\overline{\mathrm{Pow}}}(s) = \sum_{n=2}^{\infty} n^{-s}.$$

よって,

$$
\begin{aligned}
Z_{\mathrm{Pow}}(s) &= Z(s) - Z_{\overline{\mathrm{Pow}}}(s) \\
&= \sum_{n=2}^{\infty} \frac{1}{n^s - 1} - \sum_{n=2}^{\infty} n^{-s} \\
&= \sum_{n=2}^{\infty} \frac{1}{(n^s - 1)n^s}
\end{aligned}
\tag{2.1}
$$

となる. これは $s > \dfrac{1}{2}$ で収束する. なぜなら, 任意の $s > \dfrac{1}{2}$ に対し,

$$n > 2^{\frac{1}{s}} \quad \Longleftrightarrow \quad n^s - 1 > \frac{n^s}{2}$$

であるから,

$$
\begin{aligned}
Z_{\mathrm{Pow}}(s) &< \sum_{2 \le n \le 2^{1/s}} \frac{1}{(n^s - 1)n^s} + \sum_{n > 2^{1/s}} \frac{2}{n^{2s}} \\
&< \sum_{2 \le n \le 2^{1/s}} \frac{1}{(n^s - 1)n^s} + 2\zeta(2s)
\end{aligned}
$$

となり, $\zeta(2s)$ は $s > \dfrac{1}{2}$ で収束するからである.

したがって, (2.1) に $s = 1$ を代入して

$$
\begin{aligned}
Z_{\mathrm{Pow}}(1) &= \sum_{n=2}^{\infty} \frac{1}{(n-1)n} \\
&= \sum_{n=2}^{\infty} \left(\frac{1}{n-1} - \frac{1}{n} \right) \\
&= \left(1 - \frac{1}{2} \right) + \left(\frac{1}{2} - \frac{1}{3} \right) + \cdots = 1.
\end{aligned}
$$

Q.E.D.

定理 2 は, 定理 1 の級数を偶数部分と奇数部分に分け, その内訳を求めたものである.

第 2 章 オイラー積 　19

定理 2

$$\sum_{k \in \mathrm{Pow} \cap 2\mathbb{Z}} \frac{1}{k-1} = \log 2.$$

すなわち，前定理と合わせると次式も成り立つ.

$$\sum_{k \in \mathrm{Pow} \cap (1+2\mathbb{Z})} \frac{1}{k-1} = 1 - \log 2.$$

証明. 　$\mathrm{Re}(s) > 1$ に対して，以下の級数はいずれも収束する.

$$Z^{\mathrm{odd}}(s) = \sum_{1 < n \in 1+2\mathbb{Z}} \frac{1}{n^s - 1},$$

$$Z^{\mathrm{odd}}_{\mathrm{Pow}}(s) = \sum_{m \in \mathrm{Pow} \cap (1+2\mathbb{Z})} \frac{1}{m^s - 1},$$

$$Z^{\mathrm{odd}}_{\overline{\mathrm{Pow}}}(s) = \sum_{k \in \overline{\mathrm{Pow}} \cap (1+2\mathbb{Z})} \frac{1}{k^s - 1}.$$

$Z^{\mathrm{odd}}(s) = Z^{\mathrm{odd}}_{\mathrm{Pow}}(s) + Z^{\mathrm{odd}}_{\overline{\mathrm{Pow}}}(s)$ であり，さらに，無限等比数列の和の公式により，

$$Z^{\mathrm{odd}}_{\overline{\mathrm{Pow}}}(s) = \sum_{k \in \overline{\mathrm{Pow}} \cap (1+2\mathbb{Z})} \frac{k^{-s}}{1 - k^{-s}}$$

$$= \sum_{k \in \overline{\mathrm{Pow}} \cap (1+2\mathbb{Z})} \sum_{l=1}^{\infty} k^{-ls}.$$

ここで，$n = k^l$ $(k \in \overline{\mathrm{Pow}} \cap (1+2\mathbb{Z}), l \geqq 2)$ とおくと，n は 2 以上の奇数の全体をわたるので，

$$Z^{\mathrm{odd}}_{\overline{\mathrm{Pow}(s)}}(s) = \sum_{1 < n \in 1+2\mathbb{Z}} n^{-s}.$$

よって，

$$Z^{\mathrm{odd}}_{\mathrm{Pow}}(s) = Z^{\mathrm{odd}}(s) - Z^{\mathrm{odd}}_{\overline{\mathrm{Pow}}}(s)$$

$$= \sum_{1 < n \in 1+2\mathbb{Z}} \frac{1}{n^s - 1} - \sum_{1 < n \in 1+2\mathbb{Z}} n^{-s}$$

$$= \sum_{1 < n \in 1+2\mathbb{Z}} \frac{1}{(n^s - 1)n^s}$$

となる. 定理 1 の証明で示したように, これは $s > \dfrac{1}{2}$ で収束するので, $s = 1$ を代入して

$$
\begin{aligned}
Z_{\mathrm{Pow}}^{\mathrm{odd}}(1) &= \sum_{1 < n \in 1 + 2\mathbb{Z}} \frac{1}{(n-1)n} \\
&= \sum_{1 < n \in 1 + 2\mathbb{Z}} \left(\frac{1}{n-1} - \frac{1}{n} \right) \\
&= \left(\frac{1}{2} - \frac{1}{3} \right) + \left(\frac{1}{4} - \frac{1}{5} \right) + \cdots \\
&= 1 - \left(1 - \frac{1}{2} + \frac{1}{3} - \frac{1}{4} + \cdots \right) = 1 - \log 2 .
\end{aligned}
$$

Q.E.D.

次の定理 3 は, 級数の分母をなす整数の記述が, 一見複雑である. ここで「4 の倍数で奇数の累乗より 1 だけ大きい」とは, 「$m \in \mathrm{Pow} \cap (1 + 2\mathbb{Z})$ に対して $m + 1$ が 4 の倍数になっている」という意味だから, 現代の言葉で表せば

$$
m \in \mathrm{Pow} \cap (1 + 2\mathbb{Z}) \quad \text{かつ} \quad m \equiv 3 \pmod 4
$$

となる. もう一方の「1 より小さい」は, 同様にして $m \equiv 1 \pmod 4$ に対応する. したがって, 定理 3 の主張は,

$$
\frac{\pi}{4} = 1 + \sum_{\substack{m \in \mathrm{Pow} \cap (1 + 2\mathbb{Z}) \\ m \equiv 3 \pmod 4}} \frac{1}{m+1} - \sum_{\substack{m \in \mathrm{Pow} \cap (1 + 2\mathbb{Z}) \\ m \equiv 1 \pmod 4}} \frac{1}{m-1}
$$

となる. さらに, この左辺は $m \pmod 4$ ごとに項が記載されているが, これは現代流にはディリクレ指標

$$
\chi(n) = (-1)^{\frac{n-1}{2}} \qquad (n \equiv 1 \pmod 2) \tag{2.2}
$$

を用いて簡潔に

$$
1 - \sum_{m \in \mathrm{Pow} \cap (1 + 2\mathbb{Z})} \frac{\chi(m)}{m - \chi(m)}
$$

と表せる. 以上を踏まえると, 定理 3 とその証明は以下のようになる.

定理 3 (2.2)で定義されるディリクレ指標 χ に対し, 次式が成り立つ.

$$
\sum_{m \in \mathrm{Pow} \cap (1 + 2\mathbb{Z})} \frac{\chi(m)}{m - \chi(m)} = 1 - \frac{\pi}{4} .
$$

証明. $\mathrm{Re}(s) > 1$ とする.

$$Z^{\chi}(s) = \sum_{1 < n \in 1+2\mathbb{Z}} \frac{\chi(n)}{n^s - \chi(n)}\,,$$

$$Z^{\chi}_{\mathrm{Pow}}(s) = \sum_{m \in \mathrm{Pow} \cap (1+2\mathbb{Z})} \frac{\chi(m)}{m^s - \chi(m)}\,,$$

$$Z^{\chi}_{\overline{\mathrm{Pow}}}(s) = \sum_{k \in \overline{\mathrm{Pow}} \cap (1+2\mathbb{Z})} \frac{\chi(k)}{k^s - \chi(k)}$$

とおく. 示すべき定理の右辺は, $Z^{\chi}_{\mathrm{Pow}}(1)$ に等しいので,

$$Z^{\chi}_{\mathrm{Pow}}(1) = 1 - \frac{\pi}{4}$$

を示せばよい. 定理 1 の証明と同様の変形により,

$$\begin{aligned}
Z^{\chi}_{\overline{\mathrm{Pow}}}(s) &= \sum_{k \in \overline{\mathrm{Pow}} \cap (1+2\mathbb{Z})} \frac{\chi(k)}{k^s - \chi(k)} \\
&= \sum_{k \in \overline{\mathrm{Pow}} \cap (1+2\mathbb{Z})} \frac{\chi(k)k^{-s}}{1 - \chi(k)k^{-s}} \\
&= \sum_{k \in \overline{\mathrm{Pow}} \cap (1+2\mathbb{Z})} \sum_{l=1}^{\infty} \chi(k^l)k^{-ls} \\
&= \sum_{1 < n \in 1+2\mathbb{Z}} \chi(n)n^{-s}
\end{aligned}$$

となるから,

$$\begin{aligned}
Z^{\chi}_{\mathrm{Pow}}(s) &= \sum_{1 < n \in 1+2\mathbb{Z}} \frac{\chi(n)}{n^s - \chi(n)} - \sum_{1 < n \in 1+2\mathbb{Z}} \chi(n)n^{-s} \\
&= \sum_{1 < n \in 1+2\mathbb{Z}} \left(\frac{\chi(n)}{n^s - \chi(n)} - \frac{\chi(n)}{n^s} \right) \\
&= \sum_{1 < n \in 1+2\mathbb{Z}} \frac{1}{(n^s - \chi(n))n^s}\,.
\end{aligned}$$

これは $s > \dfrac{1}{2}$ で絶対収束するので, $s = 1$ を代入し, $n = 2m+1$ とおいて変形すると,

$$Z^{\chi}_{\mathrm{Pow}}(1) = \sum_{1 < n \in 1+2\mathbb{Z}} \frac{1}{(n - \chi(n))n}$$

$$= \sum_{m=1}^{\infty} \frac{1}{((2m+1)-(-1)^m)(2m+1)} .$$

ここで, $m = \begin{cases} 2n-1 & (m：奇数) \\ 2n & (m：偶数) \end{cases}$ と分けると,

$$Z_{\mathrm{Pow}}^{\chi}(1) = \sum_{n=1}^{\infty} \left(\frac{1}{((4n-1)+1)(4n-1)} + \frac{1}{((4n+1)-1)(4n+1)} \right)$$

$$= \sum_{n=1}^{\infty} \left(\frac{1}{4n(4n-1)} + \frac{1}{4n(4n+1)} \right)$$

$$= \sum_{n=1}^{\infty} \left(\frac{1}{4n-1} - \frac{1}{4n} + \frac{1}{4n} - \frac{1}{4n+1} \right)$$

$$= \sum_{n=1}^{\infty} \left(\frac{1}{4n-1} - \frac{1}{4n+1} \right)$$

$$= \frac{1}{3} - \frac{1}{5} + \frac{1}{7} - \frac{1}{9} + \cdots$$

$$= 1 - \left(1 - \frac{1}{3} + \frac{1}{5} - \frac{1}{7} + \cdots \right) = 1 - \frac{\pi}{4} .$$

Q.E.D.

定理 4 も, 級数の分母の説明が複雑であり, 言い換えが必要である. 「奇数の累乗ではあるが平方数ではないものより, 1 だけ大きいか小さい」とは,

$$m \in (\mathrm{Pow} \cap (1+2\mathbb{Z})) \setminus \mathbb{Z}^2 \quad \text{に対して} \quad m \pm 1$$

ということである. 最後の部分の複号の決定は, $m \pm 1$ が「偶数回偶数（2 の偶数倍）」すなわち「4 の倍数」という条件によってなされる. これは,

$$m \equiv 1 \pmod 4 \quad \text{のとき} \quad m-1$$
$$m \equiv 3 \pmod 4 \quad \text{のとき} \quad m+1$$

を意味しているので, ディリクレ指標 (2.2) を用いて $m - \chi(m)$ と表される. さらに, この $m - \chi(m)$ を分母とした分数の符号が「1 だけ大きいときは＋」「1 だけ小さいときは－」で定められるので, 定理 4 では次の分数項を考えていることになる.

$$-\frac{\chi(m)}{m - \chi(m)} .$$

第 2 章 オイラー積 **23**

> **定理 4** (2.2)で定義されるディリクレ指標 χ に対し，次式が成り立つ.
> $$\sum_{m\in\mathrm{Pow}\cap(1+2\mathbb{Z})\setminus\mathbb{Z}^2} \frac{\chi(m)}{m-\chi(m)} = \frac{3}{4} - \frac{\pi}{4} .$$

証明.

$$\sum_{m\in\mathrm{Pow}\cap(1+2\mathbb{Z})\setminus\mathbb{Z}^2} \frac{\chi(m)}{m-\chi(m)}$$

$$= \sum_{m\in\mathrm{Pow}\cap(1+2\mathbb{Z})} \frac{\chi(m)}{m-\chi(m)} - \sum_{m\in(1+2\mathbb{Z})\cap\mathbb{Z}^2} \frac{\chi(m)}{m-\chi(m)}$$

$$= \sum_{m\in\mathrm{Pow}\cap(1+2\mathbb{Z})} \frac{\chi(m)}{m-\chi(m)} - \sum_{1<n\in 1+2\mathbb{Z}} \frac{\chi(n^2)}{n^2-\chi(n^2)}$$

$$= \sum_{m\in\mathrm{Pow}\cap(1+2\mathbb{Z})} \frac{\chi(m)}{m-\chi(m)} - \sum_{1<n\in 1+2\mathbb{Z}} \frac{1}{n^2-1} .$$

ここで右辺第 1 項と第 2 項をそれぞれ計算する．まず第 1 項は，定理 3 より

$$\sum_{m\in\mathrm{Pow}\cap(1+2\mathbb{Z})} \frac{\chi(m)}{m-\chi(m)} = 1 - \frac{\pi}{4}$$

となる．次に第 2 項は，

$$\sum_{1<n\in 1+2\mathbb{Z}} \frac{1}{n^2-1} = \sum_{m=1}^{\infty} \frac{1}{(2m+1)^2-1}$$

$$= \frac{1}{4} \sum_{m=1}^{\infty} \frac{1}{m(m+1)}$$

$$= \frac{1}{4} \sum_{m=1}^{\infty} \left(\frac{1}{m} - \frac{1}{m+1} \right)$$

$$= \frac{1}{4} \left(1 - \frac{1}{2} + \frac{1}{2} - \frac{1}{3} + \cdots \right) = \frac{1}{4} .$$

以上を合わせて

$$\sum_{m\in\mathrm{Pow}\cap(1+2\mathbb{Z})\setminus\mathbb{Z}^2} \frac{\chi(m)}{m-\chi(m)} = \frac{3}{4} - \frac{\pi}{4} .$$

Q.E.D.

定理4の系では，定理の右辺の級数を実際に書き下す作業を行っている．系1と系2で，その書き下し方を解説し，系3で具体的な級数の形を挙げ，系4で分母が10万以下の項を書き下すことによって，系5でπの近似値を求めている．

定理5は，「1を加えると4で割り切れる」は$m \equiv 3 \pmod 4$，すなわち$m \in 3+4\mathbb{Z}$を意味するので，以下のように表せる．

定理 5

$$\sum_{m \in \mathrm{Pow} \cap (3+4\mathbb{Z})} \left(\frac{1}{m-1} + \frac{1}{m+1} \right) = \frac{\pi}{4} - \log 2.$$

証明. 定理3において，

$$\chi(m) = \begin{cases} 1 & (m \equiv 1 \pmod 4) \\ -1 & (m \equiv 3 \pmod 4) \end{cases}$$

であるから，定理3は以下のように書き換えられる．

$$\frac{\pi}{4} = 1 - \sum_{m \in \mathrm{Pow} \cap (1+4\mathbb{Z})} \frac{1}{m-1} + \sum_{m \in \mathrm{Pow} \cap (3+4\mathbb{Z})} \frac{1}{m+1}.$$

一方，定理2より，

$$1 - \log 2 = \sum_{m \in \mathrm{Pow} \cap (1+4\mathbb{Z})} \frac{1}{m-1} + \sum_{m \in \mathrm{Pow} \cap (3+4\mathbb{Z})} \frac{1}{m-1}$$

であるから，辺々加えて

$$\frac{\pi}{4} - \log 2 = \sum_{m \in \mathrm{Pow} \cap (3+4\mathbb{Z})} \frac{1}{m+1} + \sum_{m \in \mathrm{Pow} \cap (3+4\mathbb{Z})} \frac{1}{m-1}.$$

Q.E.D.

次の定理6における「平方数であると同時に，さらに高次の冪でもあるようなすべての数」とは，要するに「任意の自然数の4乗以上の偶数冪」という意味であるから，それはすなわち「任意の冪乗数の2乗」と同義である．よって定理6は，次のようになる．

第 2 章 オイラー積　25

定理 6

$$\sum_{m \in \mathrm{Pow}} \frac{1}{m^2 - 1} = \frac{7}{4} - \frac{\pi^2}{6}.$$

証明．　(2.1)において $s = 2$ とすると，

$$\sum_{m \in \mathrm{Pow}} \frac{1}{m^2 - 1} = \sum_{n=2}^{\infty} \frac{1}{n^2 - 1} - \sum_{n=2}^{\infty} \frac{1}{n^2}.$$

右辺第 2 項は，オイラーによって計算されており，

$$\sum_{n=2}^{\infty} \frac{1}{n^2} = \zeta(2) - 1 = \frac{\pi^2}{6} - 1$$

である．また第 1 項は，次のようになる．

$$\begin{aligned}
\sum_{n=2}^{\infty} \frac{1}{n^2 - 1} &= \frac{1}{2} \sum_{n=2}^{\infty} \left(\frac{1}{n-1} - \frac{1}{n+1} \right) \\
&= \frac{1}{2} \left(\left(1 - \frac{1}{3} \right) + \left(\frac{1}{2} - \frac{1}{4} \right) + \cdots \right) \\
&= \frac{1}{2} \left(1 + \frac{1}{2} \right) \\
&= \frac{3}{4}.
\end{aligned}$$

よって，

$$\sum_{m \in \mathrm{Pow}} \frac{1}{m^2 - 1} = \frac{3}{4} - \left(\frac{\pi^2}{6} - 1 \right) = \frac{7}{4} - \frac{\pi^2}{6}.$$

Q.E.D.

これより，本論文の主題であるオイラー積の登場となる．定理 7 の「分子がすべての素数で，分母が分子より 1 少ないような分数」という記述は，一般項が $\dfrac{p}{p-1}$（p は素数）であることを意味しているので，定理 7 を文字通り書くと，次式のようになる．

$$\prod_{p:\text{素数}} \frac{p}{p-1} = \sum_{n=1}^{\infty} \frac{1}{n}. \tag{2.3}$$

これこそが，オイラー積がこの世に初めて登場した記念すべき等式である．しか

し，この式は両辺が ∞ であるから，現代の記法では意味をなさない．オイラーの主張は，この両辺が同程度の無限大であることであった．

以下，「同程度の無限大」の正確な意味を説明する．(2.3)の両辺の正確な定義は，

$$\prod_{\substack{p<x \\ p：素数}} \frac{p}{p-1}, \qquad \sum_{n<x} \frac{1}{n} \tag{2.4}$$

という有限積と有限和の極限である．この2式に関し，$x \to \infty$ における極限は ∞ であるが，両者が単に ∞ どうしであるだけでなく，増大度が同程度であることを定理7は主張している．

記号「$\sim$」を，

$$f(x) \sim g(x) \quad \Longleftrightarrow \quad \lim_{x \to \infty} \frac{f(x)}{g(x)} = 1$$

で定義すれば，まず (2.3) の右辺について，

$$\sum_{n<x} \frac{1}{n} \sim \log x$$

であることは，高校の授業でも扱う内容であり，よく知られている[1]．一方，左辺については，現代の数学では，以下のように解明されている．

$$\prod_{\substack{p<x \\ p：素数}} \frac{p}{p-1} \sim e^{\gamma} \log x . \tag{2.5}$$

ここで，$\gamma = 0.577215664901532$ はオイラー定数である．(2.5)の証明は

小山信也『素数とゼータ関数』（共立出版，2015年）

の定理 2.17 に述べた．証明は，$\zeta(s)$ を複素関数とみて，極 $s = 1$ の位数と留数を用いる．オイラーの時代にそこまでの考察はできなかったであろうから，オイラーがこの定数 e^{γ} をどこまで認識していたかはわからない．それよりも，定理7の主眼は無限大の比較であり，定数倍にはそれほど興味がなく，両辺ともに（定数倍を除けば）同程度の速さで発散するという事実が，定理7の主張であろうと考えられる．そして，その速さが $\log x$ で表されることを系1が主張している．したがって，定理7と系1は，以下のように現代風に言い換えられる．

---

1)　原論文で定理7，系1のあたりに $l\infty$ という表記が見られるが，この l は自然対数（$\log$）である．

第 2 章 オイラー積 27

> **定理 7** 定数 $C > 0$ が存在して，$x \to \infty$ における増大度に関する次式が成り立つ．
>
> $$\prod_{\substack{p < x \\ p : 素数}} \frac{p}{p-1} \sim C \sum_{n < x} \frac{1}{n} \; (\sim C \log x).$$

　定理 7 は「素数が無限個存在する」というユークリッドの定理の新証明を与える．というのは，仮に素数が有限個しか存在しなかったとすると，左辺は $x \to \infty$ としても有限積であるから値は有限となるはずであり，右辺がオレームの定理によって発散することに矛盾するからである．そして，この証明は単なる別証ではなく，素数の個数が「ある程度大きな無限大」であることを示している．無限積の中にも収束無限積と発散無限積があるわけで，仮に素数の個数が「小さな無限大」であれば，素数全体にわたる積が無限積であっても収束する可能性がある．これが発散するということは，素数の個数がある程度大きな無限大であることを意味している．その意味で，定理 7 はユークリッドの定理を 2000 年ぶりに改良した業績であるといえる．

　素数の無限性の改善を具体的に表しているのが系 2 である．系 2 では，定理 7 の左辺の p を平方数 n^2 で置き換えた式

$$\prod_{n=2}^{\infty} \frac{n^2}{n^2 - 1} = 2$$

と比較している．素数全体にわたる積が発散するのに対し，平方数全体にわたる積が収束するということから，ともに無数に存在する素数と平方数の無限大の大きさに差があることを観察している．系 2 は，素数の個数の無限大が「ある程度大きな無限大」であることを歴史上，初めて示した命題である．

　そして，系 3 は，逆に，素数の個数の無限大が「ある程度小さな無限大」であることを主張している．今度は平方数でなく普通の自然数で置き換え，

$$\prod_{n < x} \frac{n}{n-1} \sim x$$

と比較している．系の文面で「絶対的無限」と呼んでいるのは，この式の右辺，すなわち，x で表される増大度のことであり，それに比べると定理 7 の増大度が $\log x$（の定数倍）であり，かなり小さいことから，素数の無限大がある意味で小

さいことを主張している.

定理8は，収束域内での $\zeta(s)$ のオイラー積表示である．オイラーの証明は，各素数ごとにその倍数を取り除いていく方針だが，果たして本当にそれで全部取り除かれているのか（取り除いて残った部分が0に収束しているのか）など，一般人からみるとややわかりにくい面もあるので，ここでは現代流な証明を付けておく.

定理 8

$$\prod_{p:\text{素数}} \frac{p^s}{p^s - 1} = \sum_{n=1}^{\infty} \frac{1}{n^s}.$$

証明.　定理8の左辺の部分積で，$p < x$ なる素数全体からなるものを P_x とおく．無限等比数列の和の公式により，

$$P_x = \prod_{p < x} \left(1 - p^{-s}\right)^{-1}$$

$$= \prod_{p < x} \left(1 + p^{-s} + p^{-2s} + p^{-3s} + \cdots\right) = \sum_{n \in A_x} \frac{1}{n^s}.$$

ただし，A_x は，x 未満の素因子のみをもつような自然数全体の集合である．この式で $x \to \infty$ とした極限値が定理8の左辺であるから，右辺と左辺の差は，$\mathrm{Re}(s) > 1$ において

$$|\text{右辺} - \text{左辺}| = \left| \sum_{n=1}^{\infty} \frac{1}{n^s} - \lim_{x \to \infty} \sum_{n \in A_x} \frac{1}{n^s} \right| = \left| \lim_{x \to \infty} \sum_{n \notin A_x} \frac{1}{n^s} \right|$$

$$\leq \lim_{x \to \infty} \sum_{n \geq x} \left| \frac{1}{n^s} \right| = 0$$

となる.　　　　　　　　　　　　　　　　　　　　　　　　　　　　　Q.E.D.

系1, 2は，$s = 2, s = 4$ の場合に前章で解説した特殊値表示と合わせ，

$$\prod_{p:\text{素数}} \frac{p^2}{p^2 - 1} = \frac{\pi^2}{6}, \tag{2.6}$$

$$\prod_{p:\text{素数}} \frac{p^4}{p^4 - 1} = \prod_{p:\text{素数}} \frac{p^2}{p^2 - 1} \cdot \frac{p^2}{p^2 + 1} = \frac{\pi^4}{90} \tag{2.7}$$

第2章 オイラー積　29

を得たものである．系2では，(2.7)を(2.6)で割ることにより，次式も得ている．

$$\prod_{p:\text{素数}} \frac{p^2}{p^2+1} = \frac{\pi^2}{15}. \tag{2.8}$$

定理9の「奇素数の2乗を互いに1だけ異なる2つの部分に分ける」とは，奇素数 p に対してその2乗を

$$p^2 = \frac{p^2-1}{2} + \frac{p^2+1}{2}$$

と分けることである．p は奇数だから，$p^2 \equiv 1 \pmod 4$ であり，$\dfrac{p^2-1}{2}$ は偶数，$\dfrac{p^2+1}{2}$ は奇数である．よって，定理9は，次式を表している．

$$\prod_{p:\text{奇素数}} \frac{\dfrac{p^2+1}{2}}{\dfrac{p^2-1}{2}} = \frac{3}{2}.$$

現代の記法では，この式の左辺は未整理であるから，分母分子に2を掛けて整理し，さらに $p=2$ を算入して素数全体にわたる積に書き換えたものを，以下に定理として挙げる．

定理 9

$$\prod_{p:\text{素数}} \frac{p^2+1}{p^2-1} = \frac{5}{2}.$$

証明．　(2.6)を(2.8)で，辺々割ればよい．　　　　　　　　　　　Q.E.D.

定理10以降，定理8のオイラー積を用いてさまざまな積の値が求められていく．

定理 10

$$\prod_{p:\text{非素数奇数}} \frac{n^2-1}{n^2} = \frac{\pi^3}{32}.$$

証明．　ウォリスの公式により

$$\prod_{\substack{n>1 \\ n:奇数}} \frac{n^2-1}{n^2} = \frac{\pi}{4}.$$

一方，(2.6)より，

$$\prod_{p:奇素数} \frac{p^2}{p^2-1} = \frac{\pi^2}{8}. \tag{2.9}$$

辺々乗じて結論を得る。 $\qquad\qquad$ Q.E.D.

定理 11 で扱う一般項は，分子が素数 p であり，分母は「$p\pm 1$ のうち，4 の倍数である方」である。これは，ディリクレ指標 (2.2) を用いて $p-\chi(p)$ と表せる。したがって，定理 11 の分数は

$$\prod_{p:奇素数} \frac{p}{p-\chi(p)}$$

となり，これはディリクレ L 関数 $L(s,\chi)$ のオイラー積表示

$$L(s,\chi) = \prod_{p:奇素数} \frac{p^s}{p^s-\chi(p)}$$

に $s=1$ を代入したものである。したがって，定理 11 は，$s=1$ においてオイラー積が収束し，かつ，$\frac{\pi}{4}$ に等しいことを主張している。この証明は，条件収束することの困難さもあり，易しくない。正確な証明は，1874 年にメルテンスによって与えられた。証明については，

$\qquad$ 小山信也『素数とゼータ関数』（共立出版，2015 年）

の定理 5.5 を参照されたい。

定理 11 χ を (2.2) で定義されるディリクレ指標とするとき，
$$L(1,\chi) = \prod_{p:奇素数} \frac{p}{p-\chi(p)} = \frac{\pi}{4}.$$

定理 12 でいう「奇素数を互いに 1 だけ異なる 2 つの部分に分ける」とは，奇素数 p を

$$p = \frac{p+1}{2} + \frac{p-1}{2} \tag{2.10}$$

と分けることである．「そのうち偶数のもの」とは，$p \equiv 1 \pmod 4$ ならば $\dfrac{p-1}{2}$ であり，$p \equiv 3 \pmod 4$ ならば $\dfrac{p+1}{2}$ であるから，いずれの場合も $\dfrac{p-\chi(p)}{2}$ で表せる．したがって，定理 12 で扱っている分数は

$$\frac{\dfrac{p-\chi(p)}{2}}{\dfrac{p+\chi(p)}{2}}$$

となり，整理すると以下のようになる．

定理 12　χ を (2.2) で定義されるディリクレ指標とするとき，
$$\prod_{p\,:\,奇素数} \frac{p-\chi(p)}{p+\chi(p)} = 2 \,.$$

　証明．　定理 11 の両辺を 2 乗して逆数をとると，
$$\prod_{p\,:\,奇素数} \frac{(p-\chi(p))^2}{p^2} = \frac{16}{\pi^2} \,.$$

この式と (2.9) から得られる

$$\prod_{p\,:\,奇素数} \frac{p^2}{p^2-1} = \prod_{p\,:\,奇素数} \frac{p^2}{(p-\chi(p))(p+\chi(p))} = \frac{\pi^2}{8} \tag{2.11}$$

を辺々乗じて，結論を得る． $\hfill$ Q.E.D.

　定理 13 で用いられている分割は定理 12 と同じく (2.10) で与えられるが，今度は奇素数 p ではなく，非素数奇数 n に対して用いている．したがって，定理 13 で扱っている分数は

$$\frac{\dfrac{n-\chi(n)}{2}}{\dfrac{n+\chi(n)}{2}}$$

となり，整理すると以下のようになる．

定理 13　χ を (2.2) で定義されるディリクレ指標とするとき，

$$\prod_{\substack{n : \text{非素数奇数}}} \frac{n - \chi(n)}{n + \chi(n)} = \frac{\pi}{4} .$$

証明. ウォリスの公式

$$\prod_{\substack{n > 1 \\ n : \text{奇数}}} \frac{n - \chi(n)}{n + \chi(n)} = \frac{\pi}{2}$$

を定理 12 の結果で辺々割れば結論を得る.　　　　　　　　　　　　　 Q.E.D.

定理 14 では,「奇数回偶数」という用語が登場するが, すでに定理 5 でも使われており,「2 の奇数倍」すなわち「4 で割って 2 余るような偶数」という意味である. 分母は「分子の奇素数よりも 1 だけ大きいか小さい奇数回偶数」であるから, 分子を p とおけば, 分母は $p + \chi(p)$ となる. よって, 定理 14 は以下の形となる.

定理 14　 χ を (2.2) で定義されるディリクレ指標とするとき,

$$\prod_{\substack{p : \text{奇素数}}} \frac{p}{p + \chi(p)} = \frac{\pi}{2} .$$

証明.　　(2.11) を定理 11 で辺々割ればよい.　　　　　　　　　　 Q.E.D.

定理 15 で扱っている分数は, 分母の奇数 $n \geqq 1$ に対して分子の符号を $a(n)$ とおけば,

$$a(n) = \begin{cases} 1 & (n = 1 \text{ のとき}) \\ -\chi(p) & (n = p \text{ が素数のとき}) \\ a(p_1) \cdots a(p_r) & (n = p_1 \cdots p_r \text{ と素因数分解されるとき}) \end{cases} \tag{2.12}$$

と定義されるものである.

定理 15　 $a(n)$ を (2.12) で定義される数列とするとき,

$$\sum_{\substack{n : \text{奇数}}} \frac{a(n)}{n} = \frac{\pi}{2} .$$

証明. $a(n)$ が完全乗法的であるから，$\mathrm{Re}(s) > 1$ に対してオイラー積分解を用いることができる．

$$\sum_{n:\text{奇数}} \frac{a(n)}{n^s} = \prod_{p:\text{奇素数}} \left(1 - \frac{a(p)}{p^s}\right)^{-1}$$

$$= \prod_{p:\text{奇素数}} \frac{\left(1 - \dfrac{a(p)}{p^s}\right)^{-1} \left(1 + \dfrac{a(p)}{p^s}\right)^{-1}}{\left(1 + \dfrac{a(p)}{p^s}\right)^{-1}}$$

$$= \prod_{p:\text{奇素数}} \frac{\left(1 - \dfrac{1}{p^{2s}}\right)^{-1}}{\left(1 - \dfrac{\chi(p)}{p^s}\right)^{-1}}$$

$$= \frac{3}{4} \frac{\zeta(2s)}{L(s,\chi)} . \tag{2.13}$$

ただし，χ は (2.2)で定義されたディリクレ指標である．ここで，右辺は $\mathrm{Re}(s) \geqq 1$ で正則であるから，両辺で $s \to 1$ とすること[2]ができ，すでに得られている結果

$$\zeta(2) = \frac{\pi^2}{6} \qquad \text{および} \qquad L(1,\chi) = \frac{\pi}{4}$$

を代入して結論を得る． Q.E.D.

系は，上で得た値 $\dfrac{\pi}{2}$ が，$2L(1,\chi)$ に等しいことを指摘している．

一般に，$\mathrm{Re}(s) > 1$ に対して

$$\zeta_a(s) = \sum_{n:\text{奇数}} \frac{a(n)}{n^s} \tag{2.14}$$

とおけば，上の証明で得た (2.13)は，

$$\zeta_a(s) = \frac{3}{4} \frac{\zeta(2s)}{L(s,\chi)}$$

となる．

---

2) この事実をタウバー型定理と呼ぶ．すなわち，無限級数 $\displaystyle\sum_{n:\text{奇数}} \frac{a(n)}{n^s}$ は，$n < x$ にわたる部分和から $x \to \infty$ とした極限として定義されるため，ここで $s \to 1$ とする際に (2.13)の右辺を用いるためには，s と x の極限操作の順序交換が必要となる．両辺が $\mathrm{Re}(s) \geqq 1$ で正則であるという条件のもとに，順序交換の正当性を保証したのがタウバー型定理である．

定理 16 で扱っている級数の一般項は，記述がやや複雑だが，分母が「冪ではない奇数より 1 だけ大きい（または小さい）」ので，符号の説明と合わせると

$$\pm \frac{1}{n \mp 1} \qquad (n \in \overline{\mathrm{Pow}},\ 複号同順)$$

となる．複号は定理 15 で定義した $a(n)$ に一致するので，これは

$$\frac{a(n)}{n - a(n)} \qquad (n \in \overline{\mathrm{Pow}},\ 複号同順)$$

となり，定理は以下のような意味になる．

定理 16 $a(n)$ を (2.12) で定義される数列とするとき，
$$\sum_{n \in \overline{\mathrm{Pow}} \cap (1+2\mathbb{Z})} \frac{a(n)}{n - a(n)} = \frac{\pi}{2} - 1.$$

証明．　$\mathrm{Re}(s) > 1$ に対し，無限等比数列の和の公式から

$$\sum_{n \in \overline{\mathrm{Pow}} \cap (1+2\mathbb{Z})} \frac{a(n)}{n^s - a(n)} = \sum_{n \in \overline{\mathrm{Pow}} \cap (1+2\mathbb{Z})} \frac{\dfrac{a(n)}{n^s}}{1 - \dfrac{a(n)}{n^s}}$$

$$= \sum_{n \in \overline{\mathrm{Pow}} \cap (1+2\mathbb{Z})} \sum_{l=1}^{\infty} \frac{a(n)^l}{n^{ls}}$$

$$= \sum_{1 < n \in 1+2\mathbb{Z}} \frac{a(n)}{n^s}.$$

ここで $s \to 1$ とすると，定理 15 より右辺は $\dfrac{\pi}{2} - 1$ となるので結論を得る．　Q.E.D.

定理 17 で扱っている級数は，より複雑である．まず定理の文面を逐語的に解釈する．一般項は，

$$\frac{b(n)}{n} \qquad (n は奇数)$$

とおくと，$b(n)$（n は奇数）は次式で定義される．

$$b(n) = \begin{cases} 1 & (n = p は素数,\ p \equiv 3 \pmod 4 \text{ のとき}) \\ -1 & (n = p は素数,\ p \equiv 1 \pmod 4 \text{ のとき}) \\ b(p_1) \cdots b(p_{2r}) & (n = p_1 \cdots p_{2r} と偶数個の積に素因数分解されるとき). \end{cases}$$

この最後の部分で「偶数個」という制限が付いているのが特徴である．すなわち，奇数個の素因子の積に分解される場合は，$b(n) = 0$ とした上で

$$\sum_{n\,:\,\text{奇数}} \frac{b(n)}{n}$$

を考えている．まず，偶数個の場合，$b(n) = a(n) = \chi(n)$ であり，次に奇数個の場合は $a(n) = -\chi(n)$ であることに注意する（$a(n)$ は (2.12)，$\chi(n)$ は (2.2)で定義した）．これより，任意の奇数 $n \geqq 1$ に対して

$$b(n) = \frac{a(n) + \chi(n)}{2}$$

がわかる．分母の 2 を払うことにより，定理 17 は以下のように述べられる．

定理 17 $a(n)$ を (2.12)で定義される数列とし，$\chi(n)$ を (2.2)で定義されるディリクレ指標とするとき，

$$\sum_{n\,:\,\text{奇数}} \frac{a(n) + \chi(n)}{n} = \frac{3\pi}{4}.$$

証明． 定理 15 とマーダヴァの定理 (0.1)より，タウバー型定理（p.33 脚注）を経由[3] して結論を得る． Q.E.D.

定理 18 は，自然数 n の素因数分解を $n = p_1 \cdots p_r$ としたときに符号

$$\omega(n) = (-1)^r \qquad (n = p_1 \cdots p_r \text{と素因数分解されるとき}) \tag{2.15}$$

を割り当てるものであるから，オイラー積

$$L(s, \omega) = \prod_{p\,:\,\text{素数}} \left(1 - \frac{-1}{p^s}\right)^{-1} = \prod_{p\,:\,\text{素数}} \left(1 + \frac{1}{p^s}\right)^{-1}$$

の $s = 1$ における値を考えている．この値は収束するが絶対収束ではないため，

3）　ここでもタウバー型定理は必要である．この級数は絶対収束しないため，一般に和の順序交換ができない．したがって，

$$\sum_{n\,:\,\text{奇数}} \frac{a(n) + \chi(n)}{n} = \sum_{n\,:\,\text{奇数}} \frac{a(n)}{n} + \sum_{n\,:\,\text{奇数}} \frac{\chi(n)}{n}$$

と分けてから各級数を求める方法は使えないからである．

36

証明に当たっては一旦 $\mathrm{Re}(s) > 1$ として計算を進めるのがよい.

> **定理 18** $\omega(n)$ を (2.15)で定義するとき,
> $$\sum_{n=1}^{\infty} \frac{\omega(n)}{n} = 0.$$

証明. $\mathrm{Re}(s) > 1$ において,

$$L(s,\omega) = \prod_{p:\,\text{素数}} \frac{\left(1 + \dfrac{1}{p^s}\right)^{-1}\left(1 - \dfrac{1}{p^s}\right)^{-1}}{\left(1 - \dfrac{1}{p^s}\right)^{-1}}$$

$$= \prod_{p:\,\text{素数}} \frac{\left(1 - \dfrac{1}{p^{2s}}\right)^{-1}}{\left(1 - \dfrac{1}{p^s}\right)^{-1}}$$

$$= \frac{\zeta(2s)}{\zeta(s)}.$$

右辺は $\mathrm{Re}(s) = 1$ 上に正則に解析接続されるから,タウバー型定理(p.33 脚注)により両辺で $s \to 1$ とできる.$\zeta(1) = \infty$ より,$L(1,\omega) = 0$ となる.　　　Q.E.D.

系 1 は数学の命題というよりは観察を述べたものであり,調和数列

$$\sum_{n=1}^{\infty} \frac{1}{n} = \infty$$

の符号を適当に付け替えてこの和の値を 0 にできたことを宣言している.

系 2 は,定理 18 の級数のうち,n が奇数の項だけからなる部分和の値も 0 であることを主張している.すなわち,

$$\sum_{0 < n \in 1+2\mathbb{Z}} \frac{\omega(n)}{n} = 0. \tag{2.16}$$

これは,次のようにして証明できる.

$$L^{\mathrm{odd}}(s,\omega) = \sum_{0 < n \in 1+2\mathbb{Z}} \frac{\omega(n)}{n^s} \qquad (\mathrm{Re}(s) > 1)$$

とおく.オイラー積表示により,これは $L(s,\omega)$ と以下の関係がある.

$$L^{\mathrm{odd}}(s,\omega) = \prod_{p\,:\,奇素数} \left(1 - \frac{\omega(p)}{p^s}\right)^{-1}$$

$$= \left(1 - \frac{\omega(2)}{2^s}\right) L(s,\omega)$$

$$= \frac{3}{2} L(s,\omega).$$

よって，再びタウバー型定理により，定理 18 を用いて

$$L^{\mathrm{odd}}(1,\omega) = \frac{3}{2} L(1,\omega) = 0$$

を得る．これで (2.16) が示された．なお，このことから，オイラーが x と書いているのは，$L(1,\omega)$ のことであるとわかる．

オイラー積が，素数の個数の無限の大きさに関するユークリッド以来初めての改善をもたらすことは，定理 7 とその直後で説明した．本論文最後の定理 19 は，それを表す結果の 1 つであり，「素数の逆数の和は無限大である」というものである．素数が無限個あるので，素数の逆数の和は無限級数となるが，これが収束するか発散するかは，素数の個数の無限大の大きさに掛かっている．仮に素数の個数が「小さな無限大」であれば収束するだろうし，逆に「大きな無限大」であれば発散するだろう．

定理 19 では，これが発散すること，すなわち，素数の個数が大きな無限大であることを示しているばかりでなく，それが通常の無限大の log 程度の大きさであることまで主張している．現代流に書くと，次のようになる．

定理 19 $x \to \infty$ における以下の漸近式が成り立つ．

$$\sum_{\substack{p\,:\,素数 \\ p < x}} \frac{1}{p} \sim \log\left(\sum_{1 \leqq x < x} \frac{1}{n}\right) \quad (\sim \log\log x).$$

オイラーの証明は形式的であり，現代流に万人が理解できる形で証明を与えるにはより詳細な議論が必要である．証明の詳細は

　　小山信也『素数とゼータ関数』（共立出版，2015 年）

の定理 1.17 を参照されたい．

38

　ここでは，オイラーの証明方針に従って，素数の逆数の和が無限大に発散することの証明がどのように理解できるかを解説する．以下，

$$\sum_{\substack{p:\text{素数} \\ p<x}} \frac{1}{p} = \infty \tag{2.17}$$

を示す．

　オイラーの証明で

$$\log\left(1 + \frac{1}{2} + \frac{1}{3} + \cdots\right) = A + \frac{1}{2}B + \frac{1}{3}C + \cdots,$$

$$\left(A = \sum_{p:\text{素数}} p^{-1}, \quad B = \sum_{p:\text{素数}} p^{-2}, \quad C = \sum_{p:\text{素数}} p^{-3}, \quad \cdots\right)$$

と書かれている式は，$\zeta(s)$ のオイラー積表示の対数から得られる等式

$$\log\zeta(s) = \sum_{m=1}^{\infty} \sum_{p:\text{素数}} p^{-ms} \qquad (s > 1) \tag{2.18}$$

において $s = 1$ としたものに相当すると考えられる．ここで，

$$P(x) = \sum_{p:\text{素数}} p^{-s}$$

とおくと，(2.18)は

$$\log\zeta(s) = \sum_{m=1}^{\infty} P(ms)$$

となるので，$m = 1$ の項を取り分けて

$$P(s) = \log\zeta(s) - \sum_{m=2}^{\infty} P(ms)$$

が成り立つ．この右辺第2項は次のように処理できる．$s \geqq 1$ に対して

$$0 < \sum_{m=2}^{\infty} P(ms) < \sum_{m=2}^{\infty} P(m)$$

であり，この不等式の最右辺は

$$\sum_{m=2}^{\infty} P(m) = \sum_{p:\text{素数}} \sum_{m=2}^{\infty} \frac{1}{m} p^{-m}$$

$$< \sum_{p:\text{素数}} \sum_{m=2}^{\infty} p^{-m}$$

$$= \sum_{p:\text{素数}} \frac{p^{-2}}{1 - p^{-1}}$$

$$= \sum_{p:\text{素数}} \frac{1}{p(p-1)}$$

$$< \sum_{n=2}^{\infty} \frac{1}{n(n-1)}$$

$$= \sum_{n=2}^{\infty} \left(\frac{1}{n-1} - \frac{1}{n} \right) = 1$$

と評価される．以上より，

$$P(s) = \log \zeta(s) + O(1) \qquad (s > 1) \tag{2.19}$$

であるから，$s \to 1$ として結論を得る． Q.E.D.

定理 19 について，2 点ほど注意をしておこう．上の証明では，素数の逆数の和が無限大に発散することしか示せていない．より詳しく「$\log \log x$ と同程度の発散である」とのオイラーの主張は，以下のような考えによるものである．まず，$\zeta(1)$ が通常の調和数列であり，

$$\sum_{1 \le n < x} \frac{1}{n} \sim \log x$$

であることから，$\zeta(1)$ の無限を $\log \infty$ と表す．(2.19)より，$P(1)$ は $\log \zeta(1)$ と同程度の無限大であるから，$\log \log \infty$ となる．

このオイラーの結論は正しかったわけだが，途中の論理をきちんと書くには現代数学の記法が必要であった．詳細は，先に挙げた文献を参照されたい．

第 2 の注意は，この $\log \log x$ という増大度は，発散の速度が非常に遅いということである．現在知られているすべての素数の逆数の和を計算機で求めても，その値はやっと 4 を超える程度である．したがって，定理 19 は，計算機を用いた数値計算では予想すらできない結論であり，オイラーの洞察と数学の論理を以って初めて到達できた真実なのである．

オイラーがこの論文で発見したオイラー積は，20 世紀以降，ゼータ関数論に欠かせないものとなる．ゼータ関数は「元々オイラー積で定義されるもの」という概念が根付くことになるのだ．もはや「ディリクレ級数をオイラー積で表示した」

のではない．「ゼータ関数とはオイラー積のことである」と言ってもよいほどである．実際，20 世紀末にフェルマー予想の解決に用いられた保型 L 関数や，楕円曲線のゼータ関数（ハッセ・ゼータ関数），さらに，（アルティン L 関数を含む）ガロア表現の L 関数，そして極めつけは，リーマン予想を満たす関数族として知られるセルバーグ・ゼータ関数，これらのすべてが，最初からオイラー積によって定義されている．

第3章　関数等式

　本章では，1749 年，オイラーが 42 歳のときに執筆した論文 E 352 の解説を行う．これは，タイトルに「逆数の冪級数と元の級数の間の見事な関係についての考察」とある通り，ゼータ関数の関数等式に関する論文である．

　ゼータ関数 $\zeta(s)$ の関数等式は，1859 年にリーマンが

$$\zeta(1-s) = \zeta(s)2(2\pi)^{-s}\Gamma(s)\cos\left(\frac{\pi s}{2}\right) \tag{3.1}$$

を証明したが，これは元々オイラーが発見していた形であることが，この論文 E 352[1] からわかる．

　以下，この論文の各節に関して，順に解釈と解説をしていく．まずはじめに §1 で，オイラーは 2 種類の級数を挙げ，「第 1 種の級数（太陽の記号 ☉）」と「第 2 種の級数（月の記号 ☽）」と記している．それらは，いずれも自然数の交代和であり，第 1 種は正の冪乗和，第 2 種は負の冪乗和である．

　このうち収束級数として扱えるのは第 2 種の方であり，現代流に表せば，$n \geq 1$ に対し，

$$
\begin{aligned}
\text{「月の記号」} &= \frac{1}{1^n} - \frac{1}{2^n} + \frac{1}{3^n} - \frac{1}{4^n} + \frac{1}{5^n} - \frac{1}{6^n} + \frac{1}{7^n} - \frac{1}{8^n} + \cdots \\
&= \left(\frac{1}{1^n} + \frac{1}{2^n} + \frac{1}{3^n} + \frac{1}{4^n} + \frac{1}{5^n} + \frac{1}{6^n} + \frac{1}{7^n} + \frac{1}{8^n} + \cdots\right) \\
&\quad - 2\left(\frac{1}{2^n} + \frac{1}{4^n} + \frac{1}{6^n} + \frac{1}{8^n} + \cdots\right) \\
&= \zeta(n) - \frac{2}{2^n}\left(\frac{1}{1^n} + \frac{1}{2^n} + \frac{1}{3^n} + \frac{1}{4^n} + \cdots\right)
\end{aligned}
$$

---

　1)　オイラーは，実際にはこれより 10 年前にすでにこの事実に到達していた．これについては後述する．

$$= \zeta(n) \left(1 - 2^{1-n}\right) \tag{3.2}$$

となる．これに対して第 1 種の方は発散級数となるが，オイラーが扱っているのは，上式で $n = -m$ とした式であるから，

$$\text{「太陽の記号」} = \zeta(-m) \left(1 - 2^{1+m}\right) \tag{3.3}$$

となる．(3.2) (3.3) を踏まえ，以下，

$$\varphi(s) = \zeta(s) \left(1 - 2^{1-s}\right) \tag{3.4}$$

とおく．

複素関数論が未発達だった時代に，オイラーが発散級数の和を正しく求めたことは，傑出した業績の 1 つとされている．その証明は，級数の巧みな変形によるものであり，あたかも，オイラーが発散級数と収束級数をごちゃ混ぜに計算していたかのように感ずる向きもあるかもしれないが，この論文の §2 を見ると，決してそうではなかったことが明確にわかる．実際，§2 では，太陽の記号で表される級数の和が発散する事実が，値が増大していく様子にまで立ち入って，きわめてていねいに説明されている．

オイラーは，「第 1 種の級数が限りなく大きくなること」すなわち，無限大に発散することを踏まえた上で，級数の「和」に関して「拡張した定義を与える必要がある」と明記している．この「拡張した定義」こそが，後世の言う解析接続だったことになる．

§3 で，オイラーは「太陽の記号」で表される級数の値である

$$\varphi(-m) = \zeta(-m) \left(1 - 2^{1+m}\right)$$

を，$0 \leqq m \leqq 9$ に対して求めている．その方法は，無限等比級数の和の公式と，それを「微分する」または「x 倍して微分する」という操作を繰り返して得られる公式に，収束範囲の境界上の点である $x = 1$ を，あえて代入するというものである．現代では，$\zeta(s)$ の特殊値に関して

$$\zeta(-m) = (-1)^m \frac{B_{m+1}}{m+1} \qquad (m = 0, 1, 2, \cdots)$$

が知られているから，ここでオイラーが得ている値は

$$\varphi(-m) = \left(1 - 2^{1+m}\right) (-1)^m \frac{B_{m+1}}{m+1} \qquad (0 \leqq m \leqq 9)$$

のことである．ただし，B_k はベルヌーイ数であり，展開式

$$\frac{1}{e^u - 1} = \frac{1}{u} \sum_{k=0}^{\infty} \frac{B_k}{k!} u^k$$

によって定義される.

§4 の冒頭では,過去にオイラー自身が発見した特殊値 $\zeta(2k)$ $(k = 1, 2, 3, 4, 5)$ を記している.それは,オイラーが置いている係数列 $\{A, B, C, \cdots\}$ を $\{A_k \mid k = 1, 2, 3, \cdots\}$ と置くと,

$$\zeta(2k) = A_k \pi^{2k} \qquad (k = 1, 2, 3, \cdots)$$

と表せる.この値は,現代では

$$\zeta(2k) = \frac{(-1)^{k+1}(2\pi)^{2k} B_{2k}}{2(2k)!} \qquad (k = 1, 2, 3, \cdots) \tag{3.5}$$

であることが知られているから,

$$A_k = \frac{(-1)^{k+1} 2^{2k-1} B_{2k}}{(2k)!} \qquad (k = 1, 2, 3, \cdots) \tag{3.6}$$

という関係が成り立つ.オイラーはこの値を「この主題の中で最高に重要なもの」と位置づけ,§5 で A から R まで(すなわち,A_k $(1 \le k \le 17)$)の値を列挙している.

さて,§4 の前半で,オイラーは,係数どうしの間の関係式

$$A = \frac{1}{6},$$

$$B = \frac{2}{5} A^2,$$

$$C = \frac{4}{7} AB,$$

$$D = \frac{4}{9} AC + \frac{2}{9} B^2,$$

$$E = \frac{4}{11} AD + \frac{4}{11} BC,$$

$$\cdots$$

を記している.これは,A_k $(1 \le k \le 5)$ を A_j $(1 \le j < k)$ を用いて表す漸化式であり,書き換えると

$$A_1 = \frac{1}{6},$$

$$A_2 = \frac{2}{5} A_1^2,$$

$$A_3 = \frac{4}{7} A_1 A_2,$$

$$A_4 = \frac{4}{9} A_1 A_3 + \frac{2}{9} A_2^2,$$

$$A_5 = \frac{4}{11} A_1 A_4 + \frac{4}{11} A_2 A_3,$$

$$\cdots$$

となる．これらは，A_n を積 $A_k A_{n-k}$ $(k = 1, 2, \cdots, n-1)$ によって表した式である．(3.6) より，これは B_{2n} をベルヌーイ数の積 $B_{2k} B_{2n-2k}$ $(k = 1, 2, \cdots, n-1)$ によって表す式となる．そしてそれは，ベルヌーイ数に関する以下の公式となる．

$$(2n + 1)B_{2n} = -\sum_{k=1}^{n-1} \binom{2n}{2k} B_{2k} B_{2n-2k}. \tag{3.7}$$

この公式は，上に見たように，オイラーが最初の数項について成立を確認したため，「ベルヌーイ数に関するオイラーの定理（またはオイラーの公式）」と呼ばれるが，一般項に対する証明を行ったのはフォン・スタウト（1845 年）が最初であるとされる．

　重要な公式は，往々にして多くの別証をもつものであり，この公式 (3.7) も，複数の方法で証明されてきた．ここでは，バーント（1975 年）による証明を紹介しておく．

　関数 $f(z)$, $g(z)$ を，

$$f(z) = \frac{z}{e^z - 1}$$

$$= 1 - \frac{z}{2} + \sum_{n=2}^{\infty} \frac{z^n}{n!} B_n$$

$$= 1 - \frac{z}{2} + g(z) \tag{3.8}$$

と置く．証明のポイントは，

$$(zf(z))' = f(z) + zf'(z) \tag{3.9}$$

を，微分を使わずに $f(z)$ と $f(z)^2$ だけで表すことである．実際，

$$(zf(z))' = \left(\frac{z^2}{e^z - 1}\right)'$$

$$= \frac{2z(e^z - 1) - z^2 e^z}{(e^z - 1)^2}$$

$$= \frac{2z(e^z - 1) - z^2(e^z - 1) - z^2}{(e^z - 1)^2}$$

$$= \frac{(2 - z)z}{e^z - 1} - \frac{z^2}{(e^z - 1)^2}$$

$$= (2 - z)f(z) - f(z)^2$$

となる. (3.8) より,

$$(zf(z))' = (2 - z)\left(1 - \frac{z}{2} + g(z)\right) - \left(1 - \frac{z}{2} + g(z)\right)^2$$

$$= \left(1 - \frac{z}{2}\right)^2 - g(z)^2$$

である. $g(z)^2$ の展開における z^{2n} の係数を求めるに当たり, $n > 1$ が奇数のとき に $B_n = 0$ である事実を用いる. n が偶数のときだけ考えればよいから, $n = 2k, 2l$ と置き,

$$g(z)^2 = \left(\sum_{k=1}^{\infty} \frac{z^{2k}}{(2k)!} B_{2k}\right)\left(\sum_{l=1}^{\infty} \frac{z^{2l}}{(2l)!} B_{2l}\right)$$

$$= \sum_{k=1}^{\infty}\sum_{l=1}^{\infty} \frac{z^{2k+2l}}{(2k)!(2l)!} B_{2k} B_{2l}$$

$$= \sum_{n=2}^{\infty}\sum_{k=1}^{n-1} \frac{z^{2n}}{(2k)!(2n-2k)!} B_{2k} B_{2n-2k}.$$

ただし, 最後の変形では $n = k + l$ と置き, k, l に関する 2 重和を k, n に関する 2 重和に書き換えた. よって, $(zf(z))'$ の展開式における z^{2n} $(n \geq 2)$ の係数は,

$$\sum_{k=1}^{n-1} \frac{1}{(2k)!(2n-2k)!} B_{2k} B_{2n-2k} \tag{3.10}$$

となる.

一方, (3.9) より, $(zf(z))'$ の展開式をもう 1 つ得ることができる. それは,

$$(zf(z))' = \left(z \sum_{n=0}^{\infty} \frac{z^{2n}}{(2n)!} B_{2n} \right)'$$

$$= \left(\sum_{n=0}^{\infty} \frac{z^{2n+1}}{(2n)!} B_{2n} \right)'$$

$$= \sum_{n=0}^{\infty} \frac{(2n+1)z^{2n}}{(2n)!} B_{2n}$$

であり，z^{2n} の係数は，

$$\frac{2n+1}{(2n)!} B_{2n}$$

となる．(3.10) と比較して，(3.7) を得る． （証明終）

公式 (3.7) はベルヌーイ数に関する漸化式だが，ゼータ関数の特殊値 (3.5) を経由して，数列

$$\zeta(2), \ \zeta(4), \ \zeta(6), \ \zeta(8), \ \cdots, \ \zeta(2n), \ \cdots$$

の漸化式に書き換えられる．それは，

$$\left(n + \frac{1}{2} \right) \zeta(2n) = \sum_{k=1}^{n-1} \zeta(2k)\zeta(2n-2k) \qquad (n \geqq 2)$$

という公式であり，これより，$\zeta(2n)$ の値は $\zeta(2k)$ $(k < n)$ の値から帰納的に求めることができる．

§4 の後半で，オイラーは級数 (3.2) の値を $n = 2, 4, 6, 8, 10, 12$ に対して求めている．(3.5) より，この値は一般の偶数 n に対して

$$\varphi(n) = \frac{(1 - 2^{1-n})(-1)^{\frac{n}{2}+1}(2\pi)^n B_n}{2n!} \tag{3.11}$$

であることがわかる．

以上は，n が偶数の場合に限った結果であり，n が奇数の場合の値を求める問題は解かれず，現在も未解決のままである．n が偶数の場合に $\zeta(n)$ が π^n を用いて表されたので，奇数の場合もそうなっているのではないか，たとえば，$\zeta(3)$ は π^3 を用いて表されるのではないかとの予想を，誰もが最初は素朴に抱くであろう．しかし，ここでオイラーはこの問題に対して「π の冪乗が役に立たないことは確かである」と明言している．

第3章　関数等式　47

　ここで，オイラーのいう「役に立たない」という表現が，どこまで深い意味を含んでいるかは議論の余地がある．少なくとも，その主張が「$n > 1$ が奇数のときの $\zeta(n)$ の値が

$$(有理数) \times \pi^n$$

の形には表せない」という意味を含んでいることは確実だろう．そこで，π の冪乗以外の新たな因子が必要であるとの認識から，この値に関し，20 世紀後半からいくつかの予想が立てられるようになった．それらはリヒテンバウム予想や，ベイリンソン–ブロック予想と呼ばれる予想（の一部）である．残念ながら，$\zeta(3)$ の具体的表示までは（予想の段階ですら）至っていないが，それらの予想では，大まかにいって，n が奇数のとき，$\zeta(n)$ が

$$(有理数) \times (\pi の冪) \times (\log 2 のような値)$$

という構造をしているとされている．ここで現れた最後の因子「$\log 2$ のような値」は，高次単数規準と呼ばれる量であり，π とは別種の超越数であると考えられているが，詳しい性質は未解明である．

　オイラーが「π の冪乗が役に立たない」と言っていることは，単に，高次単数規準のような新しい数の必要性を予見していた意味であったのだろうか．それとも，予想に「π の冪」が入ることすらも否定したいのだろうか．オイラーの研究の真意が，この 21 世紀にも新たに解明され続けている現状を思うと，実はオイラーは，後世が想像する以上に $\zeta(3)$ について深く知っていたのではないかとの希望も湧いてくる．将来，オイラーのこの言葉の意味がわかる日が来るのかもしれない．

　さて，前述のとおり，§3 でオイラーは (3.3) の値を，無限等比級数やそれを微分して得られる冪級数の和の公式に $x = 1$ を代入する方法で求めたが，§6〜§8 では，この値を求める別の方法を紹介している．それは，現代の用語で「オイラー和公式」や「オイラー–マクローリンの定理」と呼ばれるものであり，以下の形式で書かれる：

　$g(x)$ が区間 $[0, n]$ 上の C^k–級の複素数値関数であるとき，

$$\sum_{r=1}^{n} g(r) - \int_0^n g(t)dt$$

$$= \sum_{j=1}^{k} (-1)^j \frac{B_j}{j!} (g^{(j-1)}(n) - g^{(j-1)}(0)) + \frac{(-1)^{k-1}}{k!} \int_0^n B_k (t - [t]) g^{(k)}(t) dt.$$
$$(3.12)$$

§7 の冒頭でオイラーが書いている式を，現代の記法で書き直すと

$$f(x) + f(x + 2\alpha) + f(x + 4\alpha) + \cdots$$
$$= -\frac{1}{2\alpha} \int f(x) dx + \frac{1}{2} f(x) - \alpha A_1 \frac{df}{dx} + \alpha^3 A_3 \frac{d^3 f}{dx^3} - \alpha^5 A_5 \frac{d^5 f}{dx^5} + \cdots$$

となるが，右辺第 1 項の積分を左辺に移項すると

$$(f(x) + f(x + 2\alpha) + f(x + 4\alpha) + \cdots) + \frac{1}{2\alpha} \int f(x) dx$$
$$= \frac{1}{2} f(x) - \alpha A_1 \frac{df}{dx} + \alpha^3 A_3 \frac{d^3 f}{dx^3} - \alpha^5 A_5 \frac{d^5 f}{dx^5} + \cdots \quad (3.13)$$

となり，(3.12) で $n \to \infty$ としたものに類似の形となる．実際，(3.13) の左辺の級数

$$\sum_{r=0}^{\infty} f(x + 2r\alpha)$$

は，(3.12) の左辺第 1 項で $g(r) = f(x + 2(r-1)\alpha)$ とし，$n \to \infty$ としたものに相当する．一方，(3.12) の右辺第 1 項の j にわたる級数は，微分の階数にわたる交代和であり，係数にベルヌーイ数が現れ，オイラーの論文中の式 (3.13) の右辺に一致する．ただし，$n \to \infty$ としたとき，(3.12) の両辺の第 2 項の積分

$$\int_0^{\infty} g(t) dt \qquad \text{および} \qquad \int_0^{\infty} B_k (t - [t]) g^{(k)}(t) dt$$

は，一般に収束するとは限らない．実際，§7 の後半でオイラーが具体的に用いている関数

$$g(r) = (x + r - 1)^m$$

の場合，両者とも発散する．その意味で，このオイラーの証明も現代の数学で厳密な理解をすることはできないが，オイラーは正しい結論を得ている．そしてその結果を用いることにより，オイラーは §8 で，

$$\varphi(-m) = \left(1 - 2^{1+m}\right) (-1)^m \frac{B_{m+1}}{m+1} \qquad (0 \leqq m \leqq 10) \quad (3.14)$$

を再び得ている．

§9 から，いよいよ本論文の主題である関数等式となる．オイラーの着想は，太

陽と月の 2 種類の特殊値 (3.3)(3.2) で，共通のベルヌーイ数をもつもの，すなわち，$\varphi(n)$ と $\varphi(1-n)$ の比を取り，B_n を約分し消去することにより関係を見出そうというものである．その操作は，2 以上の偶数 n に対して以下のように記される：

$$\frac{\varphi(1-n)}{\varphi(n)} = \frac{(1-2^n)(-1)^{n-1}\dfrac{B_n}{n}}{\dfrac{(1-2^{1-n})(-1)^{\frac{n}{2}+1}(2\pi)^n B_n}{2n!}}$$

$$= \frac{(n-1)!(-1)^{\frac{n}{2}}}{\pi^n} \cdot \frac{2^n-1}{2^{n-1}-1} .$$

n が 3 以上の奇数のときは，$\varphi(n) > 0$ である一方，(3.14) より $\varphi(1-n) = 0$ であるから，

$$\frac{\varphi(1-n)}{\varphi(n)} = 0$$

となる．最後に $n = 1$ のときは，(3.14) より

$$\varphi(1-n) = \varphi(0) = -B_1 = -\frac{1}{2}$$

であり，一方，

$$\varphi(n) = \varphi(1) = 1 - \frac{1}{2} + \frac{1}{3} - \frac{1}{4} + \cdots = \log 2$$

であるから，

$$\frac{\varphi(1-n)}{\varphi(n)} = \frac{1}{2\log 2}$$

である．以上をまとめると，

$$\frac{\varphi(1-n)}{\varphi(n)} = \begin{cases} \dfrac{(n-1)!(-1)^{\frac{n}{2}}}{\pi^n} \cdot \dfrac{2^n-1}{2^{n-1}-1} & (2 \leqq n \in 2\mathbb{Z}) \\ 0 & (3 \leqq n \in (1+2\mathbb{Z})) \\ \dfrac{1}{2\log 2} & (n = 1) \end{cases} \quad (3.15)$$

となる．

　オイラーはこの結果を 1 つにまとめて一般的な予想を立てる作業を，§10 で行っている．すなわち，$n \in 2\mathbb{Z}$ に対して

$$(-1)^{\frac{n}{2}} = \cos \frac{n\pi}{2}$$

であり，この右辺は n が奇数のときに 0 となるので，(3.15) のうち第 1 と第 2 の

50

場合をまとめて

$$\frac{\varphi(1-n)}{\varphi(n)} = \frac{(n-1)!}{\pi^n} \cdot \frac{2^n - 1}{2^{n-1} - 1} \cos\frac{n\pi}{2} \qquad (2 \leqq n \in \mathbb{Z}) \qquad (3.16)$$

と表せる．当然，(3.4) を用いて $\varphi(n)$ を $\zeta(s)$ に書き換えれば，(3.16) は，後にリーマンが一般の $s \in \mathbb{C}$ に対して証明した $\zeta(s)$ の有名な関数等式

$$\frac{\zeta(1-s)}{\zeta(s)} = \frac{2\Gamma(s)\cos\frac{\pi s}{2}}{(2\pi)^s}$$

の形と一致する．

オイラーは本論文においてこれ以降，等式 (3.16) がより一般の n に対して成り立つと考え，これを「予想」と呼び，§11 以降で，この予想の検証を行っている．

§11 は，$n = 1$ に対する検証である．このとき，(3.15) より

$$\frac{\varphi(0)}{\varphi(1)} = \frac{1}{2\log 2}$$

であるから，(3.16) の右辺が $n = 1$ において $\dfrac{1}{2\log 2}$ に等しくなることを確認すればよい．(3.16) に $n = 1$ を代入すると分母と分子がともに 0 となるが，n を実変数と考え，$n \to 1$ の極限値をとれば，

$$\begin{aligned}
\lim_{n \to 1}(3.16) &= \frac{1}{\pi}\lim_{n \to 1}\frac{\cos\dfrac{n\pi}{2}}{2^{n-1} - 1}\\
&= \frac{1}{\pi} \cdot \frac{\pi}{2\log 2}\\
&= \frac{1}{2\log 2}
\end{aligned}$$

となり，予想が正しいことがわかる．

次に，§12 は，$n = 0$ に対する検証である．このとき，(3.15) より

$$\frac{\varphi(1)}{\varphi(0)} = 2\log 2$$

であるから，(3.16) の右辺が $n = 0$ において $2\log 2$ に等しいことを見ればよい．ここで問題となるのが，$n = 0$ のときの $(n-1)! = (-1)!$ の意味である．オイラーはこれを，$n = 0$ のときに $n! = 1$ であることから

$$(n-1)! = \frac{n!}{n} = \frac{1}{n}$$

としている．そうすると，(3.16) は

$$\frac{\varphi(1-n)}{\varphi(n)} = \frac{1}{\pi^n n} \cdot \frac{2^n - 1}{2^{n-1} - 1} \cos \frac{n\pi}{2}$$

となるので，再び n を実変数とみなし，$n \to 0$ として $2 \log 2$ を得る．よって，$n = 0$ においても予想は正しい．

なお，以上の考察でオイラーが $n = 0$ に対して $(n-1)! = \dfrac{1}{n}$ としているのは，ガンマ関数の言葉で言えば，公式

$$\Gamma(s) = \frac{\Gamma(s+1)}{s}$$

を $s = 0$ に対して適用していることに相当する．実際，現在の数学においても，ガンマ関数は定義式

$$\Gamma(s) = \int_0^\infty e^{-x} x^{s-1} dx$$

によって最初は $\mathrm{Re}(s) > 0$ で定義され，公式

$$\Gamma(s) = \frac{\Gamma(s+1)}{s}$$

によって $\mathbb{C}$ 上に有理型に解析接続されるので，オイラーのこの方法は後世の方法を先取りした内容であると言える．

続いて §13 は，負の整数 n に対する検証である．このときやはり，予想 (3.16) の右辺に，負の数の階乗である $(n-1)!$ が現れる．$n - 1 = -m \ (m > 0)$ とおくと，$(-m)!$ を定義するためにオイラーが用いている方法は，ガンマ関数で表せば，公式

$$\Gamma(1-m)\Gamma(1+m) = \frac{m\pi}{\sin m\pi} \tag{3.17}$$

を用いるものである．これによって，

$$\begin{aligned}
(n-1)! = (-m)! \\
= \Gamma(1-m) \\
= \frac{1}{\Gamma(1+m)} \frac{m\pi}{\sin m\pi} \\
= \frac{1}{m!} \frac{m\pi}{\sin m\pi} \\
= \frac{1}{(m-1)!} \frac{\pi}{\sin m\pi}
\end{aligned}$$

$$= \frac{1}{(-n)!} \frac{\pi}{\sin(1-n)\pi}$$

$$= \frac{1}{(-n)!} \frac{\pi}{\sin n\pi}$$

となり，負の数の階乗は，正の数の階乗とサイン関数を用いて定義できる．すると，予想 (3.16) は，

$$\frac{\varphi(1-n)}{\varphi(n)} = \frac{(n-1)!}{\pi^n} \cdot \frac{2^n - 1}{2^{n-1} - 1} \cos \frac{n\pi}{2}$$

$$= \frac{1}{(-n)!} \frac{\pi^{1-n}}{\sin n\pi} \cdot \frac{2^n - 1}{2^{n-1} - 1} \cos \frac{n\pi}{2}$$

$$= \frac{1}{(-n)!} \frac{\pi^{1-n}}{2 \sin \dfrac{n\pi}{2}} \cdot \frac{2^n - 1}{2^{n-1} - 1}$$

$$= \frac{1}{(-n)!} \frac{\pi^{1-n}}{\sin \dfrac{n\pi}{2}} \cdot \frac{2^n - 1}{2^n - 2}$$

となる．一方，すでに得られている結果 (3.11)(3.14) より，

$$\frac{\varphi(1-n)}{\varphi(n)} = \frac{\varphi(m)}{\varphi(1-m)}$$

$$= \frac{\dfrac{(1-2^{1-m})(-1)^{\frac{m}{2}+1}(2\pi)^m B_m}{2m!}}{(1-2^m)(-1)^{m-1}\dfrac{B_m}{m}}$$

$$= \frac{2^{m-1} - 1}{2^m - 1} \frac{1}{\cos \dfrac{m\pi}{2}} \frac{\pi^m}{(m-1)!}$$

$$= \frac{2^{-n} - 1}{2^{1-n} - 1} \frac{1}{\cos \dfrac{(1-n)\pi}{2}} \frac{\pi^{1-n}}{(-n)!}$$

$$= \frac{2^n - 1}{2^n - 2} \frac{1}{\sin \dfrac{n\pi}{2}} \frac{\pi^{1-n}}{(-n)!}$$

となるので，予想が成り立つことがわかる．

§14 は，$n = \dfrac{1}{2}$ に対する予想の検証である．このとき，

$$\frac{\varphi(1-n)}{\varphi(n)} = \frac{\varphi\left(\dfrac{1}{2}\right)}{\varphi\left(\dfrac{1}{2}\right)} = 1$$

である．一方，予想 (3.16) は，

$$\frac{\varphi(1-n)}{\varphi(n)} = \frac{\left(-\dfrac{1}{2}\right)!}{\sqrt{\pi}}$$

であるから，予想は

$$\left(-\frac{1}{2}\right)! = \sqrt{\pi}$$

すなわち

$$\Gamma\left(\frac{1}{2}\right) = \sqrt{\pi}$$

と同値である．しかしこれは，(3.17) に $m = \dfrac{1}{2}$ を代入した

$$\Gamma\left(\frac{1}{2}\right)\Gamma\left(\frac{3}{2}\right) = \frac{\pi}{2}$$

すなわち，

$$\frac{1}{2}\Gamma\left(\frac{1}{2}\right)^2 = \frac{\pi}{2}$$

から直ちに得られる式なので，予想は成り立つ．

§15 は，$n = \dfrac{3}{2}$ に対する予想の検証である．まず

$$\left(\frac{1}{2}\right)! = -\frac{1}{2}\left(-\frac{1}{2}\right)! = -\frac{\sqrt{\pi}}{2}$$

であることから，予想は

$$\begin{aligned}
\frac{\varphi(1-n)}{\varphi(n)} &= \frac{\varphi\left(-\dfrac{1}{2}\right)}{\varphi\left(\dfrac{3}{2}\right)} \\[2mm]
&= \frac{\left(\dfrac{1}{2}\right)!}{\pi^{\frac{3}{2}}}\frac{2\sqrt{2}-1}{\sqrt{2}-1}\cos\frac{3\pi}{4} \\[2mm]
&= \frac{1}{2\pi}\frac{2\sqrt{2}-1}{2-\sqrt{2}}
\end{aligned}$$

となる．オイラーはこれを数値計算する一方，

$$\varphi(1-n) = \varphi\left(-\frac{1}{2}\right), \qquad \varphi(n) = \varphi\left(\frac{3}{2}\right)$$

をそれぞれ数値計算して，予想の成立を検証している．このうち $\varphi\left(\frac{3}{2}\right)$ は収束級数であるから問題はないが，$\varphi\left(-\frac{1}{2}\right)$ は発散級数であるため，注意が必要である．オイラーの方法は，再び「オイラー和公式」(オイラー–マクローリンの定理）を用いるものであった．これによって，発散級数

$$\sum_{n=1}^{\infty} (-1)^{n-1} \sqrt{n}$$

の値を求め，その結果，予想が成り立つことを確認している．

§16 では，半整数 $n = \dfrac{3}{2},\ \dfrac{5}{2},\ \dfrac{7}{2},\ \cdots$ に対しても同様に予想が成立することを述べている．

以上が，予想の確認である．

§17 からは，n が正の奇数の場合の値 $\varphi(n)$（すなわち $\zeta(n)$）の考察に入っている．これまで，$\varphi(n)$ の値は，(3.11)(3.14) によって，n が正の偶数の場合と，負の整数の場合に求められた．正の奇数の場合は残っている．この場合，予想 (3.16) の分子が 0 となるため，いかに予想が正しくても $\varphi(1-n)$ と $\varphi(n)$ の比の値が 0 となるので，一方から他方の値を求めることができない．すなわち，n が 3 以上の奇数のとき，予想

$$\varphi(n) = \frac{(n-1)!}{\pi^n} \cdot \frac{2^n - 1}{2^{n-1} - 1} \cdot \frac{\cos\dfrac{n\pi}{2}}{\varphi(1-n)}$$

において，右辺の最後の分数が，分母・分子ともに 0 になってしまうため，φ の値が求められないということである．これを求めるためには分母と分子の微分をとるべきであることも，ここでオイラーは指摘しているが，それでも問題解決には至らないと述べている．

§18 では，実際に分母と分子の微分をとることにより得られる結果を記している．リーマン・ゼータ関数の関数等式が $\zeta(s)$ と $\zeta(1-s)$ の関係であることから，3 以上の奇数 n に対して $\zeta(n)$ を求めるには $\zeta(1-n)$ がわかればよいかのように錯覚しがちであるが，$1-n$ は自明零点であって $\zeta(1-n) = 0$ となるため，本当に必要な値は $\zeta(1-n)$ ではなく，$\zeta'(1-n)$ である．このことを，オイラーは φ

の言葉で述べている.

§19 では，$\varphi(m)$ の代わりに

$$\sum_{n=1}^{\infty} \frac{1}{(2n-1)^m} = \sum_{n=1}^{\infty} \frac{1}{n^m} - \sum_{n=1}^{\infty} \frac{1}{(2n)^m} \tag{3.18}$$

$$= \zeta(m) - 2^{-m}\zeta(m)$$

$$= (1 - 2^{-m})\zeta(m)$$

を使って問題を言い換えている．ここでオイラーが記している式は，たとえば，$m = 3$ のとき，

$$\sum_{n=1}^{\infty} \frac{1}{(2n-1)^3} = \frac{\pi^2(2^2 \log 2 - 3^2 \log 3 + 4^2 \log 4 - \cdots)}{2} \tag{3.19}$$

となる．

$$(3.19)の左辺 = \sum_{n=1}^{\infty} \frac{1}{n^3} - \sum_{n=1}^{\infty} \frac{1}{(2n)^3}$$

$$= \left(1 - \frac{1}{2^3}\right)\zeta(3)$$

$$= \frac{7}{8}\zeta(3)$$

であるから，

$$(3.19) \iff \frac{7}{8}\zeta(3) = \frac{\pi^2(2^2 \log 2 - 3^2 \log 3 - 4^2 \log 4 - \cdots)}{2}$$

$$\iff \zeta(3) = \frac{4\pi^2(2^2 \log 2 - 3^2 \log 3 + 4^2 \log 4 - \cdots)}{7} \tag{3.20}$$

である．

ここでは，この重要な関係式 (3.19) あるいは (3.20) が，関数等式 (3.1)

$$\zeta(1-s) = \zeta(s)2(2\pi)^{-s}\Gamma(s)\cos\left(\frac{\pi s}{2}\right)$$

から従うことを確認しておく．ただし，(3.20) の右辺の分子の交代和

$$2^2 \log 2 - 3^2 \log 3 + 4^2 \log 4 - \cdots$$

は発散級数であり，その値の解釈は，(3.4) で得た

$$\varphi(s) = \sum_{n=1}^{\infty} (-1)^{n+1} n^{-s}$$

$$= \zeta(s)\left(1 - 2^{1-s}\right)$$

の両辺を微分した

$$\varphi'(s) = \sum_{n=1}^{\infty} (-1)^n n^{-s} \log n$$
$$= (1 - 2^{1-s})\zeta'(s) + 2^{1-s}(\log 2)\zeta(s) \tag{3.21}$$

に $s = -2$ を代入した $\varphi'(-2)$ を，解析接続によって得たものとする．

まず，関数等式 (3.1) の両辺で $s \to -2$ とすると，

$$\zeta(3) = -2(2\pi)^2 \lim_{s \to -2}(\zeta(s)\Gamma(s)) \tag{3.22}$$

である．この極限値は不定形であり，$s = -2$ のまわりの展開を調べることによって求められる．$\zeta(s)$ は $s = -2$ において自明零点をもつので，テイラー展開が

$$\zeta(s) = \sum_{n=1}^{\infty} \frac{\zeta^{(n)}(-2)}{n!}(s+2)^n$$

という形をしている．一方，$\Gamma(s)$ は $s = 1$ で 1 位の極をもち，留数が 1 である [2] から，

$$\Gamma(s) = \frac{1}{s+2} + O(1) \qquad (s \to -2)$$

となっている．したがって，

$$\zeta(s)\Gamma(s) = \left(\sum_{n=1}^{\infty} \frac{\zeta^{(n)}(-2)}{n!}(s+2)^n\right)\left(\frac{1}{s+2} + O(1)\right)$$
$$= \zeta'(-2) + O(s+2) \qquad (s \to -2)$$
$$\longrightarrow \ \zeta(-2) \qquad (s \to -2)$$

---

[2]　この事実を必ずしも用いなくても，$\Gamma(s)$ の正における値のみを用いて，以下のように初等的に求めることもできる．

$$\frac{\zeta(1-s)}{\cos\left(\dfrac{\pi s}{2}\right)} = \zeta(s)2(2\pi)^{-2}\Gamma(s)$$

において $s \to 3$ とすると，左辺の分子・分母が 1 位の零点になっていることから，

$$\frac{-\zeta'(-2)}{-\dfrac{\pi}{2}\sin\left(\dfrac{3}{2}\pi\right)} = \zeta(3)2(2\pi)^{-3}\Gamma(3)$$

となる．これより

$$\zeta(3) = -4\pi^2\zeta'(-2)$$

を得る．

となる. よって, (3.22) より,

$$\zeta(3) = -4\pi^2 \zeta'(-2) \tag{3.23}$$

を得る.

次に, (3.21) より, 自明零点の事実 $\zeta(-2) = 0$ を用いると,

$$\varphi'(-2) = (1 - 2^3)\zeta'(-2) + 2^3(\log 2)\zeta(-2)$$
$$= -7\zeta'(-2)$$

である. これより,

$$(3.20) \iff \zeta(3) = \frac{4\pi^2}{7}(-7\zeta'(-2))$$
$$\iff \zeta(3) = -4\pi^2\zeta'(-2)$$

となる. これは先ほど得た (3.23) と一致するので, (3.19) が正しいことがわかる.

ここでは $m = 3$ を例に挙げたが, 以上の計算は一般に任意の奇数 $m > 1$ で同様であり, オイラーの記した式は, $\zeta(m)$ と $\zeta'(1 - m)$ の間の関係を述べている.

オイラーは最終節 §20 で, 前節で扱った級数 (3.18) を交代和にしたバージョン

$$\sum_{n=1}^{\infty} \frac{(-1)^{n-1}}{(2n-1)^m}$$

に対してコメントし, 正の奇数における値を求める問題の重要性を主張して結びとしている.

以上がオイラー論文 E 352 の概要である.

ここで 1 つ, 重要な事実を紹介しておく. オイラーは, この論文 E 352 の 10 年前の論文 E 130（1739 年執筆, I–14, p.407–462）において, 発散級数の値も関数等式も得ていた. E 130 の §30 に, 以下の数式が記載されている.

$$1 - 2^2 + 3^2 - 4^2 + \text{etc.} = 0,$$
$$1 - 2^4 + 3^4 - 4^4 + \text{etc.} = 0,$$
$$1 - 2^6 + 3^6 - 4^6 + \text{etc.} = 0,$$
$$\text{etc.}$$

これは, (3.4)を踏まえれば,

$$\zeta(-2) = 0,$$

$$\zeta(-4) = 0,$$
$$\zeta(-6) = 0,$$
$$\cdots$$

という，リーマン・ゼータ関数の自明零点を意味しており，史上初のゼータ関数の零点の発見がここにあったといえる．また，§31 には

$$1 - 2 + 3 - 4 + \text{etc.} = \frac{1}{4}$$
$$= \frac{2 \cdot 1}{\pi^2}\left(1 + \frac{1}{3^2} + \frac{1}{5^2} + \text{etc.}\right),$$

$$1 - 2^3 + 3^3 - 4^3 + \text{etc.} = \frac{-1}{8}$$
$$= \frac{-2 \cdot 1 \cdot 2 \cdot 3}{\pi^4}\left(1 + \frac{1}{3^4} + \frac{1}{5^4} + \text{etc.}\right),$$

$$1 - 2^5 + 3^5 - 4^5 + \text{etc.} = \frac{1}{4}$$
$$= \frac{2 \cdot 1 \cdot 2 \cdot 3 \cdot 4 \cdot 5}{\pi^6}\left(1 + \frac{1}{3^6} + \frac{1}{5^6} + \text{etc.}\right),$$

$$1 - 2^7 + 3^7 - 4^7 + \text{etc.} = \frac{1}{4}$$
$$= \frac{-2 \cdot 1 \cdot 2 \cdots 7}{\pi^8}\left(1 + \frac{1}{3^8} + \frac{1}{5^8} + \text{etc.}\right)$$

etc.

が書かれており，すでにこの時点でオイラーは関数等式を知っていたことがわかる．

オイラーが発見した関数等式のその後の発展を簡単にまとめておこう．リーマンは，1859 年にリーマン予想を提出した有名な論文において，オイラーの主張とまったく同じ形の関数等式

$$\zeta(1-s) = \zeta(s)2(2\pi)^{-s}\Gamma(s)\cos\left(\frac{\pi s}{2}\right)$$

を任意の複素数 s に対して証明した．リーマンは，そのためにオイラーの積分表示

$$\zeta(s) = \frac{1}{\Gamma(s)}\int_0^1 \frac{\left(\log\dfrac{1}{x}\right)^{s-1}}{1-x}dx$$
$$= \frac{1}{\Gamma(s)}\int_0^\infty \frac{t^{s-1}}{e^t - 1}dt$$

を領域 $\mathrm{Re}(s) > 1$ において用いてから，$s \in \mathbb{C}$ の上に $\zeta(s)$ を有理型関数として解析接続し，それを用いて関数等式を示した．

また，この解析接続により，オイラーが求めた発散級数の値である

$$\zeta(1-n) = (-1)^{n-1}\frac{B_n}{n} \qquad (n = 1, 2, 3, \cdots)$$

は，解析接続された $\zeta(s)$ の値として正当化された．

さらにリーマンは，この関数等式が，完備ゼータ関数

$$\widehat{\zeta}(s) = \pi^{-\frac{s}{2}}\, \Gamma\left(\frac{s}{2}\right)\zeta(s)$$

を用いると

$$\widehat{\zeta}(1-s) = \widehat{\zeta}(s)$$

と，完全対称な形に書きかえられることを発見した．

ここで現れた因子

$$\pi^{-\frac{s}{2}}\, \Gamma\left(\frac{s}{2}\right) \tag{3.24}$$

はリーマンが発見したものであり，今ではガンマ因子と呼ばれる．完全対称な関数等式 $\widehat{\zeta}(1-s) = \widehat{\zeta}(s)$ の美しい形から，$\zeta(s)$ よりもむしろ $\widehat{\zeta}(s)$ の方が数学的にまとまった意味をもっているように思われる．すなわち，ガンマ因子 (3.24) に何らかの意味があるということである．いったいどんな意味があるのだろうか．

その後の研究の進展により，ガンマ因子の正体は解明されている．それを理解するにはまず，ゼータ関数のより本質的な定義が「ディリクレ級数」ではなく，「オイラー積」であることを認識する必要がある．すなわち，ゼータ関数は素数全体にわたる積

$$\zeta(s) = \prod_p (1-p^{-s})^{-1}$$

であり，各素数に対して 1 つの因子 $(1-p^{-s})^{-1}$ が存在している．そこに，もう 1 つの因子 $\pi^{-\frac{s}{2}}\, \Gamma\left(\frac{s}{2}\right)$ を補ったものが完備ゼータ $\widehat{\zeta}(s)$ である．すなわち，「素数全体の集合」に 1 点を加えた集合が何らかの数学的な意義をもつべきであるということである．

現代数学において，それは「素点」と呼ばれる概念であり，定義は，「代数体の（距離空間としての）完備化の仕方の同値類」である．たとえば，リーマン・ゼータ関数 $\zeta(s)$ は，代数体としては有理数体 $\mathbb{Q}$ のゼータ関数であり，各素数 p に対し，

p 進絶対値による $\mathbb{Q}$ の完備化である p 進体 $\mathbb{Q}_p$ がある．これが従来のオイラー因子に対応している．これら素数に対応した素点を，有限素点と言う．これに対し，古典的な絶対値（アルキメデス絶対値）により $\mathbb{Q}$ を $\mathbb{R}$ に完備化することができる．この素点を無限素点と呼ぶ．無限素点は，代数体の $\mathbb{C}$ への埋め込みのことであり，$\mathbb{Q}$ の場合は 1 通りである．よって，$\zeta(s)$ のガンマ因子は 1 個であり，(3.24) で与えられる．

　一般の代数体では，オイラー積は素イデアルにわたる積となるが，各素イデアル $\mathfrak{p}$ は有限素点に対応し，代数体の $\mathfrak{p}$ 進完備化が存在する．一方，無限素点は「代数体の複素数体 $\mathbb{C}$ への埋め込み方の同値類」である．

　たとえば，実 2 次体 $K = \mathbb{Q}(\sqrt{m})$ $(m > 0)$ のデデキント・ゼータ関数 $\zeta_K(s)$ を例にとると，K の $\mathbb{C}$ への埋め込みは，$\mathbb{Q}$ の元は自分自身に写すしかないが，$\sqrt{m}$ の像は $\pm\sqrt{m}$ の 2 通りあるので，素点は 2 個ある．これらはいずれも実数体 $\mathbb{R}$ の中への埋め込みであり，実素点と呼ばれる．よって，$\zeta_K(s)$ のガンマ因子は 2 個の積からなり，

$$\left(\pi^{-\frac{s}{2}} \Gamma\left(\frac{s}{2}\right)\right)^2$$

となる．

　また，虚 2 次体 $K = \mathbb{Q}(\sqrt{m})$ $(m < 0)$ の場合，$\sqrt{m}$ の像は「$X^2 - m = 0$ の解 α」に写すことになるが，α は虚数であり，2 解 $\pm\alpha$ のどちらに写しても（どちらを α と置くかだけの違いで）埋め込みとしては同じものになるので，埋め込みは 1 個である．これは，像が $\mathbb{R}$ に収まらないので複素素点と呼ばれる．よって，このときのゼータ関数 $\zeta_K(s)$ のガンマ因子は 1 個である．複素素点のガンマ因子の形は，

$$2^{-(s-1)}\pi^{-s}\Gamma(s)$$

となることが知られている．よって，これが $\zeta_K(s)$ のガンマ因子となる．ただし，ガンマ関数の 2 倍公式

$$\Gamma(s) = \frac{2^{s-\frac{1}{2}}}{\sqrt{2\pi}} \Gamma\left(\frac{s}{2}\right) \Gamma\left(\frac{s+1}{2}\right)$$

を見ると，$\Gamma(s)$ は，2 つの $\Gamma\left(\frac{s}{2}\right)$, $\Gamma\left(\frac{s+1}{2}\right)$ の積であるから，複素素点のガンマ因子は，実素点のガンマ因子が 2 個掛かったものに相当する．そこで，ガンマ因子の数え方として，実素点と複素素点を平等に扱うには，$\Gamma(s)$ よりもむしろ，$\Gamma\left(\frac{s}{2}\right)$, $\Gamma\left(\frac{s+1}{2}\right)$ をそれぞれ 1 個と数えることにすればよい．そうすると，虚

第 3 章 関数等式　61

2 次体の場合のガンマ因子も，実 2 次体の場合と等しく 2 個となる．

このような数え方をしたとき，一般に n 次代数体のガンマ因子は n 個となる．実際，実素点が r_1 個，複素素点が r_2 個あるとき，$n = r_1 + 2r_2$ であるが，実素点 1 個に対してガンマ因子が 1 個，複素素点 1 個に対してガンマ因子が 2 個あるので，ガンマ因子の総数は n に等しい．

以上のことは，現代の整数論では常識であるが，これらの進展が得られた端緒は，オイラーの関数等式の発見と，それを受け継いだリーマンの研究にあったことがわかる．

オイラーやリーマンの研究の後，20 世紀に関数等式は新たな進展を遂げた．それは，保型 L 関数の構築である．リーマンが完全対称な関数等式を証明したとき，その方法は，テータ関数の変換公式をメリン変換を経由してゼータ関数の関数等式に書き換えることだった．そこで，テータ級数を，類似の変換公式を満たすような他の関数（保型形式と呼ばれる）で置き換えてゼータ関数の類似物を構成したものが，保型 L 関数である．したがって，保型 L 関数はその構成がすでに関数等式によっていると言える．

関数等式は，当初はゼータ関数の単なる一性質であったが，今では，いわば独り立ちして，逆に関数等式をよりどころに新しいゼータの族が産み出されているのである．

そうして作られた保型 L 関数は，オイラーやリーマンの時代には考えられなかった「高次のオイラー積」をも含む膨大な理論となった．

それらは，20 世紀後半に提唱されたラングランズ予想により，（非アーベル拡大を含めた）代数体のガロア群を求める問題に本質的に関わり，20 世紀以降の数論の中心的な主題に発展していくのである．

それらがいかに現代数学の核となり，発展を担ってきたかは，1900 年に提唱されたヒルベルトの問題から，2000 年に提唱されたミレニアム問題のラインナップを見てもわかる．そうした観点からの歴史的な経緯は，

　　小山信也著（黒川陽子構成）『リーマン教授にインタビューする』青土社，
　　2018 年

にて，リーマンとの架空の対話という形式でわかりやすく解説したので，興味のある読者は参照されたい．

第4章 積分表示

　積分表示を行った論文 E 393（1768 年 8 月 18 日付，オイラー 61 歳）は，2018
年の今年 250 周年を迎えた．ゼータ関数の積分表示は現代数学になくてはならな
いものである．とくに，ゼータ関数の積分表示はゼータ関数の解析接続の道を開
いたことが大きい．

　論文から一ヵ所を取り上げると，§20 において，

$$1 + \frac{1}{2^n} + \frac{1}{3^n} + \frac{1}{4^n} + \frac{1}{5^n} + \text{etc.} = O$$

に対して

$$O = \frac{\pm 1}{1 \cdot 2 \cdot 3 \cdots (n-1)} \int \frac{dz}{1-z} (lz)^{n-1}$$

と書いてあるところである（$\pm 1 = (-1)^{n-1}$ との説明も付いている）；l は自然対
数 (log) を意味している．積分は 0 から 1 までであり（積分記号のところに書き込
むことはしていなかった），オイラーの示していたことは

$$\zeta(n) = \frac{1}{\Gamma(n)} \int_0^1 \frac{\left(\log \frac{1}{x} \right)^{n-1}}{1-x} dx$$

そのものであった．もちろん，現代風に書けば

$$\zeta(s) = \frac{1}{\Gamma(s)} \int_0^1 \frac{\left(\log \frac{1}{x} \right)^{s-1}}{1-x} dx$$

であって，後のリーマンは 1859 年に $x = e^{-t}$ と置き換えて

$$\zeta(s) = \frac{1}{\Gamma(s)} \int_0^\infty \frac{t^{s-1}}{e^t - 1} dt$$

として，$\zeta(s)$ をすべての $s \in \mathbb{C}$ へ解析接続する際に用いるのである．

　忘れないうちにオイラーの

$$\zeta(n) = \frac{1}{\Gamma(n)} \int_0^1 \frac{\left(\log \frac{1}{x}\right)^{n-1}}{1-x} \, dx$$

に対する証明を見ておこう．それには，

$$\int_0^1 \frac{\left(\log \frac{1}{x}\right)^{n-1}}{1-x} \, dx = \sum_{m=1}^{\infty} \int_0^1 x^{m-1} \left(\log \frac{1}{x}\right)^{n-1} dx$$

$$= \sum_{m=1}^{\infty} \frac{(n-1)!}{m^n}$$

$$= \Gamma(n)\zeta(n)$$

とすればよい．ただし，定積分はオイラーが 1729 年（22 歳）の発見以来ずっと慣れ親しんできたガンマ関数の定積分であり，オイラーにとっては言及しなくてもよいくらいのものになっていた（ガンマ関数を知らなくても定積分は計算できるので，読者はやってみてほしい）．

　さて，この論文 E 393 は，いわゆる「オイラー和公式（オイラー総和法）」の論文の一環である．タイトルにベルヌーイ数が入っているのはオイラー和公式の係数にベルヌーイ数が現れるからである．ただし，オイラー和公式はオイラーが若い頃の論文 E 25（1732 年 6 月 20 日付，オイラー 25 歳）にて発見したものであり（遅れてマクローリンも発見したのでオイラー–マクローリン和公式」とも呼ばれる），61 歳となった今回の論文 E 393 では細かく説明していない．

　ここでの関心事は，オイラー和公式の応用として無限和を正規化したもの

$$\text{“} \sum_{n=1}^{\infty} f(n) \text{”}$$

を求めることであり，基本は発散する項を引き去った有限値（"定数項"）として計算することである．

　そこで，次の 3 例について具体的に解説しよう：

(1)　$f(x) = x^{-s}$ $(s > 1)$: §20〜§23,

(2)　$f(x) = \dfrac{1}{x}$: §24〜§29,

(3)　$f(x) = \log x$: §30〜§37.

- (1) は

$$\sum_{n=1}^{\infty} f(n) = \sum_{n=1}^{\infty} n^{-s} = \zeta(s)$$

が収束するので，求めるものは $\zeta(s)$ そのものであり，

$$\zeta(s) = \frac{1}{\Gamma(s)} \int_0^1 \frac{\left(\log \frac{1}{x}\right)^{s-1}}{1-x} dx$$

という積分表示を得ている（§20）．たとえば，$s = 2$ のときは

$$\zeta(2) = \int_0^1 \frac{\log x}{x-1} dx = \frac{\pi^2}{6}$$

というのが第 1 章（論文 E 41）の特殊値表示であった．

- (2) は

$$\text{``}\sum_{n=1}^{\infty} f(n)\text{''} = \text{``}\sum_{n=1}^{\infty} \frac{1}{n}\text{''} = 0.5772156649\cdots$$

というのがオイラーの答えである（§24）．これはオイラー定数 γ に他ならない．

- (3) は

$$\text{``}\sum_{n=1}^{\infty} f(n)\text{''} = \text{``}\sum_{n=1}^{\infty} \log n\text{''}$$
$$= \frac{1}{2} \log(2\pi)$$
$$= 0.9189385332\cdots$$

というのがオイラーの答えである（§32）．

オイラー定数 γ については，よく知られていることであるが，

$$\gamma = \lim_{N\to\infty} \left(1 + \frac{1}{2} + \cdots + \frac{1}{N} - \log N\right)$$
$$= \lim_{N\to\infty} \left(\sum_{n=1}^{N} f(n) - \log N\right)$$
$$= \lim_{N\to\infty} \left(\sum_{n=1}^{N} f(n) - \int_1^N f(x)dx\right)$$

と定められる（ちなみに，和を積分で近似するのが「オイラー和公式」の基本である）．ただし，

$$f(x) = \frac{1}{x}$$

である.

§26 では

$$\gamma = \int_0^1 \left(\frac{1}{\log x} + \frac{1}{1-x} \right) dx$$

という表示も導いている. この表示については第6章で絶対ゼータ関数論の観点から解説を行う. オイラー定数は昔からオイラーの興味の中心にあったもので, 1734年3月11日付 (オイラー26歳) の論文 E 43 で研究を開始していて,

$$\gamma = \sum_{n=2}^{\infty} \frac{(-1)^n}{n} \zeta(n)$$

という §27 にある表示は昔の E 43 で得られていた. §27 の証明は

$$1 + \frac{1}{2} + \cdots + \frac{1}{N} - \log N$$

$$= \left(1 + \frac{1}{2} + \cdots + \frac{1}{N} \right) - \left(\log \frac{2}{1} + \log \frac{3}{2} + \cdots + \log \frac{N}{N-1} \right)$$

$$= \sum_{n=1}^{N-1} \left(\frac{1}{n} - \log \left(\frac{n+1}{n} \right) \right) + \frac{1}{N}$$

$$= \sum_{n=1}^{N-1} \left(\frac{1}{n} - \log \left(1 + \frac{1}{n} \right) \right) + \frac{1}{N}$$

より $N \to \infty$ として

$$\gamma = \sum_{n=1}^{\infty} \left(\frac{1}{n} - \log \left(1 + \frac{1}{n} \right) \right)$$

$$= \sum_{n=1}^{\infty} \sum_{m=2}^{\infty} \frac{(-1)^m}{m} \left(\frac{1}{n} \right)^m$$

$$= \sum_{m=2}^{\infty} \frac{(-1)^m}{m} \zeta(m)$$

である.

また, (3) において得られている

$$\text{``} \sum_{n=1}^{\infty} \log n \text{''} = \log \left( \text{``} \prod_{n=1}^{\infty} n \text{''} \right)$$

$$= \frac{1}{2} \log(2\pi)$$

は，一層深い内容であり，現代では「ゼータ正規化積の理論」として解釈するのがゼータの常道である．つまり，$\Lambda \subset \mathbb{C}$ という可算集合が与えられたとき（わかりやすくするためには $\Lambda \subset \mathbb{R}_{>0}$ としてもよい），正規化積を

$$\prod_{\lambda \in \Lambda} \lambda = \exp\left(-Z'_\Lambda(0)\right)$$

と定めるのである．ここで，

$$Z_\Lambda(s) = \sum_{\lambda \in \Lambda} \lambda^{-s}$$

はゼータ関数であり，$s = 0$ においては正則に解析接続されているとする（そうでないときにも変形版が考えられている）．

たとえば，Λ が有限集合

$$\Lambda = \{\lambda_1, \cdots, \lambda_N\}$$

ならば

$$Z_\Lambda(s) = \sum_{n=1}^{N} \lambda_n^{-s},$$

$$Z'_\Lambda(0) = -\sum_{n=1}^{N} \log(\lambda_n)$$

であるから

$$\prod_{\lambda \in \Lambda} \lambda = \exp\left(-Z'_\Lambda(0)\right)$$

$$= \prod_{\lambda \in \Lambda} \lambda$$

という普通の積になっている．

オイラーが §32 に述べている通り

$$\frac{1}{2}\log(2\pi) = \lim_{N \to \infty} \left(\sum_{n=1}^{N} \log n - \left(\left(N + \frac{1}{2}\right) \log N - N \right) \right)$$

である．これは，右辺を変形して

$$\frac{1}{2}\log(2\pi) = \lim_{N \to \infty} \log\left(\frac{N!}{N^{N+\frac{1}{2}} e^{-N}} \right)$$

と書いてみればわかるように，スターリングの公式

$$\sqrt{2\pi} = \lim_{N \to \infty} \frac{N!}{N^{N+\frac{1}{2}} e^{-N}}$$

と同値な内容である. これを，正規化積の扱いで見ると，

$$\Lambda = \{1,\, 2,\, 3,\, \cdots\}$$

のときに

$$Z_\Lambda(s) = \sum_{n=1}^\infty n^{-s}$$
$$= \zeta(s)$$

であるから，

$$\prod_{n=1}^\infty n = \exp\left(-Z'_\Lambda(0)\right)$$
$$= \exp\left(-\zeta'(0)\right)$$
$$= \sqrt{2\pi}$$

となっているのに当たる. あるいは

$$\text{``}\log 1 + \log 2 + \log 3 + \cdots\text{''} = \frac{1}{2}\log(2\pi)$$

と書くとわかりやすいかもしれない.

実際，

$$\zeta'(0) = -\frac{1}{2}\log(2\pi)$$

はリーマンが 1859 年頃に使っていた公式である（$\zeta(s)$ の虚の零点の数値計算：ジーゲルが 1932 年にリーマンの遺稿を解読して公表）.

さらに詳しくすると次も成り立つ.

定理 A　次は同値である.

(1)　$\zeta'(0) = -\dfrac{1}{2}\log(2\pi)$.

(2)　$\displaystyle\prod_{n=1}^\infty n = \sqrt{2\pi}$.

(3)　$\displaystyle\lim_{n\to\infty} \frac{N!}{N^{N+\frac{1}{2}}e^{-N}} = \sqrt{2\pi}$.

証明.　(1) $\Longleftrightarrow$ (2) は正規化積の定義

$$\prod_{n=1}^{\infty} n = \exp\left(-\zeta'(0)\right)$$

から従う.

(1) $\Longleftrightarrow$ (3) は，$\mathrm{Re}(s) > -1$ に対して

$$-\zeta'(s) = \lim_{n \to \infty} \left(\sum_{n=1}^{N} (\log n) n^{-s} - \left(\frac{N^{1-s}}{1-s} \log N - \frac{N^{1-s}}{(1-s)^2} + \frac{1}{2} N^{-s} \log N \right) \right)$$

が成立すること（オイラー和公式の応用）から

$$-\zeta'(0) = \lim_{n \to \infty} \left(\sum_{n=1}^{N} \log n - \left(N \log N - N + \frac{1}{2} N \log N \right) \right)$$

$$= \lim_{n \to \infty} \log \left(\frac{N!}{N^{N+\frac{1}{2}} e^{-N}} \right)$$

となるので従う. $\hspace{4cm}$ Q.E.D.

この定理の背景などについては，

黒川信重『現代三角関数論』岩波書店，2013 年

の定理 2.4.1 の周辺を読まれたい.

オイラーやリーマンの知っていた公式

$$\prod_{n=1}^{\infty} n = \sqrt{2\pi}$$

はガンマ関数 $\Gamma(x)$ を表示するレルヒの公式

$$\prod_{n=0}^{\infty} (n + x) = \frac{\sqrt{2\pi}}{\Gamma(x)}$$

にも拡張できる（レルヒ，1894 年）：レルヒの公式において $x = 1$ とすると，

$$\prod_{n=0}^{\infty} (n + 1) = \frac{\sqrt{2\pi}}{\Gamma(1)}$$

より

$$\prod_{n=1}^{\infty} n = \sqrt{2\pi}$$

に戻る.

第4章 積分表示　69

なお，同じ§32にオイラーがウォリスの公式

$$\frac{\pi}{2} = \frac{2 \cdot 2}{1 \cdot 3} \cdot \frac{4 \cdot 4}{3 \cdot 5} \cdot \frac{6 \cdot 6}{5 \cdot 7} \cdot \frac{8 \cdot 8}{7 \cdot 9} \cdot \frac{10 \cdot 10}{9 \cdot 11} \cdot \text{etc.}$$

の対数をとることによって出している

$$\frac{1}{2} \log \left(\frac{\pi}{2} \right) = \log 2 - \log 3 + \log 4 - \log 5 + \log 6 - \log 7 + \log 8 - \log 9 + \text{etc.}$$

も，正規化積と同様の考え方で定着させることができる．そのためには

$$\varphi(s) = \sum_{n=1}^{\infty} (-1)^{n-1} n^{-s}$$

を用いて

$$``\sum_{n=1}^{\infty} (-1)^n \log n" = \varphi'(0)$$

と見ればよい．ここで，

$$\varphi(s) = (1 - 2^{1-s})\zeta(s)$$

であるから，

$$\begin{aligned}
\varphi'(0) &= (\log 2)2 \cdot \zeta(0) - \zeta'(0) \\
&= (\log 2)2 \left(-\frac{1}{2} \right) - \left(-\frac{1}{2} \log(2\pi) \right) \\
&= -\log 2 + \frac{1}{2} \log(2\pi) \\
&= \frac{1}{2} \log \left(\frac{\pi}{2} \right)
\end{aligned}$$

となり

$$``\sum_{n=1}^{\infty} (-1)^n \log n" = \frac{1}{2} \log \left(\frac{\pi}{2} \right)$$

が求める答えであり，オイラーと一致する．

　オイラーの論文では終りの部分（§36, §37）において，有名な定積分

$$\int_0^{\frac{\pi}{2}} \log(\sin x) dx = -\frac{\pi}{2} \log 2$$

が計算されている．これは，不定積分（原始関数）は求まらない（少なくともやさしい形には）ものの定積分は求まるという代表的な例として微分積分学ではよく引き合いに出されるものである．

　ちなみに，微分積分学の段階では次のようにする：

$$I = \int_0^\pi \log(\sin x)dx$$

とおくと求める積分は $\dfrac{I}{2}$ であるが，$x = 2\theta$ と置き換えて

$$I = 2\int_0^{\frac{\pi}{2}} \log(\sin 2\theta)d\theta$$

$$= 2\int_0^{\frac{\pi}{2}} \log(2\sin\theta\cos\theta)d\theta$$

$$= 2\int_0^{\frac{\pi}{2}} \log 2\,d\theta + 2\int_0^{\frac{\pi}{2}} \log(\sin\theta)d\theta + 2\int_0^{\frac{\pi}{2}} \log(\cos\theta)d\theta$$

$$= \pi\log 2 + I + I$$

より

$$I = -\pi\log 2$$

となるので，

$$\int_0^{\frac{\pi}{2}} \log(\sin x)dx = -\frac{\pi}{2}\log 2\,.$$

ここで，2 倍角に置き換える手法は §36 にある．

さらに，§37 ではスマートに "フーリエ展開"

$$\log(\sin x) = -\log 2 - \sum_{n=1}^\infty \frac{1}{n}\cos(2nx)$$

から——もちろん，オイラーはフーリエより前の時代の数学者であるが，オイラーほどの人ならフーリエより前から "フーリエ展開" を使っていたのも不思議ではない——，

$$\int_0^{\frac{\pi}{2}} \log(\sin x)dx = -\int_0^{\frac{\pi}{2}} (\log 2)dx - \sum_{n=1}^\infty \frac{1}{n}\int_0^{\frac{\pi}{2}} \cos(2nx)dx$$

$$= -\frac{\pi}{2}\log 2$$

と求めている．ここで，

$$\int_0^{\frac{\pi}{2}} \cos(2nx)dx = 0$$

を使っている．オイラーは，"求まらない" と言われている不定積分（原始関数）をフーリエ展開から

$$\int \log(\sin x)dx = -x\log 2 - \frac{1}{2}\sum_{n=1}^{\infty}\frac{\sin(2nx)}{n^2}$$

と出して鮮やかに定積分を計算している（§37）.

この定積分

$$\int_0^{\frac{\pi}{2}} \log(\sin x)dx = -\frac{\pi}{2}\log 2$$

は二重三角関数の特殊値表示という新しい視点から見ることもできる（それは第5章でも，$\zeta(3)$ の計算を三重三角関数の特殊値表示にレベルを上げて用いる）.

定理 B 二重三角関数を

$$\mathscr{S}_2(x) = e^x \prod_{n=1}^{\infty}\left(\left(\frac{1-\dfrac{x}{n}}{1+\dfrac{x}{n}}\right)^n e^{2x}\right)$$

とする. このとき，次が成り立つ.

(1) $\displaystyle\int_0^{\frac{\pi}{2}} \log(\sin x)dx = -\frac{\pi}{2}\log 2 \quad\Longleftrightarrow\quad \mathscr{S}_2\left(\frac{1}{2}\right) = \sqrt{2}.$

(2) $\mathscr{S}_2\left(\dfrac{1}{2}\right) = \sqrt{2}.$

(3) $\displaystyle\int_0^{\frac{\pi}{2}} \log(\sin x)dx = -\frac{\pi}{2}\log 2\,.$

証明. (1)

$$\mathscr{S}_2(x) = e^x \prod_{n=1}^{\infty}\left(\left(\frac{1-\dfrac{x}{n}}{1+\dfrac{x}{n}}\right)^n e^{2x}\right)$$

であるから，

$$\frac{\mathscr{S}_2'(x)}{\mathscr{S}_2(x)} = \pi x \cot(\pi x)$$

となる. 実際，$\mathscr{S}_2(x)$ の対数微分（対数をとって微分すること）を計算すると，

$$\log \mathscr{S}_2(x) = x + \sum_{n=1}^{\infty}\left(n\log\left(1-\frac{x}{n}\right) - n\log\left(1+\frac{x}{n}\right) + 2x\right)$$

より，

$$\frac{\mathscr{S}_2'(x)}{\mathscr{S}_2(x)} = 1 + \sum_{n=1}^{\infty} \left(\frac{n}{x-n} - \frac{n}{x+n} + 2 \right)$$

$$= 1 + \sum_{n=1}^{\infty} \left(\frac{2n^2}{x^2 - n^2} + 2 \right)$$

$$= 1 + \sum_{n=1}^{\infty} \frac{2x^2}{x^2 - n^2}$$

$$= x \left(\frac{1}{x} + \sum_{n=1}^{\infty} \frac{2x}{x^2 - n^2} \right)$$

となる．ここで，オイラーの公式

$$\pi \cot(\pi x) = \frac{1}{x} + \sum_{n=1}^{\infty} \frac{2x}{x^2 - n^2}$$

——これは，オイラーの無限積分解（第 1 章の論文）

$$\sin(\pi x) = \pi x \prod_{n=1}^{\infty} \left(1 - \frac{x^2}{n^2} \right)$$

の対数微分をとったもの——を用いて

$$\frac{\mathscr{S}_2'(x)}{\mathscr{S}_2(x)} = \pi x \cot(\pi x)$$

となる．したがって，$\mathscr{S}_2(0) = 1$ より

$$\mathscr{S}_2(x) = \exp \left(\int_0^x \pi t \cot(\pi t) dt \right)$$

となる．ただし，この積分路は $\mathbb{C} \setminus \{\pm 1, \pm 2, \cdots\}$ 内に取るものとする．
  よって，

$$\log \mathscr{S}_2 \left(\frac{1}{2} \right) = \int_0^{\frac{1}{2}} \pi t \cot(\pi t) dt$$

$$= \frac{1}{\pi} \int_0^{\frac{\pi}{2}} x \cot x \, dx$$

$$= \frac{1}{\pi} \left[x \log(\sin x) \right]_0^{\frac{\pi}{2}} - \frac{1}{\pi} \int_0^{\frac{\pi}{2}} \log(\sin x) dx$$

$$= -\frac{1}{\pi} \int_0^{\frac{\pi}{2}} \log(\sin x) dx$$

となる．したがって，

第 4 章　積分表示　　73

$$\mathscr{S}_2\left(\frac{1}{2}\right) = \sqrt{2} \iff \int_0^{\frac{\pi}{2}} \log(\sin x)dx = -\frac{\pi}{2}\log 2$$

が成立することがわかった.

(2)　$\mathscr{S}_2\left(\frac{1}{2}\right) = \sqrt{2}$ を $\mathscr{S}_2(x)$ の定義から示そう. そのために, オイラーが論文の §31 に書いているスターリングの公式

$$\lim_{N\to\infty} \frac{N!}{N^{N+\frac{1}{2}}e^{-N}} = \sqrt{2\pi}$$

を用いて計算する. そこで,

$$\mathscr{S}_2^N(x) = e^x \prod_{n=1}^N \left(\left(\frac{1-\dfrac{x}{n}}{1+\dfrac{x}{n}}\right)^n e^{2x}\right)$$

$$= e^{(2N+1)x} \prod_{n=1}^N \left(\frac{n-x}{n+x}\right)^n$$

とおく. すると

$$\mathscr{S}_2(x) = \lim_{N\to\infty} \mathscr{S}_2^N(x)$$

である. とくに,

$$\mathscr{S}_2\left(\frac{1}{2}\right) = \lim_{N\to\infty} \mathscr{S}_2^N\left(\frac{1}{2}\right)$$

である. ここで,

$$\mathscr{S}_2^N\left(\frac{1}{2}\right) = e^{N+\frac{1}{2}} \prod_{n=1}^N \left(\frac{2n-1}{2n+1}\right)^n$$

$$= e^{N+\frac{1}{2}} \frac{1^1 3^2 5^3 \cdots (2N-1)^N}{3^1 5^2 \cdots (2N-1)^{N-1}(2N+1)^N}$$

$$= e^{N+\frac{1}{2}} \frac{1\cdot 3\cdot 5 \cdots (2N-1)}{(2N+1)^N}$$

$$= e^{N+\frac{1}{2}} \frac{(2N)!}{2\cdot 4 \cdots (2N)\cdot (2N+1)^N}$$

$$= e^{N+\frac{1}{2}} \frac{(2N)!}{N!\, 2^{2N}\left(N+\dfrac{1}{2}\right)^N}$$

$$= \frac{(2N)!}{(2N)^{2N+\frac{1}{2}}e^{-2N}} \cdot \frac{N^{N+\frac{1}{2}}e^{-N}}{N!} \cdot \frac{e^{\frac{1}{2}}}{\left(1+\frac{1}{2N}\right)^N} \cdot \sqrt{2}$$

である．この表示において，スターリングの公式よりの

$$\lim_{N\to\infty} \frac{(2N)!}{(2N)^{2N+\frac{1}{2}}e^{-2N}} = \sqrt{2\pi},$$

$$\lim_{N\to\infty} \frac{N!}{N^{N+\frac{1}{2}}e^{-N}} = \sqrt{2\pi}$$

および

$$\lim_{N\to\infty} \left(1+\frac{1}{2N}\right)^N = e^{\frac{1}{2}}$$

を使うと

$$\lim_{N\to\infty} \mathscr{S}_2^N\left(\frac{1}{2}\right) = \sqrt{2\pi} \cdot \frac{1}{\sqrt{2\pi}} \cdot 1 \cdot \sqrt{2}$$
$$= \sqrt{2}.$$

したがって，

$$\mathscr{S}_2\left(\frac{1}{2}\right) = \sqrt{2}$$

である．

(3)　(1) と (2) より

$$\int_0^{\frac{\pi}{2}} \log(\sin x)dx = -\frac{\pi}{2}\log 2$$

が成立することがわかる．　　　　　　　　　　　　　　　　　　Q.E.D.

　大切な積分は何通りもの導き方があるものであり，しかも，そのどれもが未来へと発展していくものである．オイラーには，そのような発展の芽がたくさん発見されて書いてある．
　ついでながら，上で使っているのと同じ

$$\cot x = \frac{1}{x} + \sum_{n=1}^{\infty} \frac{2x}{x^2 - n^2\pi^2}$$

を $|x| < \pi$ において

$$\cot x = \frac{1}{x} - \frac{2}{x} \sum_{n=1}^{\infty} \frac{\dfrac{x^2}{n^2\pi^2}}{1 - \dfrac{x^2}{n^2\pi^2}}$$

$$= \frac{1}{x} - \frac{2}{x} \sum_{n=1}^{\infty} \sum_{m=1}^{\infty} \left(\frac{x^2}{n^2\pi^2} \right)^m$$

$$= \frac{1}{x} - \frac{2}{x} \sum_{m=1}^{\infty} \frac{\zeta(2m)}{\pi^{2m}} x^{2m}$$

と展開し

$$\sum_{m=1}^{\infty} \frac{\zeta(2m)}{\pi^{2m}} x^{2m} = \frac{1}{2} - \frac{1}{2} x \cot x$$

と変形すると，オイラーが §4 で書いている等式

$$Ax^2 + Bx^4 + Cx^6 + Dx^8 + \text{etc.} = \frac{1}{2} - \frac{1}{2} x \cot x$$

を得ることができる．ここで，§2 の定義の通り

$$A = \frac{\zeta(2)}{\pi^2},$$

$$B = \frac{\zeta(4)}{\pi^4},$$

$$C = \frac{\zeta(6)}{\pi^6},$$

$$\cdots$$

であった．とくに，$x = i$（虚数単位）として，§5 の

$$A - B + C - D + E + \text{etc.} = \frac{1}{ee - 1}$$

を得る．

　この論文では，オイラーはベルヌーイ数より A, B, C, $\cdots$, つまり

$$\frac{\zeta(2)}{\pi^2}, \qquad \frac{\zeta(4)}{\pi^4}, \qquad \frac{\zeta(6)}{\pi^6}, \qquad \cdots$$

を使うことが多いのであるが，第 1 章の論文 E 41 において実質的に得ていた公式

$$\zeta(2n) = (-1)^{n-1} \frac{B_{2n}(2\pi)^{2n}}{2(2n)!} \qquad (n = 1, 2, 3, \cdots) \qquad (\text{☆})$$

を用いれば，A, B, C, $\cdots$ はベルヌーイ数 B_{2n} とほとんど同じであり論文タイトルに結びつく．ここで，B_k $(k = 0, 1, \cdots)$ はベルヌーイ数の母関数（生成関数）

$$\frac{x}{e^x - 1} = \sum_{k=0}^{\infty} \frac{B_k}{k!} x^k \qquad (|x| < 2\pi)$$

によって定まる（有理数でありさまざまの数論的性質を秘めている）.

公式 (☆) は先ほどの

$$\sum_{m=1}^{\infty} \frac{\zeta(2m)}{\pi^{2m}} x^{2m} = \frac{1}{2} - \frac{1}{2} x \cot x$$

という $|x| < \pi$ における等式からすぐ出るのでやっておこう：

$$
\begin{aligned}
\sum_{m=1}^{\infty} \frac{\zeta(2m)}{\pi^{2m}} x^{2m} &= -\frac{x}{2} \cdot \frac{\cos x}{\sin x} + \frac{1}{2} \\
&= -\frac{ix}{2} \cdot \frac{e^{ix} + e^{-ix}}{e^{ix} - e^{-ix}} + \frac{1}{2} \\
&= -\frac{1}{2} \cdot \frac{2ix}{e^{2ix} - 1} - \frac{ix}{2} + \frac{1}{2} \\
&= -\frac{1}{2} \sum_{k=0}^{\infty} \frac{B_k}{k!} (2ix)^k - \frac{ix}{2} + \frac{1}{2} \\
&= -\frac{1}{2} \sum_{k=2}^{\infty} \frac{B_k (2i)^k}{k!} x^k
\end{aligned}
$$

となるので，両端辺の x^{2n} の係数を比較すれば (☆) を得る.

まとめの意味でちょっと計算確認をしておこう.

練習問題　次を示せ．ただし，(1)〜(5) では $|x| < \pi$ とする.

(1) $\log\left(\dfrac{x}{\sin x}\right) = \displaystyle\sum_{m=1}^{\infty} \frac{\zeta(2m)}{m\pi^{2m}} x^{2m}$.

(2) $\dfrac{1}{x} - \cot x = 2 \displaystyle\sum_{m=1}^{\infty} \frac{\zeta(2m)}{\pi^{2m}} x^{2m-1}$.　[オイラー, §4]

(3) $\displaystyle\sum_{n=1}^{\infty} \frac{1}{n^2\pi^2 - x^2} = \frac{1}{2x}\left(\frac{1}{x} - \cot x\right)$.

(4) $-\dfrac{1}{x^2} + \dfrac{1}{\sin^2 x} = 2 \displaystyle\sum_{m=1}^{\infty} \frac{\zeta(2m)(2m-1)}{\pi^{2m}} x^{2m-2}$.

(5) $\displaystyle\sum_{n=1}^{\infty} \frac{1}{(n^2\pi^2 - x^2)^2} = \frac{1}{4x^4}\left(-2 + x\cot x + \frac{x^2}{\sin^2 x}\right)$.

第 4 章 積分表示　77

(6)　$\displaystyle\sum_{m=1}^{\infty}\frac{(-1)^{m-1}\zeta(2m)}{m\pi^{2m}}=\log\left(\frac{e^2-1}{2e}\right)$.

(7)　$\displaystyle\sum_{m=1}^{\infty}\frac{(-1)^{m-1}\zeta(2m)}{\pi^{2m}}=\frac{1}{e^2-1}$.　［オイラー，§5］

(8)　$\displaystyle\sum_{n=1}^{\infty}\frac{1}{n^2\pi^2+1}=\frac{1}{e^2-1}$.　［オイラー，§5］

(9)　$\zeta(2)=\dfrac{\pi^2}{6}$.

(10)　$\displaystyle\sum_{m=1}^{\infty}\frac{(-1)^{m-1}\zeta(2m)(2m-1)}{\pi^{2m}}=\frac{e^4-6e^2+1}{2(e^2-1)^2}$.

(11)　$\displaystyle\sum_{n=1}^{\infty}\frac{1}{(n^2\pi^2+1)^2}=\frac{8e^2-e^4-3}{4(e^2-1)^2}$.

(12)　$\zeta(4)=\dfrac{\pi^4}{90}$.

解答

(1)
$$\log\left(\frac{x}{\sin x}\right)=-\log\left(\prod_{n=1}^{\infty}\left(1-\frac{x^2}{n^2\pi^2}\right)\right)$$
$$=\sum_{n=1}^{\infty}\sum_{m=1}^{\infty}\frac{1}{m}\left(\frac{x^2}{n^2\pi^2}\right)^m$$
$$=\sum_{m=1}^{\infty}\frac{\zeta(2m)}{m\pi^{2m}}x^{2m}.$$

(2)　(1) を微分すればよい.

(3)
$$\log\left(\frac{x}{\sin x}\right)=-\log\prod_{n=1}^{\infty}\left(1-\frac{x^2}{n^2\pi^2}\right)$$
$$=-\sum_{n=1}^{\infty}\log\left(1-\frac{x^2}{n^2\pi^2}\right)$$

を微分すれば

$$\frac{1}{x}-\cot x=-\sum_{n=1}^{\infty}\frac{2x}{x^2-n^2\pi^2}$$
$$=2x\sum_{n=1}^{\infty}\frac{1}{n^2\pi^2-x^2}$$

となるのでよい.

(4) (2) を微分すればよい.

(5) (3) を微分すればよい.

(6) (1) において $x = i$ とすればよい. ただし,

$$\sin(i) = \frac{e^{-1} - e}{2i}$$

を使う.

(7) (2) において $x = i$ とすればよい. ただし,

$$\cot(i) = i\frac{e^{-1} + e}{e^{-1} - e}$$

を使う.

(8) (3) において $x = i$ とすればよい. ただし, (7) と同じ $\cot(i)$ の値を使う.

(9) (3) において $x \to 0$ とすればよい. ここで,

$$\frac{\sin x - x\cos x}{2x^2 \sin x} = \frac{\left(x - \dfrac{x^3}{6} + \cdots\right) - x\left(1 - \dfrac{x^2}{2} + \cdots\right)}{2x^2 \sin x}$$

$$= \frac{\dfrac{1}{3}x^3 + O(x^5)}{2x^2 \sin x} \xrightarrow[x \to 0]{} \frac{1}{6}$$

を使う.

(10) (4) において $x = i$ とする. ただし, (6) と同じ $\sin(i)$ の値を使う.

(11) (5) において $x = i$ とする. ただし, 以上のように $\sin(i)$ と $\cot(i)$ の値を使う.

(12) (5) において $x \to 0$ とすればよい. ここで,

$$\frac{1}{4x^4}\left(-2 + x\cot x + \frac{x^2}{\sin^2 x}\right)$$

$$= \frac{-2\sin^2 x + x\sin x\cos x + x^2}{4x^4 \sin^2 x}$$

$$= \frac{-2\left(x - \dfrac{x^3}{6} + \dfrac{x^5}{120} - \cdots\right)^2 + x\left(x - \dfrac{x^3}{6} + \dfrac{x^5}{120} - \cdots\right)\left(1 - \dfrac{x^2}{2} + \dfrac{x^4}{24} - \cdots\right) + x^2}{4x^4 \sin^2 x}$$

$$= \frac{\dfrac{2}{45}x^6 + O(x^8)}{4x^4 \sin^2 x} \xrightarrow[x \to 0]{} \frac{1}{90}$$

を使う.

[解答終]

この章の終わりに，この論文 E 393 と他の章の論文との関係について簡単に触れておこう．E 393 は『オイラー全集』の I–15 巻 91 ページ～130 ページに収載されている．この辺は『オイラー全集』のうちでも名所であって，この論文の前には第3章で見た関数等式の論文 E 352（70 ページ～90 ページ）があり，後には第5章で解説の $\zeta(3)$ の表示論文 E 432（131 ページ～167 ページ）が続いているので，桜の花の満開の下を歩いている心地がするものである．しかも，この3つの論文には関連がある：

(a)　E 352　$\boxed{\zeta(3) = -4\pi^2\zeta'(-2)}$

　　$\Longrightarrow$ E 432　$\boxed{\zeta'(-2) \text{ を求めることによって } \zeta(3) \text{ を表示}}$,

(b)　E 393　$\boxed{\int_0^{\frac{\pi}{2}} \log(\sin x)dx = -\frac{\pi}{2}\log 2}$

　　$\Longrightarrow$ E 432　$\boxed{\int_0^{\frac{\pi}{2}} x\log(\sin x)dx \text{ によって } \zeta(3) \text{ を表示}}$,

(c)　E 393　$\boxed{\log 2 - \log 3 + \log 4 - \log 5 + \cdots = \frac{\pi}{2}\log\left(\frac{\pi}{2}\right)}$

　　$\Longrightarrow$ E 432　$\boxed{\zeta'(-2) = -\frac{1}{7}\left(2^2\log 2 - 3^2\log 3 + 4^2\log 4 - \cdots\right) \text{ を求める}}$

という風にである．
　オイラーの魔法に浸って欲しい．

第5章　ζ(3) の表示

65 歳になったオイラーは，1772 年 5 月 18 日付の論文 E 432 において，未解決だった

$$\zeta(3) = \sum_{n=1}^{\infty} \frac{1}{n^3}$$

の表示を求める問題に 1 つの結論を与えた．この論文は計算と式変形が長く続く —— しかも，そこでは発散級数も自由に使っている —— という難解なものであるので，次の 3 点 (1)(2)(3) に絞って解説しよう．原論文の表示で書いておこう．

(1)　[§ 7]

$$1 + \frac{1}{3^3} + \frac{1}{5^3} + \frac{1}{7^3} + \text{etc.} = \frac{1}{2}\pi^2(2^2 l2 - 3^2 l3 + 4^2 l4 - 5^2 l5 + \text{etc.}).$$

$lx = \log x$ は自然対数である．

(2)　[§ 8]

$$Z = 2^2 l2 - 3^2 l3 + 4^2 l4 - 5^2 l5 + \text{etc.}$$

を変形して

$$1 + \frac{1}{3^3} + \frac{1}{5^3} + \frac{1}{7^3} + \text{etc.} = \frac{1}{2}\pi\pi Z$$

を求める．

第5章 ζ(3) の表示   81

(3) 〔§21〕

$$1 + \frac{1}{3^3} + \frac{1}{5^3} + \frac{1}{7^3} + \text{etc.} = \frac{\pi\pi}{4}\, l\, 2 + 2 \int \varphi d\varphi\, l \sin\varphi.$$

ここの積分は 0 から $\frac{\pi}{2}$ まで.

(1) は第 3 章の論文で得られた関数等式

$$\zeta(1-s) = \zeta(s)2(2\pi)^{-s}\Gamma(s)\cos\left(\frac{\pi s}{2}\right)$$

において, $s = 3$ における微分を計算すると

$$-\zeta'(-2) = \zeta(3)2(2\pi)^{-3}\Gamma(3)\left(-\frac{\pi}{2}\sin\left(\frac{3\pi}{2}\right)\right)$$

となるので,

$$\Gamma(3) = 2, \qquad \sin\left(\frac{3\pi}{2}\right) = -1$$

を用いることにより

$$\zeta(3) = -4\pi^2\zeta'(-2)$$

となる. オイラーの (1) の式にするには

$$1 + \frac{1}{3^3} + \frac{1}{5^3} + \frac{1}{7^3} + \cdots = \left(1 + \frac{1}{2^3} + \frac{1}{3^3} + \cdots\right) - \left(\frac{1}{2^3} + \frac{1}{4^3} + \frac{1}{6^3} + \cdots\right)$$

$$= \zeta(3) - \frac{1}{8}\zeta(3)$$

$$= \frac{7}{8}\zeta(3),$$

および,

$$\varphi(s) = \sum_{n=1}^{\infty}(-1)^{n-1}n^{-s}$$

とおいたときに

$$\varphi(s) = 1 - 2^{-s} + 3^{-s} - 4^{-s} + 5^{-s} - 6^{-s} + \cdots$$

$$= (1 + 2^{-s} + 3^{-s} + 4^{-s} + \cdots) - 2(2^{-s} + 4^{-s} + 6^{-s} + \cdots)$$

$$= \zeta(s) - 2 \cdot 2^{-s}\zeta(s)$$

$$= (1 - 2^{1-s})\zeta(s)$$

となるので,

$$\varphi'(-2) = (1 - 2^3)\zeta'(-2)$$
$$= -7\zeta'(-2)$$

であることを使えばよい．ただし，$\zeta(-2) = 0$ を用いている（第3章のオイラーの結果）．

　もちろん，オイラーの書き方では

$$\varphi'(-2) = 2^2 \log 2 - 3^2 \log 3 + 4^2 \log 4 - \cdots$$

と解釈しておく．このように見てくると，オイラーの式

$$\frac{7}{8}\zeta(3) = \frac{\pi^2}{2}\varphi'(-2)$$

は

$$\frac{7}{8}\zeta(3) = \frac{\pi^2}{2}(-7\zeta'(-2))$$

つまり

$$\zeta(3) = -4\pi^2\zeta'(-2)$$

を意味しているのである．

　(2)　オイラーは

$$Z = 2^2 \log 2 - 3^2 \log 3 + 4^2 \log 4 - \cdots$$
$$= \varphi'(-2)$$
$$= -7\zeta'(-2)$$

という記号 Z（ラテン語における読みは「ゼータ」である）を用いている．これは，ゼータ関数に対して「ゼータ」が使われた最初と思われる．それから87年後にリーマンが1859年のリーマン予想を提出した論文において「$\zeta(s)$」を使って「ゼータ」という名前が普及することになる．

　なお，オイラーは

$$2^2 \log 2 - 3^2 \log 3 + 4^2 \log 4 - \cdots = Z$$

を変形するときに

$$\log 2 - \log 3 + \log 4 - \cdots = \frac{1}{2}\log\left(\frac{\pi}{2}\right)$$

という "結果"（発散級数である）を参考のために書いているが，後者はウォリス（Wallis）の公式

$$\frac{\pi}{2} = \frac{2 \cdot 2}{1 \cdot 3} \cdot \frac{4 \cdot 4}{3 \cdot 5} \cdot \frac{6 \cdot 6}{5 \cdot 7} \cdot \frac{8 \cdot 8}{7 \cdot 9} \cdot \frac{10 \cdot 10}{9 \cdot 11} \cdots$$

第 5 章　ζ(3) の表示　　83

の対数を（形式的に）取ればよい.

(3)　オイラーの結果

$$\sum_{n\,:\,奇数} \frac{1}{n^3} = \frac{\pi^2}{4}\log 2 + 2\int_0^{\frac{\pi}{2}} x\log(\sin x)dx$$

は

$$\frac{7}{8}\zeta(3) = \frac{\pi^2}{4}\log 2 + 2\int_0^{\frac{\pi}{2}} x\log(\sin x)dx$$

であるから,

定理 A

$$\zeta(3) = \frac{2\pi^2}{7}\log 2 + \frac{16}{7}\int_0^{\frac{\pi}{2}} x\log(\sin x)dx\,.$$

と書くことができる.

オイラーは, この結論に至るために発散級数

$$Z = 2^2\log 2 - 3^2\log 3 + 4^2\log 4 - \cdots$$

をさまざまに変形していくのであるが, その様子は第 II 部の翻訳で眺めて欲しい.
ここでは, 発散級数を用いない証明の解説をする.

定理 A の証明

第 4 章の論文の終わりのところ（§37）で得られた積分

$$\int_0^{\frac{\pi}{2}} \log(\sin x)dx = -\frac{\pi}{2}\log 2$$

を参考にして, 積分

$$I = \int_0^{\frac{\pi}{2}} x\log(\sin x)dx$$

を考える. さらに, 同じところにある展開

$$\log(\sin x) = -\log 2 - \sum_{n=1}^{\infty} \frac{1}{n}\cos(2nx)$$

を $0 < x < \pi$ に対して用いる. ちなみに, この等式は

$$\log(1 - e^{2ix}) = -\sum_{n=1}^{\infty} \frac{1}{n}e^{2inx}$$

の両辺の実部をとるとわかる：

$$\mathrm{Re}\left(\log(1 - e^{2ix})\right) = \log\left|\,1 - e^{2ix}\,\right|$$
$$= \log(2\sin x)$$
$$= \log(\sin x) + \log 2,$$

$$\mathrm{Re}\left(-\sum_{n=1}^{\infty}\frac{1}{n}e^{2inx}\right) = -\sum_{n=1}^{\infty}\frac{1}{n}\cos(2nx).$$

このように準備すると，I の計算は難しくない：

$$I = \int_0^{\frac{\pi}{2}} x\log(\sin x)dx$$

$$= \int_0^{\frac{\pi}{2}} x\left(-\log 2 - \sum_{n=1}^{\infty}\frac{\cos(2nx)}{n}\right)dx$$

$$= -(\log 2)\int_0^{\frac{\pi}{2}} xdx - \sum_{n=1}^{\infty}\frac{1}{n}\int_0^{\frac{\pi}{2}} x\cos(2nx)dx$$

において

$$\int_0^{\frac{\pi}{2}} xdx = \frac{\pi^2}{8},$$

$$\int_0^{\frac{\pi}{2}} x\cos(2nx)dx = \left[x\frac{\sin(2nx)}{2n}\right]_0^{\frac{\pi}{2}} - \int_0^{\frac{\pi}{2}}\frac{\sin(2nx)}{2n}dx$$

$$= -\frac{1}{4n^2}\left[-\cos(2nx)\right]_0^{\frac{\pi}{2}}$$

$$= -\frac{(-1)^{n-1}+1}{4n^2}$$

$$= \begin{cases} -\dfrac{1}{2n^2} & (n \text{ は奇数}) \\ 0 & (n \text{ は偶数}) \end{cases}$$

を用いると

$$I = -\frac{\pi^2}{8}\log 2 + \frac{1}{2}\sum_{n\,:\,\text{奇数}}\frac{1}{n^3}$$

$$= -\frac{\pi^2}{8}\log 2 + \frac{7}{16}\zeta(3)$$

を得る．つまり，オイラーの結論

$$\zeta(3) = \frac{2\pi^2}{7}\log 2 + \frac{16}{7}\int_0^{\frac{\pi}{2}} x\log(\sin x)dx$$

がわかった. Q.E.D.

さて，定理 A は三重三角関数の研究を示唆し，その結果，次に述べる定理 B が得られた．第 4 章で解説した通り，オイラーの積分

$$\int_0^{\frac{\pi}{2}} \log(\sin x)dx = -\frac{\pi}{2}\log 2$$

は二重三角関数の特殊値表示

$$\mathscr{S}_2\left(\frac{1}{2}\right) = \sqrt{2}$$

と同値だったことを思い出して欲しい．多重三角関数論の詳細は

　　　黒川信重『現代三角関数論』岩波書店，2013 年

を読まれたい．

定理 B 三重三角関数

$$\mathscr{S}_3(x) = e^{\frac{x^2}{2}}\prod_{n=1}^{\infty}\left(\left(1 - \frac{x^2}{n^2}\right)^{n^2} e^{x^2}\right)$$

を用いると，オイラーの $\zeta(3)$ の表示は

$$\zeta(3) = \frac{8\pi^2}{7}\log\left(\mathscr{S}_3\left(\frac{1}{2}\right)^{-1} 2^{\frac{1}{4}}\right)$$

となる．

証明. $\mathscr{S}_3(x)$ の対数微分

$$\log\mathscr{S}_3(x) = \frac{x^2}{2} + \sum_{n=1}^{\infty}\left(n^2\log\left(1 - \frac{x^2}{n^2}\right) + x^2\right)$$

から

$$\frac{\mathscr{S}_3'(x)}{\mathscr{S}_3(x)} = x + \sum_{n=1}^{\infty}\left(\frac{2xn^2}{x^2 - n^2} + 2x\right)$$

$$= x + \sum_{n=1}^{\infty} \frac{2x^3}{x^2 - n^2}$$

$$= x^2 \left(\frac{1}{x} + \sum_{n=1}^{\infty} \frac{2x}{x^2 - n^2} \right)$$

$$= x^2 \pi \cot(\pi x)$$

となる：ただし，

$$\pi \cot(\pi x) = \frac{1}{x} + \sum_{n=1}^{\infty} \frac{2x}{x^2 - n^2}$$

は第 1 章のオイラーの無限積分解

$$\sin(\pi x) = \pi x \prod_{n=1}^{\infty} \left(1 - \frac{x^2}{n^2} \right)$$

の対数微分から得られる．

したがって，$\mathscr{S}_3(0) = 1$ より

$$\mathscr{S}_3(x) = \exp \left(\int_0^x \pi t^2 \cot(\pi t) dt \right)$$

となる．ここで，積分路は $\mathbb{C} \setminus \{\pm 1, \pm 2, \cdots\}$ 内とする．とくに，

$$\log \mathscr{S}_3 \left(\frac{1}{2} \right) = \int_0^{\frac{1}{2}} \pi t^2 \cot(\pi t) dt$$

$$= \frac{1}{\pi^2} \int_0^{\frac{\pi}{2}} x^2 \cot x \, dx$$

$$= \frac{1}{\pi^2} \left[x^2 \log(\sin x) \right]_0^{\frac{\pi}{2}} - \frac{1}{\pi^2} \int_0^{\frac{\pi}{2}} 2x \log(\sin x) dx$$

$$= -\frac{2}{\pi^2} \int_0^{\frac{\pi}{2}} x \log(\sin x) dx$$

である．よって，

$$\zeta(3) = \frac{16}{7} \int_0^{\frac{\pi}{2}} x \log(\sin x) dx + \frac{2\pi^2}{7} \log 2$$

$$= -\frac{8\pi^2}{7} \left(-\frac{2}{\pi^2} \int_0^{\frac{\pi}{2}} x \log(\sin x) dx \right) + \frac{2\pi^2}{7} \log 2$$

$$= -\frac{8\pi^2}{7} \log \mathscr{S}_3 \left(\frac{1}{2} \right) + \frac{2\pi^2}{7} \log 2$$

$$= \frac{8\pi^2}{7} \log \left(\mathscr{S}_3 \left(\frac{1}{2} \right)^{-1} 2^{\frac{1}{4}} \right)$$

が成立する. Q.E.D.

定理 B は正規化された三重三角関数

$$S_3(x) = \prod_{n_1, n_2, n_3 \geqq 0} (n_1 + n_2 + n_3 + x) \times \prod_{m_1, m_2, m_3 \geqq 1} (m_1 + m_2 + m_3 - x)$$

を用いて

$$\zeta(3) = \frac{16\pi^2}{3} \log \left(S_3 \left(\frac{1}{2} \right)^{-1} 2^{\frac{3}{8}} \right)$$

$$= \frac{16\pi^2}{3} \log \left(S_3 \left(\frac{3}{2} \right)^{-1} 2^{-\frac{1}{8}} \right)$$

の形にも書き直すことができる. その証明については『現代三角関数論』定理
5.10.1(1) を見られたい. なお, 付け加えておくと, 『現代三角関数論』の研究成
果そのものもオイラーのこの論文（1772 年 5 月 18 日付）をきっかけとして出来た
ものである.

　ここでは, オイラーが

$$Z = 2^2 \log 2 - 3^2 \log 3 + 4^2 \log 4 - \cdots$$

を変形する過程には踏み込まないが, そこで示されていることの一例を挙げてお
こう. オイラーは, その変形の途中の §20 において

$$Z = \frac{1}{4} - \frac{\alpha \pi^2}{3 \cdot 4 \cdot 2^2} - \frac{\beta \pi^4}{5 \cdot 6 \cdot 2^4} - \frac{\gamma \pi^6}{7 \cdot 8 \cdot 2^6} - \frac{\delta \pi^8}{9 \cdot 10 \cdot 2^8} - \frac{\varepsilon \pi^{10}}{11 \cdot 12 \cdot 2^{10}} - \text{etc.},$$

つまり

$$1 + \frac{1}{3^3} + \frac{1}{5^3} + \frac{1}{7^3} + \text{etc.} = \frac{1}{8} \pi\pi - \frac{2\alpha \pi^4}{3 \cdot 4 \cdot 2^4} - \frac{2\beta \pi^6}{5 \cdot 6 \cdot 2^6} - \frac{2\gamma \pi^8}{7 \cdot 8 \cdot 2^8} - \text{etc.}$$

を導いている. ここで, α, β, γ, δ, $\cdots$ は §10 で定義されている通り

$$\frac{\zeta(2n)}{\pi^{2n}} \qquad (n = 1, 2, 3, \cdots)$$

であるので, オイラーのこの式は

$$\frac{7}{8} \zeta(3) = \frac{\pi^2}{8} - \sum_{n=1}^{\infty} \frac{2 \dfrac{\zeta(2n)}{\pi^{2n}} \pi^{2n+2}}{(2n+1)(2n+2)2^{2n+2}}$$

$$= \frac{\pi^2}{8} - \frac{\pi^2}{2} \sum_{n=1}^{\infty} \frac{\zeta(2n)}{(2n+1)(2n+2)2^{2n}}$$

となり,

$$\zeta(3) = \frac{\pi^2}{7} - \frac{4\pi^2}{7} \sum_{n=1}^{\infty} \frac{\zeta(2n)}{(2n+1)(2n+2)2^{2n}}$$

と書き直すことができる．この式は正しい式であり，多重三角関数論を用いて証明することができる．その詳細については次を見られたい：

黒川信重「オイラーのゼータ関数論」『現代数学』2017年4月号～2018年3月号（2018年夏に単行本化）．

なお，下にある練習問題1も参照せよ．

ここで扱ってきた論文 E 432 は「解析的練習」というタイトルからして，オイラーは論文を読む人にいろいろと発展問題を考えてもらいたいとの趣旨があったのだろう．そこで，練習問題として2つ挙げる．

練習問題 1 次を示せ.

(1) $\displaystyle\int_0^{\frac{\pi}{2}} x \log(\sin x)\,dx = \frac{\pi^2}{8} \log\left(\frac{\pi}{2}\right) - \frac{\pi^2}{16}$
$$- \frac{\pi^2}{4} \sum_{m=1}^{\infty} \frac{\zeta(2m)}{m(2m+2)2^{2m}}.$$

(2) $\displaystyle\zeta(3) = \frac{2\pi^2}{7} \log \pi - \frac{\pi^2}{7} - \frac{4\pi^2}{7} \sum_{m=1}^{\infty} \frac{\zeta(2m)}{m(2m+2)2^{2m}}.$

練習問題 2 $r \geqq 2$ に対して r 重三角関数

$$\mathscr{S}_r(x) = e^{\frac{x^{r-1}}{r-1}} \prod_{\substack{n=-\infty \\ n \neq 0}}^{\infty} P_r\left(\frac{x}{n}\right)^{n^{r-1}}$$

を考える．ただし，$P_r(x) = (1-x) \exp\left(x + \dfrac{x^2}{2} + \cdots + \dfrac{x^r}{r}\right)$ である．このとき，$\mathscr{S}_r\left(\dfrac{1}{2}\right)$ と積分

$$\int_0^{\frac{\pi}{2}} x^{r-2} \log(\sin x)dx$$

との関係を求めよ.

練習問題 1 の解答

(1)　　　$\displaystyle\int_0^{\frac{\pi}{2}} x \log(\sin x)dx$

$$= \int_0^{\frac{\pi}{2}} x \log\left(x \prod_{n=1}^{\infty}\left(1 - \frac{x^2}{n^2\pi^2}\right) \right) dx$$

$$= \int_0^{\frac{\pi}{2}} x \log x\, dx - \sum_{n=1}^{\infty}\sum_{m=1}^{\infty} \frac{1}{m}\left(\frac{1}{n^2\pi^2}\right)^m \int_0^{\frac{\pi}{2}} x^{2m+1}dx$$

$$= \int_0^{\frac{\pi}{2}} x \log x\, dx - \sum_{m=1}^{\infty} \frac{\zeta(2m)}{m\pi^{2m}} \int_0^{\frac{\pi}{2}} x^{2m+1}dx$$

$$= \frac{\pi^2}{8}\log\left(\frac{\pi}{2}\right) - \frac{\pi^2}{16} - \frac{\pi^2}{4}\sum_{m=1}^{\infty} \frac{\zeta(2m)}{m(2m+2)2^{2m}} .$$

ただし, 第 1 章のオイラーの無限積分解

$$\sin(x) = x \prod_{n=1}^{\infty}\left(1 - \frac{x^2}{n^2\pi^2}\right)$$

および積分計算

$$\int_0^{\frac{\pi}{2}} x \log x\, dx = \left[\frac{x^2}{2}\log x\right]_0^{\frac{\pi}{2}} - \int_0^{\frac{\pi}{2}} \frac{x^2}{2}\cdot\frac{1}{x}dx$$

$$= \frac{\pi^2}{8}\log\left(\frac{\pi}{2}\right) - \frac{1}{2}\left[\frac{x^2}{2}\right]_0^{\frac{\pi}{2}}$$

$$= \frac{\pi^2}{8}\log\left(\frac{\pi}{2}\right) - \frac{\pi^2}{16},$$

$$\int_0^{\frac{\pi}{2}} x^{2m+1}dx = \frac{1}{2m+2}\left(\frac{\pi}{2}\right)^{2m+2}$$

を用いた.

(2)　オイラーの結果

$$\zeta(3) = \frac{2\pi^2}{7}\log 2 + \frac{16}{7}\int_0^{\frac{\pi}{2}} x\log(\sin x)dx$$

の右辺に (1) を用いればよい.   ［解答終］

練習問題 2 の解答

$$I_r = \int_0^{\frac{\pi}{2}} x^{r-2}\log(\sin x)dx$$

とおくと，部分積分により

$$I_r = \left[\frac{x^{r-1}}{r-1}\log(\sin x)\right]_0^{\frac{\pi}{2}} - \int_0^{\frac{\pi}{2}}\frac{x^{r-1}}{r-1}\cot x\,dx$$

$$= -\frac{1}{r-1}\int_0^{\frac{\pi}{2}} x^{r-1}\cot x\,dx$$

$$= -\frac{1}{r-1}\int_0^{\frac{1}{2}}(\pi t)^{r-1}\cot(\pi t)\cdot\pi dt$$

$$= -\frac{\pi^{r-1}}{r-1}\int_0^{\frac{1}{2}}\pi t^{r-1}\cot(\pi t)dt$$

となる．ここで，$\mathscr{S}_r(x)$ の対数微分を考えると，

$$\log\mathscr{S}_r(x) = \frac{x^{r-1}}{r-1} + \sum_{\substack{n=-\infty \\ n\neq 0}}^{\infty} n^{r-1}\left(\log\left(1-\frac{x}{n}\right) + \sum_{k=1}^{r}\frac{1}{k}\left(\frac{x}{n}\right)^k\right)$$

より，

$$\frac{\mathscr{S}_r'(x)}{\mathscr{S}_r(x)} = x^{r-2} + \sum_{\substack{n=-\infty \\ n\neq 0}}^{\infty} n^{r-1}\left(\frac{1}{x-n} + \sum_{k=1}^{r}\frac{x^{k-1}}{n^k}\right)$$

$$= x^{r-2} + \sum_{\substack{n=-\infty \\ n\neq 0}}^{\infty} n^{r-1}\left(\frac{1}{x-n} + \frac{\left(\frac{x}{n}\right)^r - 1}{x-n}\right)$$

$$= x^{r-2} + \sum_{\substack{n=-\infty \\ n\neq 0}}^{\infty}\frac{x^r}{n(x-n)}$$

$$= x^{r-2} + \sum_{n=1}^{\infty}\frac{2x^r}{x^2-n^2}$$

$$= x^{r-1} \left(x^{-1} + \sum_{n=1}^{\infty} \frac{2x}{x^2 - n^2} \right)$$

$$= x^{r-1} \pi \cot(\pi x)$$

となるので，$\mathscr{S}_r(0) = 1$ より

$$\mathscr{S}_r(x) = \exp \left(\int_0^x \pi t^{r-1} \cot(\pi t) dt \right)$$

が成立する．ただし，積分路は $\mathbb{C} \setminus \{\pm 1, \pm 2, \cdots\}$ 内とする．

したがって，

$$\log \mathscr{S}_r \left(\frac{1}{2} \right) = \int_0^{\frac{1}{2}} \pi t^{r-1} \cot(\pi t) dt$$

となる．よって，

$$I_r = -\frac{\pi^{r-1}}{r-1} \log \mathscr{S}_r \left(\frac{1}{2} \right)$$

つまり

$$\int_0^{\frac{\pi}{2}} x^{r-2} \log(\sin x) dx = -\frac{\pi^{r-1}}{r-1} \log \mathscr{S}_r \left(\frac{1}{2} \right)$$

という関係式が得られた． ［解答終］

ここに述べてきたとおり，オイラーの論文 E 432 は宝の山のような論文である．その一部を解読して『現代三角関数論』が導かれたのであり，将来の発掘を待っているのである．

第6章　オイラーの絶対ゼータ関数論

はじめに謎を.

ゼータ	絶対ゼータ
$\zeta_{\mathbb{Z}}(2) = \displaystyle\int_0^1 \frac{\log x}{x-1}\,dx = \frac{\pi^2}{6}$	$\zeta_{\mathbb{G}_m/\mathbb{F}_1}(2) = \exp\left(\displaystyle\int_0^1 \frac{x-1}{\log x}\,dx\right) = 2$
$\gamma = \displaystyle\sum_{n=2}^{\infty} \frac{(-1)^n}{n}\zeta_{\mathbb{Z}}(n)$	$\gamma = \displaystyle\sum_{n=2}^{\infty} \frac{1}{n}\log \zeta_{\mathbb{G}_m^{n-1}/\mathbb{F}_1}(n)$

絶対ゼータ関数論とは一元体 $\mathbb{F}_1$ 上のゼータ関数論であり，21 世紀になって活発に研究されている．このテーマに関する初の成書は

　黒川信重『絶対ゼータ関数論』岩波書店，2016 年

である．そのような状況において，オイラーが 1774 年 10 月〜1776 年 8 月のいくつかの論文にて絶対ゼータ関数論と考えられる研究をすでにしていたことが発見され 2017 年に報告された：

　黒川信重「オイラーのゼータ関数論」『現代数学』2017 年 4 月号〜2018 年 3 月号（2018 年夏に単行本化）.

そこで，ここではオイラーが何を書いているかを原論文に従って紹介し，その解釈を述べることにする．論文としては次の 3 つを取り上げる．

(A)　"Nova methodus quantitates integrales determinandi"［積分を定量的に決定する新方法］*Novi Commentarii Academiae Scientiarum Petropolitanae* **19** (1774) 66–102 (E 464, 1774 年 10 月 10 日付，67 歳，全集 I–17, 421–457).

(B)　"Evolutio formulae integralis $\int \partial x \left(\dfrac{1}{1-x} + \dfrac{1}{lx} \right)$ a termino $x = 0$
usque ad $x = 1$ extensae" ［積分 $\displaystyle\int_0^1 \left(\dfrac{1}{1-x} + \dfrac{1}{\log x} \right) dx$ の展開公式］ *Novi
Acta Academiae Scientiarum Petropolitanae* **4** (1786) 3–16 (E 629, 1776 年 2
月 29 日付，68 歳，全集 I–18，318–334).

(C)　"De valore formulae integralis $\int \dfrac{x^{a-1}dx}{lx} \cdot \dfrac{(1-x^b)(1-x^c)}{1-x^n}$ a tremino
$x = 0$ usque ad $x = 1$ extensae" ［積分 $\displaystyle\int_0^1 \dfrac{x^{a-1}(1-x^b)(1-x^c)}{(1-x^n)\log x} dx$ の値
について］ *Acta Academiae Scientiarum Petropolitanae* 1777 : II (1780), 29–47
(E 500, 1776 年 8 月 19 日付，69 歳，全集 I–18, 51–68).

　一見してわかることは，オイラーが 67 歳～69 歳という熟成した年代の論文で
あり，しかも，『オイラー全集』の I–17 巻と I–18 巻という，ほとんどゼータ関数
の視点からは研究されていなかったところに収載されているという点である．こ
れに対し，第 1 章～第 5 章で見てきたように，オイラーのゼータ関数論として通
常取り上げられる論文は『オイラー全集』の I–14 巻と I–15 巻という賑わいの中
心にあって訪れる人も多かったのである．

　一方，第 6 章で扱う論文は日陰になっていた感が否めず，その大きな理由は簡
単に言えば「定積分を計算していることはわかるが，何をどういう目的で研究し
ているのかわからない」というものである．

　では，原論文からの抜き書きを始めよう．

【(A) の原論文の抜き書き】
［§5］

$$\int \frac{(z-1)dz}{lz} = l\,2 .$$

積分区間は今後とも「0 から 1」であり，lz は自然対数 $\log z$.

94

[§6]

$$\int \frac{(z^m - z^n)dz}{lz} = l\frac{m+1}{n+1}.$$

[§27]

THEOREMA ［定理］
$$P = Az^\alpha + Bz^\beta + Cz^\gamma + Dz^\delta + \text{etc.}$$
が
$$A + B + C + D + \text{etc.} = 0$$
を満たすならば,
$$\int \frac{Pdz}{lz} = A\,l(\alpha + 1) + B\,l(\beta + 1) + C\,l(\gamma + 1) + D\,l(\delta + 1) + \text{etc.}$$

[§29]

$$\int \frac{(z-1)^n dz}{lz} = l(n+1) - \frac{n}{2}\,ln + \frac{n(n-1)}{1\cdot 2}\,l(n-1)$$
$$- \frac{n(n-1)(n-2)}{1\cdot 2\cdot 3}\,l(n-2)$$
$$+ \frac{n(n-1)(n-2)(n-3)}{1\cdot 2\cdot 3\cdot 4}\,l(n-3) - \text{etc.}$$

【(B) の原論文の抜き書き】
[§5]

$$y = \frac{1}{1-x} + \frac{1}{lx} = \frac{lx + 1 - x}{(1-x)\,lx}$$
において, $x = 1 - (1-x)$ を用いての展開

$$l\,x = -(1-x) - \frac{1}{2}(1-x)^2 - \frac{1}{3}(1-x)^3 - \frac{1}{4}(1-x)^4 - \text{etc.}$$

を使うと

$$y = \frac{-\dfrac{1}{2}(1-x)^2 - \dfrac{1}{3}(1-x)^3 - \dfrac{1}{4}(1-x)^4 - \text{etc.}}{(1-x)\,l\,x}$$

となるので，［オイラー定数は］

$$\int y\partial x = -\frac{1}{2}\int \frac{(1-x)\partial x}{l\,x} - \frac{1}{3}\int \frac{(1-x)^2\partial x}{l\,x} - \frac{1}{4}\int \frac{(1-x)^3\partial x}{l\,x} - \text{etc.}$$

となる．ここで

$$\int \frac{x^m - x^n}{l\,x}\partial x = l\,\frac{m+1}{n+1}$$

を用いて計算すると

$$\int \frac{(1-x)\partial x}{l\,x} = l\,\frac{1}{2}$$

となり，

$$(1-x)^2 = 1 - x - (x - xx)$$

に注意すると

$$\int \frac{(1-x)^2\partial x}{l\,x} = l\,\frac{1}{2} - l\,\frac{2}{3} = l\,\frac{1\cdot 3}{2^2}$$

を得る．同様にして

$$\int \frac{(1-x)^3\partial x}{l\,x} = l\,\frac{1\cdot 3^3}{2^3\cdot 4}\,,$$

$$\int \frac{(1-x)^4\partial x}{l\,x} = l\,\frac{1\cdot 3^6\cdot 5}{2^4\cdot 4^4}\,,$$

$$\int \frac{(1-x)^5\partial x}{l\,x} = l\,\frac{1\cdot 3^{10}\cdot 5^5}{2^5\cdot 4^{10}\cdot 6}\,,$$

$$\int \frac{(1-x)^6\partial x}{l\,x} = l\,\frac{1\cdot 3^{15}\cdot 5^{15}\cdot 7}{2^6\cdot 4^{20}\cdot 6^6}$$

$$\text{etc.}$$

である．

[§6]

> [オイラー定数は]
> $$\int y\partial x = \frac{1}{2}\,lz + \frac{1}{3}\,l\frac{2^2}{1\cdot 3} + \frac{1}{4}\,l\frac{2^3\cdot 4}{1\cdot 3^3} + \frac{1}{5}\,l\frac{2^4\cdot 4^4}{1\cdot 3^6\cdot 5}$$
> $$+ \frac{1}{6}\,l\frac{2^5\cdot 4^{10}\cdot 6}{1\cdot 3^{10}\cdot 5^5} + \frac{1}{7}\,l\frac{2^6\cdot 4^{20}\cdot 6^6}{1\cdot 3^{15}\cdot 5^{15}\cdot 7} + \text{etc.}$$
> となる.

【(C) の原論文の抜き書き】
[§2]

> $$S = \int \frac{x^{a-1}dx}{lx}\cdot\frac{(1-x^b)(1-x^c)}{1-x^n} \qquad [x=0\text{ から }x=1\text{ まで}]$$
> とする.

[§10]

> $S = lO$ である. ここで,
> $$O = \frac{a(a+b+c)}{(a+b)(a+c)}\cdot\frac{(a+n)(a+b+c+n)}{(a+b+n)(a+c+n)}\cdot\frac{(a+2n)(a+b+c+2n)}{(a+b+2n)(a+c+2n)}$$
> $$\cdot\frac{(a+3n)(a+b+c+3n)}{(a+b+3n)(a+c+3n)}\cdot\text{etc.}$$

次に, 現代語訳を書こう.

【(A) の現代語訳】
[§5]

> $$\int_0^1 \frac{x-1}{\log x}dx = \log 2\,.$$

第 6 章　オイラーの絶対ゼータ関数論　　97

[§6]

$$\int_0^1 \frac{x^m - x^n}{\log x} dx = \log\left(\frac{m+1}{n+1}\right).$$

[§27]

定理　多項式

$$f(x) = \sum_k c(k)x^k$$

が $f(1) = 0$ を満たすならば,

$$\int_0^1 \frac{f(x)}{\log x} dx = \sum_k c(k) \log(k+1).$$

[§29]

$$\int_0^1 \frac{(x-1)^n}{\log x} dx = \sum_{k=0}^n (-1)^{n-k} \binom{n}{k} \log(k+1).$$

【(B) の現代語訳】

[§5]

オイラー定数は

$$\gamma = \int_0^1 \left(\frac{1}{1-x} + \frac{1}{\log x}\right) dx$$

$$= \int_0^1 \frac{\log x + 1 - x}{(1-x)\log x} dx$$

$$= \int_0^1 \frac{\log(1-(1-x)) + 1 - x}{(1-x)\log x} dx$$

$$= \int_0^1 \frac{-\sum_{n=1}^{\infty} \frac{1}{n}(1-x)^n + 1 - x}{(1-x)\log x} dx$$

$$= \int_0^1 \frac{-\sum_{n=2}^{\infty} \frac{1}{n}(1-x)^n}{(1-x)\log x} dx$$

$$= -\sum_{n=2}^{\infty} \frac{1}{n} \int_0^1 \frac{(1-x)^{n-1}}{\log x} dx$$

となる. ここで,

$$\int_0^1 \frac{(1-x)^{n-1}}{\log x} dx = \log \left(\prod_{k=1}^{n} k^{(-1)^{k-1}\binom{n-1}{k-1}} \right)$$

である.

[§6]

[オイラー定数は]

$$\gamma = \sum_{n=2}^{\infty} \frac{1}{n} \log \left(\prod_{k=1}^{n} k^{(-1)^k \binom{n-1}{k-1}} \right)$$

と表示できる.

【(C) の現代語訳】

[§2]

$$S = \int_0^1 \frac{x^{a-1}(1-x^b)(1-x^c)}{(1-x^n)\log x} dx$$

とする.

第6章　オイラーの絶対ゼータ関数論　　99

[§10]

$$S = \log\left(\frac{\Gamma\left(\dfrac{a+b}{n}\right)\Gamma\left(\dfrac{a+c}{n}\right)}{\Gamma\left(\dfrac{a}{n}\right)\Gamma\left(\dfrac{a+b+c}{n}\right)}\right)$$

である.

　以下には (A)(B)(C) の解釈を付けるのであるが，実は，ここで読者に深く考えて欲しいことは，オイラーの原論文（あるいはその現代語訳も含めて）を自分で読み込んでオイラーを理解しようと試みることが重要であり，それによって得るところが大であることである．つまり，安易に解説に頼らないことが肝要である．

　さて，(A)(B)(C) とも，オイラーは $f(1) = 0$ を満たす有理関数 $f(x)$ に対して

$$S_f(s) = \int_0^1 \frac{f(x)}{\log x} x^{s-1} dx$$

を計算している：ここで，記号 S は (C) にならっている.

　(A) の場合には，$f(1) = 0$ となる多項式 $f(x)$ であり，具体例は

- $f(x) = x - 1$,
- $f(x) = x^m - x^n$,
- $f(x) = (x-1)^n$

を挙げている．一般的な結果は §27 の定理の通り（少し変形させると）

$$f(x) = \sum_k c(k) x^k$$

としたとき

$$S_f(s) = \sum_k c(k) \log(s+k)$$
$$= \log\left(\prod_k (s+k)^{c(k)}\right)$$

である．したがって，

- $f(x) = x - 1$ なら $S_f(s) = \log\left(\dfrac{s+1}{s}\right)$,
- $f(x) = x^m - x^n$ なら $S_f(s) = \log\left(\dfrac{s+m}{s+n}\right)$,

- $f(x) = (x-1)^n = \sum_{k=0}^{n} (-1)^{n-k} \binom{n}{k} x^k$ なら

$$S_f(s) = \log\left(\prod_{k=0}^{n} (s+k)^{(-1)^{n-k}\binom{n}{k}}\right)$$

となる. とくに, $s = 1$ とした

- $f(x) = x - 1$ のとき $S_f(1) = \log 2$,

- $f(x) = x^m - x^n$ のとき $S_f(1) = \log\left(\dfrac{m+1}{n+1}\right)$,

- $f(x) = (x-1)^n$ のとき $S_f(1) = \log\left(\prod_{k=0}^{n} (k+1)^{(-1)^{n-k}\binom{n}{k}}\right)$

をオイラーは書いている.

積分

$$S_f(s) = \int_0^1 \frac{f(x)}{\log x} x^{s-1} dx$$

を求めるオイラーの基本方針は次の通りである：

$$S_f'(s) = \frac{d}{ds} S_f(s) = \int_0^1 f(x) x^{s-1} dx$$

を計算して, $S_f(+\infty) = 0$ の条件下で, $S_f(s)$ を積分によって再現する.

ここで

$$S_f(+\infty) = \lim_{s \to +\infty} \int_0^1 \frac{f(x)}{\log x} x^{s-1} dx = 0$$

の条件は, $0 < x < 1$ に対して

$$\lim_{s \to +\infty} x^s = 0$$

から納得しやすいであろう.

例1 $f(x) = x - 1$ とする.

$$S_f(s) = \int_0^1 \frac{x-1}{\log x} x^{s-1} dx$$

を求めよう（$s > 0$ あるいは $\mathrm{Re}(s) > 0$ とする）. まず,

$$S_f'(s) = \int_0^1 (x-1) x^{s-1} dx = \left[\frac{x^{s+1}}{s+1} - \frac{x^s}{s}\right]_0^1 = \frac{1}{s+1} - \frac{1}{s}$$

より

$$S_f(s) = \log\left(\frac{s+1}{s}\right) + C$$

となる．C は定数である．ここで，$S_f(+\infty) = 0$ の条件から $C = 0$ がわかるので

$$S_f(s) = \log\left(\frac{s+1}{s}\right).$$

例2 $f(x) = \sum_k c(k)x^k$ が条件 $f(1) = 0$ を満たすとき，

$$S_f(x) = \int_0^1 \frac{\sum\limits_k c(k)x^k}{\log x} x^{s-1} dx$$

を計算しよう．まず，

$$S_f'(s) = \int_0^1 \left(\sum_k c(k)x^k\right) x^{s-1} dx$$

$$= \sum_k c(k) \int_0^1 x^{s+k-1} dx$$

$$= \sum_k \frac{c(k)}{s+k}$$

なので，積分して

$$S_f(s) = \sum_k c(k)\log(s+k) + C$$

となるが，条件

$$f(1) = \sum_k c(k) = 0$$

より

$$S_f(s) = \sum_k c(k)\left(\log(s+k) - \log s\right) + C$$

$$= \sum_k c(k)\log\left(1 + \frac{k}{s}\right) + C$$

であるから，$s \to +\infty$ とすることにより，

$$S_f(+\infty) = C.$$

よって，$C = 0$ であり

$$S_f(s) = \sum_k c(k)\log(s+k)$$

102

となる.

　もちろん，定積分のことであるから，いろいろと工夫して "直接" 計算すること
も可能である．オイラーの工夫を 2 つ体験してみよう.

練習問題 1

$$\int_0^1 \frac{x-1}{\log x}\,dx = \log 2$$

を

$$x = e^{\log x} = \sum_{n=0}^{\infty} \frac{1}{n!}(\log x)^n$$

を用いて示せ.

　解答（オイラー）

$$x = e^{\log x} = \sum_{n=0}^{\infty} \frac{1}{n!}(\log x)^n$$

より

$$\frac{x-1}{\log x} = \sum_{n=1}^{\infty} \frac{1}{n!}(\log x)^{n-1}$$

なので

$$\int_0^1 \frac{x-1}{\log x}\,dx = \int_0^1 \left(\sum_{n=1}^{\infty} \frac{1}{n!}(\log x)^{n-1} \right) dx$$

$$= \sum_{n=1}^{\infty} \frac{1}{n!} \int_0^1 (\log x)^{n-1}\,dx$$

$$= \sum_{n=1}^{\infty} \frac{1}{n!}(-1)^{n-1}(n-1)!$$

$$= \sum_{n=1}^{\infty} \frac{(-1)^{n-1}}{n}$$

$$= \log 2\,.$$

[解答終]

第 6 章 オイラーの絶対ゼータ関数論 103

練習問題 2

$$\int_0^1 \frac{x-1}{\log x}dx = \log 2$$

を

$$\log x = \lim_{n \to \infty} \frac{x^{\frac{1}{n}} - 1}{\frac{1}{n}} = \lim_{n \to \infty} n(x^{\frac{1}{n}} - 1)$$

を用いて示せ.

解答（オイラー）

$$\int_0^1 \frac{x-1}{\log x}dx = \lim_{n \to \infty} \int_0^1 \frac{x-1}{n(x^{\frac{1}{n}} - 1)}dx$$

を計算する. ここで,

$$\int_0^1 \frac{x-1}{n(x^{\frac{1}{n}} - 1)}dx \overset{x \equiv u^n}{=} \int_0^1 \frac{u^n - 1}{u - 1}u^{n-1}du$$

$$= \int_0^1 \left(u^{n-1} + u^n + \cdots + u^{2n-2}\right)du$$

$$= \left[\frac{u^n}{n} + \frac{u^{n+1}}{n+1} + \cdots + \frac{u^{2n-1}}{2n-1}\right]_0^1$$

$$= \frac{1}{n} + \frac{1}{n+1} + \cdots + \frac{1}{2n-1}$$

$$= \sum_{k=0}^{n-1} \frac{1}{n+k}$$

であるので,

$$\int_0^1 \frac{x-1}{\log x}dx = \lim_{n \to \infty} \sum_{k=0}^{n-1} \frac{1}{n+k}$$

$$= \lim_{n \to \infty} \frac{1}{n} \sum_{k=0}^{n-1} \frac{1}{1 + \frac{k}{n}}$$

$$= \int_0^1 \frac{dt}{1+t}$$

$$= \log 2.$$

［解答終］

論文 (B) では,

$$f(x) = 1 - x, \qquad f^n(x) = (1-x)^n$$

としたとき,

$$S_{f^{n-1}}(1) = \log\left(\prod_{k=0}^{n-1}(k+1)^{(-1)^k\binom{n-1}{k}}\right)$$

$$= \log\left(\prod_{k=1}^{n} k^{(-1)^{k-1}\binom{n-1}{k-1}}\right)$$

を用いて, オイラー定数の

$$\gamma = -\sum_{n=2}^{\infty}\frac{1}{n}S_{f^{n-1}}(1)$$

$$= \sum_{n=2}^{\infty}\frac{1}{n}\log\left(\prod_{k=1}^{n} k^{(-1)^k\binom{n-1}{k-1}}\right)$$

という表示を積分表示

$$\gamma = \int_0^1 \left(\frac{1}{1-x} + \frac{1}{\log x}\right) dx$$

を展開することによって得ている.

この積分表示は第 4 章の論文 E 393 の §26 に出てきていた. また, そこでは, オイラー定数の表示

$$\gamma = \sum_{n=2}^{\infty}\frac{(-1)^n}{n}\zeta(n)$$

が通常の定義

$$\gamma = \lim_{n\to\infty}\left(1 + \frac{1}{2} + \cdots + \frac{1}{n} - \log n\right)$$

から導かれていた. それを用いて,

$$\int_0^1 \left(\frac{1}{1-x} + \frac{1}{\log x}\right) dx = \gamma$$

であることを示そう. それは, (B) の論文 E 629 の §10 で行われているのであるが, 次のようにする:

$$\int_0^1 \left(\frac{1}{1-x} + \frac{1}{\log x}\right) dx = \int_0^1 \frac{\log x + 1 - x}{(1-x)\log x} dx$$

において

$$x = e^{\log x} = \sum_{n=0}^{\infty} \frac{(\log x)^n}{n!}$$

を用いると

$$\log x + 1 - x = -\sum_{n=2}^{\infty} \frac{(\log x)^n}{n!}$$

となることから

$$\begin{aligned}
\int_0^1 \left(\frac{1}{1-x} + \frac{1}{\log x} \right) dx &= -\sum_{n=2}^{\infty} \frac{1}{n!} \int_0^1 \frac{(\log x)^{n-1}}{1-x} dx \\
&= -\sum_{n=2}^{\infty} \frac{1}{n!} (-1)^{n-1} (n-1)! \, \zeta(n) \\
&= \sum_{n=2}^{\infty} \frac{(-1)^n}{n} \zeta(n) \\
&= \gamma .
\end{aligned}$$

ただし，定積分

$$\int_0^1 \frac{(\log x)^{n-1}}{1-x} dx = (-1)^{n-1} (n-1)! \, \zeta(n)$$

は第 4 章の論文 E 393 にて得られた $\zeta(n)$ の積分表示である．

このようにして，

$$\begin{aligned}
\gamma &= -\sum_{n=2}^{\infty} \frac{1}{n} S_{f^{n-1}}(1) \\
&= \sum_{n=2}^{\infty} \frac{1}{n} \log \left(\prod_{k=1}^{n} k^{(-1)^k \binom{n-1}{k-1}} \right)
\end{aligned}$$

が得られたことになる．

練習問題 3　$n \geqq 2$ に対して

$$\prod_{k=1}^{n} k^{(-1)^k \binom{n-1}{k-1}} > 1$$

を示せ．

106

解答

$$\prod_{k=1}^{n} k^{(-1)^k \binom{n-1}{k-1}} = \exp\left(-\int_0^1 \frac{(1-x)^{n-1}}{\log x} dx\right)$$

であり，$0 < x < 1$ において

$$\frac{(1-x)^{n-1}}{\log x} < 0$$

なので

$$\prod_{k=1}^{n} k^{(-1)^k \binom{n-1}{k-1}} > 1.$$

［解答終］

例

$$a(n) = \prod_{k=1}^{n} k^{(-1)^k \binom{n-1}{k-1}}$$

とおくと

$$a(1) = 1,$$
$$a(2) = \frac{2}{1} = 2,$$
$$a(3) = \frac{2^2}{1 \cdot 3} = \frac{4}{3},$$
$$a(4) = \frac{2^3 \cdot 4}{1 \cdot 3^3} = \frac{32}{27},$$
$$a(5) = \frac{2^4 \cdot 4^4}{1 \cdot 3^6 \cdot 5} = \frac{4096}{3645}.$$

論文 (C) では，オイラーは

$$f(x) = \frac{(1-x^b)(1-x^c)}{1-x^n}$$

に挑戦している．ここでは，b, c, n は正の整数にしておこう．すると結果は（$s = a > 0$ に対して）

$$S_f(s) = \log\left(\frac{\Gamma\left(\frac{s+b}{n}\right)\Gamma\left(\frac{s+c}{n}\right)}{\Gamma\left(\frac{s}{n}\right)\Gamma\left(\frac{s+b+c}{n}\right)}\right)$$

というものである．これは正しい結果であり，現代的な証明は

　　黒川信重『オイラーとリーマンのゼータ関数』日本評論社，2018年5月（シ
　　リーズ《ゼータの現在》）

の第3章に詳しく書いてある．

　最後に，オイラーの計算したものがどのように21世紀の絶対ゼータ関数と関係
しているのかを簡単に説明しておこう．そのために，

$$f(x) = \sum_k c(k)x^k \in \mathbb{Z}[x]$$

が $f(1) = 0$ を満たすという単純な場合を取り上げる．先に述べた通り，オイラーは

$$S_f(s) = \int_0^1 \frac{f(x)}{\log x} x^{s-1} dx$$
$$= \log\left(\prod_k (s+k)^{c(k)}\right)$$

となることを見たのであるが，さらにわかりやすくすると "オイラーの絶対ゼー
タ関数"

$$\zeta_f^{\mathrm{Euler}}(s) = \exp(S_f(s))$$
$$= \exp\left(\int_0^1 \frac{f(x)}{\log x} x^{s-1} dx\right)$$

を計算していたのだと言える．たとえば，

$$f(x) = x - 1$$

のときは

$$\zeta_f^{\mathrm{Euler}}(s) = \frac{s+1}{s}$$

であり，

$$\zeta_f^{\mathrm{Euler}}(1) = 2$$

となる．

　21世紀に時空移動するには，

$$f^*(x) = f\left(\frac{1}{x}\right)$$

（$f^*(x)$ は $f(x)$ の "双対"）を考えて，

$$\zeta_f^{\mathrm{Euler}}(s) = \exp(S_f(s))$$

$$= \exp\left(\int_0^1 \frac{f(x)}{\log x} x^{s-1} dx\right)$$

$$= \exp\left(\int_1^\infty \frac{f\left(\frac{1}{x}\right)}{\log\left(\frac{1}{x}\right)} x^{-s-1} dx\right)$$

$$= \exp\left(-\int_1^\infty \frac{f^*(x)}{\log x} x^{-s-1} dx\right)$$

$$= \zeta_{f^*/\mathbb{F}_1}(s)^{-1}$$

とすればよい．この

$$\zeta_{f^*/\mathbb{F}_1}(s) = \exp\left(\int_1^\infty \frac{f^*(x)}{\log x} x^{-s-1} dx\right)$$

が 21 世紀の現代数学において研究されている絶対ゼータ関数である．

たとえば，

$$f(x) = (1-x)^{n-1} \qquad (n \geqq 2)$$

なら

$$f^*(x) = \left(1 - \frac{1}{x}\right)^{n-1}$$

$$= (x-1)^{n-1} x^{1-n}$$

であり，

$$\zeta_f^{\mathrm{Euler}}(s)^{-1} = \zeta_{f^*/\mathbb{F}_1}(s)$$

$$= \zeta_{\mathbb{G}_m^{n-1}/\mathbb{F}_1}(s+n-1),$$

とくに

$$\zeta_f^{\mathrm{Euler}}(1)^{-1} = \zeta_{\mathbb{G}_m^{n-1}/\mathbb{F}_1}(n)$$

となって，オイラーの表示

$$\gamma = \sum_{n=2}^\infty \frac{1}{n} \log\left(\prod_{k=1}^n k^{(-1)^k \binom{n-1}{k-1}}\right)$$

が

$$\gamma = \sum_{n=2}^\infty \frac{1}{n} \log \zeta_{\mathbb{G}_m^{n-1}/\mathbb{F}_1}(n)$$

と解釈されるのである．ただし，

$$\mathbb{G}_m = GL(1)$$

は乗法群である.

このようにして,本章の冒頭の

$$\zeta_{\mathbb{G}_m/\mathbb{F}_1}(2) = \exp\left(\int_0^1 \frac{x-1}{\log x}\,dx\right) = 2$$

および

$$\gamma = \sum_{n=2}^{\infty} \frac{1}{n}\log\zeta_{\mathbb{G}_m^{n-1}/\mathbb{F}_1}(n)$$

が得られる.

なお,一般に,スキーム X が有限体 $\mathbb{F}_q$ 上の有理点の個数 $|X(\mathbb{F}_q)|$ に対して

$$|X(\mathbb{F}_q)| = f_X(q)$$

となる

$$f_X(x) \in \mathbb{Z}[x]$$

をもっていて $f_X(1) = 0$ を満たしているとき(このとき,X のオイラー標数 $\chi(X)$ は 0),$\mathbb{F}_p$(p は素数)上の合同ゼータ関数を

$$\zeta_{X/\mathbb{F}_p}(s) = \exp\left(\sum_{m=1}^{\infty} \frac{f_X(p^m)}{m}p^{-ms}\right)$$

として,絶対ゼータ関数を

$$\zeta_{X/\mathbb{F}_1}(s) = \lim_{p\to 1} \zeta_{X/\mathbb{F}_p}(s)$$

と構成するのである(スーレ,2004 年).そのとき

$$\zeta_{X/\mathbb{F}_1}(s) = \exp\left(\int_1^{\infty} \frac{f_X(x)x^{-s-1}}{\log x}\,dx\right)$$

$$= \zeta_{f_X/\mathbb{F}_1}(s)$$

が成立する(コンヌ–コンサニ,2010 年・2011 年).

さらに進んだ絶対ゼータ関数の構成法については,既出の『絶対ゼータ関数論』および『オイラーとリーマンのゼータ関数』を読まれたい.

まとめとして,オイラーの練習問題を体験していただこう.

練習問題 4

$$f(x) = \frac{(1-x^b)(1-x^c)}{1-x^n}$$

に対して

$$S_f(s) = \log\left(\frac{\Gamma\left(\dfrac{s+b}{n}\right)\Gamma\left(\dfrac{s+c}{n}\right)}{\Gamma\left(\dfrac{s}{n}\right)\Gamma\left(\dfrac{s+b+c}{n}\right)} \right)$$

となることを用いて次の値を求めよ.

(0) $\displaystyle\int_0^1 \frac{(1-x^b)^2 x^{n-b-1}}{(1-x^n)\log x}dx.$ ただし, $n>b$ とする.

(1) $\displaystyle\int_0^1 \frac{1-x}{(1+x)\log x}dx.$

(2) $\displaystyle\int_0^1 \frac{(1-x)x}{(1+x+x^2)\log x}dx.$

(3) $\displaystyle\int_0^1 \frac{(1-x)(1+x)^2}{(1+x+x^2)\log x}dx.$

(4) $\displaystyle\int_0^1 \frac{(1-x)x^2}{(1+x)(1+x^2)\log x}dx.$

(5) $\displaystyle\int_0^1 \frac{(1-x^3)^2}{(1-x^4)\log x}dx.$

解答

(0) $S_f(x)$ の公式にて $c=b, s=n-b$ とおいて

$$\int_0^1 \frac{(1-x^b)^2 x^{n-b-1}}{(1-x^n)\log x}dx = \log\left(\frac{\Gamma\left(\dfrac{n}{n}\right)\Gamma\left(\dfrac{n}{n}\right)}{\Gamma\left(\dfrac{n-b}{n}\right)\Gamma\left(\dfrac{n+b}{n}\right)} \right)$$

$$= \log\left(\frac{n\sin\left(\dfrac{b\pi}{n}\right)}{b\pi} \right)$$

となる. これが求めるものである. ただし, $\Gamma(1)=1$,

$$\Gamma\left(\frac{n-b}{n}\right)\Gamma\left(\frac{n+b}{n}\right) = \Gamma\left(1+\frac{b}{n}\right)\Gamma\left(1-\frac{b}{n}\right)$$

$$= \frac{b}{n}\Gamma\left(\frac{b}{n}\right)\Gamma\left(1-\frac{b}{n}\right)$$

$$= \frac{b}{n}\cdot\frac{\pi}{\sin\left(\frac{b\pi}{n}\right)}$$

を用いている.

(1)
$$\int_0^1 \frac{1-x}{(1+x)\log x}dx = \int_0^1 \frac{(1-x)^2}{(1-x^2)\log x}dx$$

だから (0) において $b=1$, $n=2$ として

$$\int_0^1 \frac{1-x}{(1+x)\log x}dx = \log\left(\frac{2\sin\left(\frac{\pi}{2}\right)}{\pi}\right)$$

$$= \log\left(\frac{2}{\pi}\right).$$

(2)
$$\int_0^1 \frac{(1-x)x}{(1+x+x^2)\log x}dx = \int_0^1 \frac{(1-x)^2 x}{(1-x^3)\log x}dx$$

だから (0) において $b=1$, $n=3$ として

$$\int_0^1 \frac{(1-x)x}{(1+x+x^2)\log x}dx = \log\left(\frac{3\sin\left(\frac{\pi}{3}\right)}{\pi}\right)$$

$$= \log\left(\frac{3\sqrt{3}}{2\pi}\right).$$

(3)
$$\int_0^1 \frac{(1-x)(1+x)^2}{(1+x+x^2)\log x}dx = \int_0^1 \frac{(1-x^2)^2}{(1-x^3)\log x}dx$$

だから (0) において $b=2$, $n=3$ として

$$\int_0^1 \frac{(1-x)(1+x)^2}{(1+x+x^2)\log x}dx = \log\left(\frac{3\sin\left(\frac{2\pi}{3}\right)}{2\pi}\right)$$

$$= \log\left(\frac{3\sqrt{3}}{4\pi}\right).$$

(4)
$$\int_0^1 \frac{(1-x)x^2}{(1+x)(1+x^2)\log x}dx = \int_0^1 \frac{(1-x)^2 x^2}{(1-x^4)\log x}dx$$

だから (0) において $b=1$, $n=4$ として

$$\int_0^1 \frac{(1-x)x^2}{(1+x)(1+x^2)\log x}dx = \log\left(\frac{4\sin\left(\frac{\pi}{4}\right)}{\pi}\right)$$

$$= \log\left(\frac{2\sqrt{2}}{\pi}\right).$$

(5) (0) において $b=3$, $n=4$ として

$$\int_0^1 \frac{(1-x^3)^2}{(1-x^4)\log x}dx = \log\left(\frac{4\sin\left(\frac{3\pi}{4}\right)}{3\pi}\right)$$

$$= \log\left(\frac{2\sqrt{2}}{3\pi}\right).$$

[解答終]

絶対ゼータ関数論は計算が命である．本章からわかる教訓は，オイラーの絶対ゼータ関数論を前世紀（20 世紀）の数学のレベルで理解することは不可能であるということである．オイラーはずっと先を行っている．

このような次第で，オイラーのゼータの世界は奥が深く広大である．

第 II 部
オイラーのゼータ関数論文
（翻訳）

論文番号 E41

逆級数の和について

［馬場 郁 訳］

Leonhard Euler, "De summis serierum reciprocarum," *Opera Omnia*, Series Prima, XIV (Lipsiae et Berolini, 1925), pp.73–86. Eneström による論文番号 41. *Commentarii academiae scientiarum Petropolitanae* **7** (1734/5), 1740, pp.123–134.

1. 自然数の冪をもった級数は，今日それについて何か新しいことが発見されうるとは，ほとんど思えないほどに，熟考され研究されてきた．実際，級数の和について考えた人は誰であれほとんど全員，この種の級数の和も，求めようとしてきた．しかし，その和をうまい具合に 1 つの方法で表現することができなかった．私自身今まで，和を求めるさまざまな方法を公表するに際して，かなり頻繁にこれらの級数を研究してきたが，それらの和を近似値として定めるか，きわめて超越的な曲線の求積へと還元する以外の成果を得られなかった．これらのうち，前者をすぐあとに読まれる論文において，一方，後者を先立つ諸研究において，示した．しかしここでは，分子が 1 で，分母が自然数の 2 乗，あるいは 3 乗，あるいは他の累乗であるような，そういった分数の級数について論ずる．すなわち

$$1 + \frac{1}{4} + \frac{1}{9} + \frac{1}{16} + \frac{1}{25} + \text{etc.}$$

あるいは

$$1 + \frac{1}{8} + \frac{1}{27} + \frac{1}{64} + \text{etc.}$$

さらには，その一般項が，$\frac{1}{x^n}$ の形をした，より高次の冪をもった類似の級数について論ずる．

2. さて，最近私は，まったく思いがけず，

$$1 + \frac{1}{4} + \frac{1}{9} + \frac{1}{16} + \text{etc.}$$

という級数の巧みな表現に到達した．その表現は，もしこの級数の真の和が得ら

れたならば，そこからただちに円の面積が導き出されるという意味で，円の求積に関係している．というのも私は，この級数の和の 6 倍が，直径 1 の円の円周の 2 乗に等しいということを発見したのである．すなわち，この級数の和を s と置くと，$\sqrt{6s}$ の 1 に対する比が，円周の直径に対する比になる．一方，この級数の和は，少し以前に示したように，およそ

$$1.6449340668482264364$$

である．この数の 6 倍から平方根を引き出すと，数

$$3.141592653589793238$$

を得るが，これは直径 1 の円の円周を表している．この和を得たのと同じ道筋で，さらに私は，

$$1 + \frac{1}{16} + \frac{1}{81} + \frac{1}{256} + \frac{1}{625} + \text{etc.}$$

という級数の和も，また円の求積に関係しているという事実に行き当たった．すなわち，この和の 90 倍は，直径 1 の円の円周の 4 乗を与えるのだ．さらに，同じような方法によって，指数が偶数であるような，これに続く級数の和を決定することができた．

3. 私がこれらの結果をどのようにして手に入れたかを最もうまく示すために，私自身が従った順序通りに，すべてを提示しよう．中心 C，半径 AC あるいは

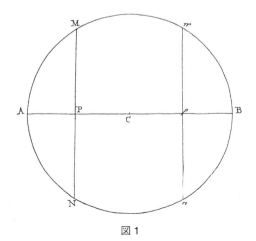

図 1

116

BC $= 1$ であるように描かれた円 AMBNA(図 1) において，私はその正弦が MP，一方余弦が CP であるような任意の弧 AM を考えた．ここで，弧 AM $= s$，正弦 PM $= y$，余弦 CP $= x$ と置くと，今では充分知られている方法によって，正弦 y も余弦 x 同様に，任意の弧 s から級数によって定められる．すなわち，これらの式は到る所で見ることができるのだが，

$$y = s - \frac{s^3}{1 \cdot 2 \cdot 3} + \frac{s^5}{1 \cdot 2 \cdot 3 \cdot 4 \cdot 5} - \frac{s^7}{1 \cdot 2 \cdot 3 \cdot 4 \cdot 5 \cdot 6 \cdot 7} + \text{etc.}$$

さらに

$$x = 1 - \frac{s^2}{1 \cdot 2} + \frac{s^4}{1 \cdot 2 \cdot 3 \cdot 4} - \frac{s^6}{1 \cdot 2 \cdot 3 \cdot 4 \cdot 5 \cdot 6} + \text{etc.}$$

そして，これらの方程式についての考察から，上で述べた逆級数の和へと到達したのである．実際には，これらの方程式は，それぞれほとんど同じ目的へと向けられており，私がこれから示すようにするならば，後者なしに残りの方程式を使用するだけで充分であろう．

4． したがって，最初の方程式

$$y = s - \frac{s^3}{1 \cdot 2 \cdot 3} + \frac{s^5}{1 \cdot 2 \cdot 3 \cdot 4 \cdot 5} - \frac{s^7}{1 \cdot 2 \cdot 3 \cdot 4 \cdot 5 \cdot 6 \cdot 7} + \text{etc.}$$

であるが，これは弧と正弦の間の関係を表している．それゆえ，この方程式によって，与えられた正弦からその弧を決定できるのと同じように，与えられた弧からその正弦を決定することもできる．しかしここでは，正弦 y をいわば与えられたものと見なし，どのように弧 s が y から生じねばならないかということを，探究する．さて，ここで何よりもまず注意されなければならないのは，同じ y に対して無数の弧が対応し，したがって提示された方程式が，その無数の弧を与えなければならない，ということである．実際，そのような方程式において，いわば未知数として s が求められるとしたら，方程式は無限の次数をもつ．したがって，さらに，そのような方程式が無数の単純な因数をもち，それらの因数各々が，0 に等しいと置いたときに，s として適当な値を与えなければならない，としても何の不思議もない．

5． その上，もし仮に，この方程式のすべての因数が知られたとしたら，方程式のすべての根，すなわち s の値もまた知られるであろうが，それと同じように，逆に s のすべての値が指定できたとしたら，すべての因数もまた，得られること

になる．さらに，根についても，因数同様に一層よく評価できるよう，私は上で提示した方程式を次のように変形する．

$$0 = 1 - \frac{s}{y} + \frac{s^3}{1 \cdot 2 \cdot 3 y} - \frac{s^5}{1 \cdot 2 \cdot 3 \cdot 4 \cdot 5 y} + \text{etc.}$$

ここで，この方程式のすべての根が，すなわち，その正弦が同じ y であるようなすべての弧が，A, B, C, D, E 等々であったとすると，すべての因数もまた，次のような量になる．

$$1 - \frac{s}{A}, \quad 1 - \frac{s}{B}, \quad 1 - \frac{s}{C}, \quad 1 - \frac{s}{D}, \quad \text{etc.}$$

したがって，

$$1 - \frac{s}{y} + \frac{s^3}{1 \cdot 2 \cdot 3 y} - \frac{s^5}{1 \cdot 2 \cdot 3 \cdot 4 \cdot 5 y} + \text{etc.}$$
$$= \left(1 - \frac{s}{A}\right)\left(1 - \frac{s}{B}\right)\left(1 - \frac{s}{C}\right)\left(1 - \frac{s}{D}\right) \text{etc.}$$

となる．

6. 一方，方程式の性質とその分解から，s が含まれる項の係数，すなわち $\dfrac{1}{y}$ は，諸因数における，s の係数すべての和に等しいことが明らかである．すなわち，

$$\frac{1}{y} = \frac{1}{A} + \frac{1}{B} + \frac{1}{C} + \frac{1}{D} + \text{etc.}$$

次いで，方程式中に項がないために，0 に等しい s の係数は，列 $\dfrac{1}{A}$, $\dfrac{1}{B}$, $\dfrac{1}{C}$, $\dfrac{1}{D}$, etc. の内の 2 個の項からなる積の和に等しい．さらに $-\dfrac{1}{1 \cdot 2 \cdot 3 y}$ は，同じ列 $\dfrac{1}{A}$, $\dfrac{1}{B}$, $\dfrac{1}{C}$, $\dfrac{1}{D}$, etc. の内の 3 個の項からなる積の和に等しくなる．同時に，同じ列の 4 個の項からなる積の和は 0 に等しく，$+\dfrac{1}{1 \cdot 2 \cdot 3 \cdot 4 \cdot 5 y}$ はその列の 5 個の項からなる積の和に等しい．以下同様である．

7. ここで，正弦が $\mathrm{PM} = y$ であるような最小の弧を $\mathrm{AM} = A$ とし，円の半周を p とすると，

$$A, \quad p - A, \quad 2p + A, \quad 3p - A, \quad 4P + A, \quad 5p - A, \quad 6p + A, \quad \text{etc.}$$

さらに，

$$-p - A, \quad -2p + A, \quad -3p - A, \quad -4p + A, \quad -5p - A, \quad \text{etc.}$$

が, その正弦が同じ y であるような, すべての弧となる. したがって, 先に取り上げた列

$$\frac{1}{A}, \quad \frac{1}{B}, \quad \frac{1}{C}, \quad \frac{1}{D}, \quad \text{etc.}$$

が

$$\frac{1}{A}, \quad \frac{1}{p - A}, \quad \frac{1}{-p - A}, \quad \frac{1}{2p + A}, \quad \frac{1}{-2p + A},$$

$$\frac{1}{3p - A}, \quad \frac{1}{-3p - A}, \quad \frac{1}{4p + A}, \quad \frac{1}{-4p + A}, \quad \text{etc.}$$

と変形される. よって, これらすべての項の和が $\dfrac{1}{y}$ であり, 一方, この列の 2 個の項からなる積の和は 0, 3 個からなる積の和は $\dfrac{-1}{1 \cdot 2 \cdot 3y}$, 4 個からなる積の和は 0, 5 個からなる積の和は $\dfrac{+1}{1 \cdot 2 \cdot 3 \cdot 4 \cdot 5y}$, 6 個からなる積の和は 0 となる. 以下同様.

8. 一方, その和が α となるような, 任意の級数

$$a + b + c + d + e + f + \text{etc.}$$

があり, 2 個の項からなる積の和を β, 3 個からなる積の和を γ, 4 個からなる積の和を δ, etc. とすると, 一つ一つの項の 2 乗の和

$$a^2 + b^2 + c^2 + d^2 + \text{etc.} = \alpha^2 - 2\beta$$

さらに 3 乗の和

$$a^3 + b^3 + c^3 + d^3 + \text{etc.} = \alpha^3 - 3\alpha\beta + 3\gamma$$

4 乗の和は

$$= \alpha^4 - 4\alpha^2\beta + 4\alpha\gamma + 2\beta^2 - 4\delta$$

となる. しかしながら, これらの公式が, どのように生じてくるかをよりはっきりと示すために, a, b, c, d, etc. という列の和 $= P$, 2 乗の和 $= Q$, 3 乗の和 $= R$, 4 乗の和 $= S$, 5 乗の和 $= T$, 6 乗の和 $= V$, etc. と置いてみよう. このように置くと

$$P = \alpha, \quad Q = P\alpha - 2\beta, \quad R = Q\alpha - P\beta + 3\gamma,$$

$$S = R\alpha - Q\beta + P\gamma - 4\delta, \quad T = S\alpha - R\beta + Q\gamma - P\delta + 5\varepsilon, \quad \text{etc.}$$

となる.

9. したがって，列

$$\frac{1}{A}, \quad \frac{1}{p-A}, \quad \frac{1}{-p-A}, \quad \frac{1}{2p+A}, \quad \frac{1}{-2p+A}, \quad \frac{1}{3p-A}, \quad \frac{1}{-3p-A}, \quad \text{etc.}$$

という我々の場合では，すべての項の和，すなわち $\alpha = \dfrac{1}{y}$ であり，2個からなる積の和すなわち $\beta = 0$，さらにそれ以上は，

$$\gamma = \frac{-1}{1 \cdot 2 \cdot 3y}, \quad \delta = 0, \quad \varepsilon = \frac{+1}{1 \cdot 2 \cdot 3 \cdot 4 \cdot 5y}, \quad \zeta = 0, \ \text{etc.}$$

であるから，これらの項の和 $P = \dfrac{1}{y}$ となり，これらの項の2乗の和

$$Q = \frac{P}{y} = \frac{1}{y^2}$$

これらの項の3乗の和

$$R = \frac{Q}{y} - \frac{1}{1 \cdot 2y}$$

4乗の和

$$S = \frac{R}{y} - \frac{P}{1 \cdot 2 \cdot 3y}$$

となり，さらには

$$T = \frac{S}{y} - \frac{Q}{1 \cdot 2 \cdot 3y} + \frac{1}{1 \cdot 2 \cdot 3 \cdot 4y},$$

$$V = \frac{T}{y} - \frac{R}{1 \cdot 2 \cdot 3y} + \frac{P}{1 \cdot 2 \cdot 3 \cdot 4 \cdot 5y},$$

$$W = \frac{V}{y} - \frac{S}{1 \cdot 2 \cdot 3y} + \frac{Q}{1 \cdot 2 \cdot 3 \cdot 4 \cdot 5y} - \frac{1}{1 \cdot 2 \cdot 3 \cdot 4 \cdot 5 \cdot 6y}$$

となる．この規則からより高次の冪をもった残りの級数の和も容易に定められる．

10. ここで，$y = 1$ となるように，正弦 PM $= y$ を半径に等しく取ろう．すると，正弦が1である最小の弧 A は，円周の4分の1，$= \dfrac{1}{2}p$，すなわち，q によって円周の4分の1を表すとすれば，$A = q$，そして $p = 2q$ となる．したがって，上の列は，

$$\frac{1}{q}, \quad \frac{1}{q}, \quad -\frac{1}{3q}, \quad -\frac{1}{3q}, \quad +\frac{1}{5q}, \quad +\frac{1}{5q}, \quad -\frac{1}{7q}, \quad -\frac{1}{7q}, \quad +\frac{1}{9q}, \quad +\frac{1}{9q}, \quad \text{etc.}$$

という，2 個ずつの項が等しいものとなる．したがって，

$$\frac{2}{q}\left(1 - \frac{1}{3} + \frac{1}{5} - \frac{1}{7} + \frac{1}{9} - \frac{1}{11} + \text{etc.}\right)$$

とかける．これらの項の和は，$P = 1$ に等しい，それゆえ，

$$1 - \frac{1}{3} + \frac{1}{5} - \frac{1}{7} + \frac{1}{9} - \frac{1}{11} + \text{etc.} = \frac{q}{2} = \frac{p}{4}.$$

したがって，この級数の 4 倍は半径 1 の円の半周に，言い換えれば直径 1 の円の円周に等しい．そしてこれこそ，ライブニッツによって，かなり以前に公表された級数であり，彼はこれによって，円の面積を定めた．このことから，この方法の大きな強みが，ある人にとっては充分確かなものと思えないかもしれないが，はっきりしたものとなる．同様に，この方法から導かれる残りの級数についても，何ら疑うことはできないであろう．

11. 今度は，$y = 1$ の場合に生じる項の，2 乗を取ってみよう．すると，

$$+\frac{1}{q^2} + \frac{1}{q^2} + \frac{1}{9q^2} + \frac{1}{9q^2} + \frac{1}{25q^2} + \frac{1}{25q^2} + \text{etc.}$$

という級数ができるが，その和は，

$$\frac{2}{q^2}\left(\frac{1}{1} + \frac{1}{9} + \frac{1}{25} + \frac{1}{49} + \text{etc.}\right)$$

である．したがって，これは $Q = P = 1$ に等しくなければならない．このことから，級数

$$1 + \frac{1}{9} + \frac{1}{25} + \frac{1}{49} + \text{etc.}$$

の和は，p によって円の全円周を表すとして，$\dfrac{q^2}{2} = \dfrac{p^2}{8}$ になる．一方，

$$1 + \frac{1}{9} + \frac{1}{25} + \text{etc.}$$

という級数の和は，

$$1 + \frac{1}{4} + \frac{1}{9} + \frac{1}{16} + \frac{1}{25} + \text{etc.}$$

という級数の和に依存している．というのも，後者は，自身から 4 分の 1 減ぜれば，前者を与えるからである．したがって，後者の級数の和は，前者の和とその 3 分の 1 を加えたものに等しい．それゆえ，

$$1 + \frac{1}{4} + \frac{1}{9} + \frac{1}{16} + \frac{1}{25} + \frac{1}{36} + \text{etc.} = \frac{p^2}{6}$$

したがって，この級数の和の6倍は，直径1の円の円周の2乗に等しい．これこそまさに，私が，最初に触れた命題である．

12. したがってまた，$y = 1$ の場合，$P = Q = 1$ であるから，残りの文字 R, S, T, V 等々は，次のようになる．

$$R = \frac{1}{2}, \ S = \frac{1}{3}, \ T = \frac{5}{24}, \ V = \frac{2}{15}, \ W = \frac{61}{720}, \ X = \frac{17}{315}, \ \text{etc.}$$

一方，3乗の和は，$R = \dfrac{1}{2}$ に等しいので

$$\frac{2}{q^3}\left(1 - \frac{1}{3^3} + \frac{1}{5^3} - \frac{1}{7^3} + \frac{1}{9^3} - \text{etc.}\right) = \frac{1}{2},$$

それゆえ，

$$1 - \frac{1}{3^3} + \frac{1}{5^3} - \frac{1}{7^3} + \frac{1}{9^3} - \text{etc.} = \frac{q^3}{4} = \frac{p^3}{32}.$$

したがって，この級数の和の32倍は，直径1の円の円周の3乗を与える．同様に，4乗の和，

$$\frac{2}{q^4}\left(1 + \frac{1}{3^4} + \frac{1}{5^4} + \frac{1}{7^4} + \frac{1}{9^4} + \text{etc.}\right)$$

は，$\dfrac{1}{3}$ に等しくなければならず，それゆえ，

$$1 + \frac{1}{3^4} + \frac{1}{5^4} + \frac{1}{7^4} + \frac{1}{9^4} + \text{etc.} = \frac{q^4}{6} = \frac{p^4}{96}$$

となる．一方，この級数の $\dfrac{16}{15}$ 倍は，

$$1 + \frac{1}{2^4} + \frac{1}{3^4} + \frac{1}{4^4} + \frac{1}{5^4} + \frac{1}{6^4} + \text{etc.}$$

に等しい．したがって，この級数は，$\dfrac{p^4}{90}$ に等しい，すなわち，級数

$$1 + \frac{1}{2^4} + \frac{1}{3^4} + \frac{1}{4^4} + \text{etc.}$$

の90倍は，直径1の円の円周の4乗を与える．

13. 同様に，より高次の冪の和が，導き出される．すなわち，以下のようになる．

$$1 - \frac{1}{3^5} + \frac{1}{5^5} - \frac{1}{7^5} + \frac{1}{9^5} - \text{etc.} = \frac{5q^5}{48} = \frac{5p^5}{1536},$$

さらには

$$1 + \frac{1}{3^6} + \frac{1}{5^6} + \frac{1}{7^6} + \frac{1}{9^6} + \text{etc.} = \frac{q^6}{15} = \frac{p^6}{960}.$$

ここで, 後者の級数の和から, 次の級数の和も知られる.

$$1 + \frac{1}{2^6} + \frac{1}{3^6} + \frac{1}{4^6} + \frac{1}{5^6} + \text{etc.}$$

これは $= \dfrac{p^6}{945}$ となる.

さらに, 7 乗にたいしては,

$$1 - \frac{1}{3^7} + \frac{1}{5^7} - \frac{1}{7^7} + \frac{1}{9^7} - \text{etc.} = \frac{61q^7}{1440} = \frac{61p^7}{184320},$$

また, 8 乗にたいしては,

$$1 + \frac{1}{3^8} + \frac{1}{5^8} + \frac{1}{7^8} + \frac{1}{9^8} + \text{etc.} = \frac{17q^8}{630} = \frac{17p^8}{161280},$$

そして, これから導き出されるのが,

$$1 + \frac{1}{2^8} + \frac{1}{3^8} + \frac{1}{4^8} + \frac{1}{5^8} + \frac{1}{6^8} + \text{etc.} = \frac{p^8}{9450}.$$

さて, これらの級数に関して注目すべきなのは, 指数が奇数のときには, 項の符号が変化し, 他方偶数の場合には, 同一であるということである. そして, これが,

$$1 + \frac{1}{2^n} + \frac{1}{3^n} + \frac{1}{4^n} + \text{etc.}$$

という一般的な級数の中で, n が偶数の場合に限って, 和を示すことができるということの, 理由である. また, 加えて注意すべきは, 文字 P, Q, R, S, etc. として我々が見出す諸量の列, $1, 1, \dfrac{1}{2}, \dfrac{1}{3}, \dfrac{5}{24}, \dfrac{2}{15}, \dfrac{61}{720}, \dfrac{17}{315}$, etc. にたいして, 一般項を与えることができたならば, まさにそのことによって, 円の求積法が提示されるようになるということである.

14. 以上においては, 正弦 PM を半径に等しく取った. したがって今度は, y に他の値を与えると, どのような級数が生じるか, 見てみよう. まず, $y = \dfrac{1}{\sqrt{2}}$ とする. この正弦に対応する最小の弧は $\dfrac{1}{4}p$ である. したがって, $A = \dfrac{1}{4}p$ と置くと, 単純な項の, すなわち 1 乗の級数は,

$$\frac{4}{p} + \frac{4}{3p} - \frac{4}{5p} - \frac{4}{7p} + \frac{4}{9p} + \frac{4}{11p} - \text{etc.}$$

となり，この級数の和 P は，$\dfrac{1}{y} = \sqrt{2}$ に等しい．したがって，

$$\frac{p}{2\sqrt{2}} = 1 + \frac{1}{3} - \frac{1}{5} - \frac{1}{7} + \frac{1}{9} + \frac{1}{11} - \frac{1}{13} - \frac{1}{15} + \text{etc.}$$

を得る．この級数は，ライプニッツのものと，符号に関してのみ異なり，ニュートンによって，以前に公表されたものである．一方，これらの項の 2 乗の和，すなわち

$$\frac{16}{p^2}\left(1 + \frac{1}{9} + \frac{1}{25} + \frac{1}{49} + \text{etc.}\right)$$

は，$Q = 2$ に等しい．したがって，すでに見たように，

$$1 + \frac{1}{9} + \frac{1}{25} + \frac{1}{49} + \text{etc.} = \frac{p^2}{8}$$

となる．

15. もし $y = \dfrac{\sqrt{3}}{2}$ とすると，この正弦に対応する最小の弧は 60 度，したがって $A = \dfrac{1}{3}p$ となる．それゆえ，この場合に生じる級数は，

$$\frac{3}{p} + \frac{3}{2p} - \frac{3}{4p} - \frac{3}{5p} + \frac{3}{7p} + \frac{3}{8p} - \text{etc.}$$

であり，これらの項の和は，$\dfrac{1}{y} = \dfrac{2}{\sqrt{3}}$ に等しい．したがって，

$$\frac{2p}{3\sqrt{3}} = 1 + \frac{1}{2} - \frac{1}{4} - \frac{1}{5} + \frac{1}{7} + \frac{1}{8} - \frac{1}{10} - \frac{1}{11} + \text{etc.}$$

となる．一方，これらの項の 2 乗の和 $= \dfrac{1}{y^2} = \dfrac{4}{3}$．これから，

$$\frac{4p^2}{27} = 1 + \frac{1}{4} + \frac{1}{16} + \frac{1}{25} + \frac{1}{49} + \frac{1}{64} + \text{etc.}$$

となることが分かる．この級数においては，一貫して 3 個おきに項が欠けている．ところが，この級数もまた，和が $= \dfrac{p^2}{6}$ であることをすでに示した級数

$$1 + \frac{1}{4} + \frac{1}{9} + \frac{1}{16}\,[+]^{1)}\ \text{etc.}$$

に関係している．というのも，もしこの級数が自身の 9 分の 1 減ぜられるならば，

1）　馬場注：[　] 内は全集にはないが，訳者の判断で入れた．以下同様．

先の級数となり，したがってその級数の和は，$= \dfrac{p^2}{6}\left(1 - \dfrac{1}{9}\right) = \dfrac{4pp}{27}$ となるからである．同様に，他の正弦が採用されたならば，単純な，あるいは 2 乗，ないしはさらに高次の冪をもった項の級数が生じて，それらの和は円の求積法を包含しているであろう．

16. しかし，$y = 0$ と置かれたならば，y が分母に置かれている，すなわち最初の方程式が y で割られているので，このような級数はこれ以上示すことができない．とはいえ，この場合，他の方法によって，級数を導き出すことができる．それは，n を偶数として，

$$1 + \frac{1}{2^n} + \frac{1}{3^n} + \frac{1}{4^n} + \text{etc.}$$

という級数であり，これらの級数の和が，とりわけ $y = 0$ というこの場合に，どのように発見されるべきかということを示そう．$y = 0$ と置くと，基本となる方程式は，

$$0 = s - \frac{s^3}{1 \cdot 2 \cdot 3} + \frac{s^5}{1 \cdot 2 \cdot 3 \cdot 4 \cdot 5} - \frac{s^7}{1 \cdot 2 \cdot 3 \cdot 4 \cdot 5 \cdot 6 \cdot 7} + \text{etc.}$$

となり，この方程式の根が，正弦が 0 であるようなすべての弧を与える．一方，唯一で最小の根は $s = 0$ であり，したがって s で割った方程式が，正弦が 0 であるような残りのすべての弧を与える．したがって，それらの弧は，

$$0 = 1 - \frac{s^2}{1 \cdot 2 \cdot 3} + \frac{s^4}{1 \cdot 2 \cdot 3 \cdot 4 \cdot 5} - \frac{s^6}{1 \cdot 2 \cdot 3 \cdot 4 \cdot 5 \cdot 6 \cdot 7} + \text{etc.}$$

という方程式の根である．

他方，正弦が 0 であるような弧は，

$$[+]\,p, \quad -p, \quad +2p, \quad -2p, \quad [+]3p, \quad -3p, \quad \text{etc.}$$

であり，2 個ずつ互いに逆符号である．このことはまた，方程式の偶数の次数のみもつということからも分かる．したがって，この方程式の因数は，

$$1 - \frac{s}{p}, \quad 1 + \frac{s}{p}, \quad 1 - \frac{s}{2p}, \quad 1 + \frac{s}{2p}, \quad \text{etc.}$$

となり，これらの因数を 2 個ずつ組み合わせることによって，

$$1 - \frac{s^2}{1 \cdot 2 \cdot 3} + \frac{s^4}{1 \cdot 2 \cdot 3 \cdot 4 \cdot 5} - \frac{s^6}{1 \cdot 2 \cdot 3 \cdot 4 \cdot 5 \cdot 6 \cdot 7} + \text{etc.}$$

$$= \left(1 - \frac{s^2}{p^2}\right)\left(1 - \frac{s^2}{4p^2}\right)\left(1 - \frac{s^2}{9p^2}\right)\left(1 - \frac{s^2}{16p^2}\right) \text{ etc.}$$

となる.

17. ここで, 方程式の性質から, ss 係数すなわち $\dfrac{1}{1 \cdot 2 \cdot 3}$ が,

$$\frac{1}{p^2} + \frac{1}{4p^2} + \frac{1}{9p^2} + \frac{1}{16p^2} + \text{etc.}$$

に等しいことは, 明らかである. さらに, この級数の 2 個の項からなる積の和は, $= \dfrac{1}{1 \cdot 2 \cdot 3 \cdot 4 \cdot 5}$, 3 個からなる積の和は $\dfrac{1}{1 \cdot 2 \cdot 3 \cdot 4 \cdot 5 \cdot 6 \cdot 7}$ 等々となる. 便宜のために, §8 で用いた記号にならえば,

$$\alpha = \frac{1}{1 \cdot 2 \cdot 3}, \quad \beta = \frac{1}{1 \cdot 2 \cdot 3 \cdot 4 \cdot 5}, \quad \gamma = \frac{1}{1 \cdot 2 \cdot 3 \cdot 4 \cdot 5 \cdot 6 \cdot 7}, \quad \text{etc.}$$

となり, さらにまた, 項の和を

$$\frac{1}{p^2} + \frac{1}{4p^2} + \frac{1}{9p^2} + \frac{1}{16p^2} + \text{etc.} = P,$$

同じ項の 2 乗の和 $= Q$, 3 乗の和 $= R$, 4 乗の和 $= S$ 等々と置くと, §8 より,

$$P = \alpha = \frac{1}{1 \cdot 2 \cdot 3} = \frac{1}{6},$$

$$Q = P\alpha - 2\beta = \frac{1}{90},$$

$$R = Q\alpha - P\beta + 3\gamma = \frac{1}{945},$$

$$S = R\alpha - Q\beta + P\gamma - 4\delta = \frac{1}{9450},$$

$$T = S\alpha - R\beta + Q\gamma - P\delta + 5\varepsilon = \frac{1}{93555},$$

$$V = T\alpha - S\beta + R\gamma - Q\delta + P\varepsilon - 6\zeta = \frac{691}{6825 \cdot 93555}$$

$$\text{etc.}$$

となる.

18. それゆえ, 以下のような一連の和が導出される.

$$1 + \frac{1}{2^2} + \frac{1}{3^2} + \frac{1}{4^2} + \frac{1}{5^2} + \text{etc.} = \frac{p^2}{6} = P',$$

$$1 + \frac{1}{2^4} + \frac{1}{3^4} + \frac{1}{4^4} + \frac{1}{5^4} + \text{etc.} = \frac{p^4}{90} = Q',$$

$$1 + \frac{1}{2^6} + \frac{1}{3^6} + \frac{1}{4^6} + \frac{1}{5^6} + \text{etc.} = \frac{p^6}{945} = R',$$

$$1 + \frac{1}{2^8} + \frac{1}{3^8} + \frac{1}{4^8} + \frac{1}{5^8} + \text{etc.} = \frac{p^8}{9450} = S',$$

$$1 + \frac{1}{2^{10}} + \frac{1}{3^{10}} + \frac{1}{4^{10}} + \frac{1}{5^{10}} + \text{etc.} = \frac{p^{10}}{93555} = T',$$

$$1 + \frac{1}{2^{12}} + \frac{1}{3^{12}} + \frac{1}{4^{12}} + \frac{1}{5^{12}} + \text{etc.} = \frac{691 p^{12}}{6825 \cdot 93555} = V'$$

etc.

そして，これらの級数は，与えられた規則から，多くの手間がかかるとはいえ，より高次の冪へと続いていく．他方，これら個々の級数を先立つ級数で割ることによって，

$$p^2 = 6P' = \frac{15Q'}{P'} = \frac{21R'}{2Q'} = \frac{10S'}{R'} = \frac{99T'}{10S'} = \frac{6825V'}{691T'} \quad \text{etc.}$$

という一連の方程式ができる．ここでは，直径１の円の円周の２乗が，これら個々の表現に等置されている．

19. しかし，これらの級数の和は，なるほどかなり容易に示すことができるが，平方根を引き出さなければならないので，円の円周を近似的に表現するのにあまり役に立たない．よって，先の級数から，p そのものに等しい表現を求めよう．すなわち，以下のようになる．

$$p = 4 \left(1 - \frac{1}{3} + \frac{1}{5} - \frac{1}{7} + \frac{1}{9} - \frac{1}{11} + \text{etc.} \right),$$

$$p = 2 \cdot \frac{1 + \dfrac{1}{3^2} + \dfrac{1}{5^2} + \dfrac{1}{7^2} + \dfrac{1}{9^2} + \dfrac{1}{11^2} + \text{etc.}}{1 - \dfrac{1}{3} + \dfrac{1}{5} - \dfrac{1}{7} + \dfrac{1}{9} - \dfrac{1}{11} + \text{etc.}},$$

$$p = 4 \cdot \frac{1 - \dfrac{1}{3^3} + \dfrac{1}{5^3} - \dfrac{1}{7^3} + \dfrac{1}{9^3} - \dfrac{1}{11^3} + \text{etc.}}{1 + \dfrac{1}{3^2} + \dfrac{1}{5^2} + \dfrac{1}{7^2} + \dfrac{1}{9^2} + \dfrac{1}{11^2} + \text{etc.}},$$

$$p = 3 \cdot \frac{1 + \dfrac{1}{3^4} + \dfrac{1}{5^4} + \dfrac{1}{7^4} + \dfrac{1}{9^4} + \dfrac{1}{11^4} + \text{etc.}}{1 - \dfrac{1}{3^3} + \dfrac{1}{5^3} - \dfrac{1}{7^3} + \dfrac{1}{9^3} - \dfrac{1}{11^3} + \text{etc.}},$$

$$p = \frac{16}{5} \cdot \frac{1 - \dfrac{1}{3^5} + \dfrac{1}{5^5} - \dfrac{1}{7^5} + \dfrac{1}{9^5} - \dfrac{1}{11^5} + \text{etc.}}{1 + \dfrac{1}{3^4} + \dfrac{1}{5^4} + \dfrac{1}{7^4} + \dfrac{1}{9^4} + \dfrac{1}{11^4} + \text{etc.}},$$

$$p = \frac{25}{8} \cdot \frac{1 + \dfrac{1}{3^6} + \dfrac{1}{5^6} + \dfrac{1}{7^6} + \dfrac{1}{9^6} + \dfrac{1}{11^6} + \text{etc.}}{1 - \dfrac{1}{3^5} + \dfrac{1}{5^5} - \dfrac{1}{7^5} + \dfrac{1}{9^5} - \dfrac{1}{11^5} + \text{etc.}},$$

$$p = \frac{192}{61} \cdot \frac{1 - \dfrac{1}{3^7} + \dfrac{1}{5^7} - \dfrac{1}{7^7} + \dfrac{1}{9^7} - \dfrac{1}{11^7} + \text{etc.}}{1 + \dfrac{1}{3^6} + \dfrac{1}{5^6} + \dfrac{1}{7^6} + \dfrac{1}{9^6} + \dfrac{1}{11^6} + \text{etc.}}$$

[etc.]

論文番号 E 72

無限級数に関するさまざまな考察

［馬場 郁 訳］

Leonhard Euler, "Variae observationes circa series infinitas," *Opera Omnia*, Series Prima, XIV (Lipsiae et Berolini, 1925), pp.216–244. Eneström による論文番号 72. *Commentarii academiae scientiarum Petropolitanae* **9** (1737), 1744, pp.160-188.

　私がここで公表することにした考察は，多くの場合，今まで扱われるのが常であった種類の級数とはまったく異なる種類の級数に関するものである．事実，今までは，各項が既知であるか，あるいは少なくとも，いくつかの既知の項から後続する項が見出されるような法則が与えられている級数だけが考察されてきたが，私がここで主として考究しようとするのは，このように各項が与えられてもいなければ，項を継続する法則も与えられておらず，その特性が他の諸条件によって決定されているような級数である．今までは知られている総和法では，各項が与えられているか，項の進行の法則が与えられていることが不可欠であっただけに，もしこの種の級数に関して総和が得られれば，驚嘆に値することになるだろう．著名なゴールドバッハ氏が私に伝えてくれた特殊な級数が，私をこの見解へと導いたのだが，その級数の極めて賞賛に値する総和法を，著名な氏の許しを得た上で，ここでまず最初に証明しようと思う．

　定理 1 　無限に続く級数,

$$\frac{1}{3} + \frac{1}{7} + \frac{1}{8} + \frac{1}{15} + \frac{1}{24} + \frac{1}{26} + \frac{1}{31} + \frac{1}{35} + \text{etc.}$$

ここで分母は，1 を足すと，すべての整数の 2 乗，あるいはさらに高次の任意の累乗であるような，すべての数を表す．したがって，その任意の項は，式 $\dfrac{1}{m^n - 1}$ で与えられる．ここで，m と n は 1 より大きい整数である．この級数の和は 1 に等しい．

証明 これが，著名なゴールドバッハ氏によって私に伝えられた最初の定理であり，私を後に続く命題へと導いたものである．容易に分かるように，この級数は不規則に進行する．それだけに，この種の問題を扱った人であれば誰でも，著名な氏がこの特異な級数の和を求めた方法を高く評価することだろう．彼は，次のような方法で，私にこの定理を証明してみせた．

まず，

$$x = 1 + \frac{1}{2} + \frac{1}{3} + \frac{1}{4} + \frac{1}{5} + \frac{1}{6} + \frac{1}{7} + \frac{1}{8} + \frac{1}{9} + \text{etc.}$$

とし，次に

$$1 = \frac{1}{2} + \frac{1}{4} + \frac{1}{8} + \frac{1}{16} + \frac{1}{32} + \text{etc.}$$

だから，この級数を先のものから取り除くことによって

$$x - 1 = 1 + \frac{1}{3} + \frac{1}{5} + \frac{1}{6} + \frac{1}{7} + \frac{1}{9} + \frac{1}{10} + \text{etc.}$$

となる．ここでは，分母から2のすべての冪が2自身を含めて除外されている．そして，残りの数がすべて現れている．

さらにこの級数から

$$\frac{1}{2} = \frac{1}{3} + \frac{1}{9} + \frac{1}{27} + \frac{1}{81} + \frac{1}{243} + \text{etc.}$$

を差し引くと，

$$x - 1 - \frac{1}{2} = 1 + \frac{1}{5} + \frac{1}{6} + \frac{1}{7} + \frac{1}{10} + \frac{1}{11} + \text{etc.}$$

さらに

$$\frac{1}{4} = \frac{1}{5} + \frac{1}{25} + \frac{1}{125} + \text{etc.}$$

を差し引くと

$$x - 1 - \frac{1}{2} - \frac{1}{4} = 1 + \frac{1}{6} + \frac{1}{7} + \frac{1}{10} + \text{etc.}$$

そして，同様に残りのすべての項を順に取り除くと，最後に

$$x - 1 - \frac{1}{2} - \frac{1}{4} - \frac{1}{5} - \frac{1}{6} - \frac{1}{9} - \text{etc.} = 1$$

すなわち

$$x - 1 = 1 + \frac{1}{2} + \frac{1}{4} + \frac{1}{5} + \frac{1}{6} + \frac{1}{9} + \frac{1}{10} + \text{etc.}$$

この級数各項の分母に1を加えたものは，冪ではないすべての数を与える．したがって，この級数を最初に仮定した

$$x = 1 + \frac{1}{2} + \frac{1}{3} + \frac{1}{4} + \frac{1}{5} + \frac{1}{6} + \frac{1}{7} + \frac{1}{8} + \text{etc.}$$

から引くと

$$1 = \frac{1}{3} + \frac{1}{7} + \frac{1}{8} + \frac{1}{15} + \frac{1}{24} + \frac{1}{26} + \text{etc.}$$

したがって，この級数，すなわち，分母に 1 を加えると整数のすべての冪をことごとく与える級数の和は，1 に等しい．これが見出すべきことであった．

定理 2　次の無限に続く級数の和，

$$\frac{1}{3} + \frac{1}{7} + \frac{1}{15} + \frac{1}{31} + \frac{1}{35} + \frac{1}{63} + \text{etc.}$$

すなわち，分母に 1 を足すと，すべての偶数の累乗を与える級数の和は，$l2$[1] である．一方，次の無限に続く級数，

$$\frac{1}{8} + \frac{1}{24} + \frac{1}{26} + \frac{1}{48} + \frac{1}{80} + \text{etc.}$$

すなわち，分母に 1 を足すと，すべての奇数の累乗を与える級数の和は，$1 - l2$ である．

この前者の級数の任意の項は $\dfrac{1}{(2m-2)^n - 1}$ であり，一方，後者の級数の任意の項は，式 $\dfrac{1}{(2m-1)^n - 1}$ によってすべて示される．ここで m と n は先の定理と同じ値を取るものとする．

証明　以下の級数を考え，その和を x としよう．

$$x = \frac{1}{2} + \frac{1}{4} + \frac{1}{6} + \frac{1}{8} + \frac{1}{10} + \frac{1}{12} + \frac{1}{14} + \text{etc.}$$

ここで，

$$1 = \frac{1}{2} + \frac{1}{4} + \frac{1}{8} + \frac{1}{16} + \frac{1}{32} + \text{etc.}$$

だから，この級数を先の級数から差し引くことによって，次の級数を得る．

$$x - 1 = \frac{1}{6} + \frac{1}{10} + \frac{1}{12} + \frac{1}{14} + \frac{1}{18} + \text{etc.}$$

これから，

$$\frac{1}{5} = \frac{1}{6} + \frac{1}{36} + \frac{1}{216} + \text{etc.}$$

---

1)　馬場注：l は自然対数（log）である．

を引いて，

$$x - 1 - \frac{1}{5} = \frac{1}{10} + \frac{1}{12} + \frac{1}{14} + \frac{1}{18} + \text{etc.}$$

同様に，

$$\frac{1}{9} = \frac{1}{10} + \frac{1}{100} + \frac{1}{1000} + \text{etc.}$$

だから

$$x - 1 - \frac{1}{5} - \frac{1}{9} = \frac{1}{12} + \frac{1}{14} + \frac{1}{18} + \text{etc.}$$

したがって，すべての項をこのように差し引くことによって，

$$x = 1 + \frac{1}{5} + \frac{1}{9} + \frac{1}{11} + \frac{1}{13} + \frac{1}{17} + \frac{1}{19} + \text{etc.}$$

を得る．ここで，この級数の構成方法から分かるように，分母は 1 を足すと冪になるようなものを除いたすべての奇数である．

一方，

$$l2 = 1 - \frac{1}{2} + \frac{1}{3} - \frac{1}{4} + \frac{1}{5} - \frac{1}{6} + \frac{1}{7} - \frac{1}{8} + \text{etc.}$$

で，さらには

$$x = \frac{1}{2} + \frac{1}{4} + \frac{1}{6} + \frac{1}{8} + \text{etc.}$$

であったから，

$$x = 1 + \frac{1}{3} + \frac{1}{5} + \frac{1}{7} + \frac{1}{9} + \frac{1}{11} + \text{etc.} - l2$$

したがって，すべての奇数が分母に現れるこの級数から，先に見出した x の値を引くことによって，

$$0 = \frac{1}{3} + \frac{1}{7} + \frac{1}{15} + \frac{1}{31} + \frac{1}{35} + \text{etc.} - l2$$

すなわち，

$$l2 = \frac{1}{3} + \frac{1}{7} + \frac{1}{15} + \frac{1}{31} + \frac{1}{35} + \text{etc.}$$

となる．この級数の分母は，1 を加えるとすべての偶数の冪になるような奇数である．したがって，命題で主張したように，この級数の和は $l2$ となる．これが証明すべきことのひとつであった．

一方，先の定理によって

$$1 = \frac{1}{3} + \frac{1}{7} + \frac{1}{8} + \frac{1}{15} + \frac{1}{24} + \frac{1}{26} + \frac{1}{31} + \frac{1}{35} + \text{etc.}$$

ここで，分母に 1 を加えると，偶数であれ奇数であれすべての数の冪が得られる．

これから，先の級数を取り除くと，

$$1 - l2 = \frac{1}{8} + \frac{1}{24} + \frac{1}{26} + \frac{1}{48} + \text{etc.}$$

この級数の分母は，1を加えるとすべての奇数の冪になるような偶数である．これがもう1つの証明すべきことであった．

定理3 π を直径が1の円の円周とすると，

$$\frac{\pi}{4} = 1 - \frac{1}{8} - \frac{1}{24} + \frac{1}{28} - \frac{1}{48}$$
$$- \frac{1}{80} - \frac{1}{120} - \frac{1}{124} - \frac{1}{168} - \frac{1}{224} + \frac{1}{244} - \frac{1}{288} - \text{etc.}$$

この級数の分母は，偶数回偶数な数で奇数の累乗より1だけ大きいか小さいものである．一方，その分数は分母が累乗より1だけ大きいときは符号 + を取り，その他の場合は − を取る．

証明
$$\frac{\pi}{4} = 1 - \frac{1}{3} + \frac{1}{5} - \frac{1}{7} + \frac{1}{9} - \frac{1}{11} + \frac{1}{13} - \text{etc.}$$

であるが，この級数の分数は，その分母が偶数回偶数から1だけ少ないときは符号 − を取り，その他は + を取る．次にこの級数に，次の幾何級数

$$\frac{1}{4} = \frac{1}{3} - \frac{1}{9} + \frac{1}{27} - \frac{1}{81} + \text{etc.}$$

を加えると，

$$\frac{\pi}{4} + \frac{1}{4} = 1 + \frac{1}{5} - \frac{1}{7} - \frac{1}{11} + \frac{1}{13} - \frac{1}{15} + \text{etc.}$$

ここから

$$\frac{1}{4} = \frac{1}{5} + \frac{1}{25} + \frac{1}{125} + \text{etc.}$$

を取り除くと，

$$\frac{\pi}{4} + \frac{1}{4} - \frac{1}{4} = 1 - \frac{1}{7} - \frac{1}{11} + \frac{1}{13} - \frac{1}{15} + \text{etc.}$$

この級数には，3や5，あるいはその高次の累乗も表れない．同様にこの級数に

$$\frac{1}{8} = \frac{1}{7} - \frac{1}{49} + \text{etc.}$$

を加えて，7とその累乗を除くと，

$$\frac{\pi}{4} + \frac{1}{4} - \frac{1}{4} + \frac{1}{8} = 1 - \frac{1}{11} + \frac{1}{13} - \frac{1}{15} + \frac{1}{17} - \text{etc.}$$

同様に残りの累乗ではない項を取り除き，同時に累乗も取り除くと，

$$\frac{\pi}{4} + \frac{1}{4} - \frac{1}{4} + \frac{1}{8} + \frac{1}{12} - \frac{1}{12} + \frac{1}{16} - \frac{1}{16}$$
$$+ \frac{1}{20} - \frac{1}{20} + \frac{1}{24} - \frac{1}{28} - \text{etc.} = 1$$

すなわち，

$$\frac{\pi}{4} = 1 - \frac{1}{8} - \frac{1}{24} + \frac{1}{28} - \frac{1}{48} - \frac{1}{80} - \frac{1}{120} - \text{etc.}$$

というのも，隣り合った2つの項は多くの場合は打ち消しあい，孤立したものだけが残るためである．一方，孤立した分数は，その分母が常に偶数回偶数で，1を加えるあるいは差し引くと，奇数の累乗を与えるようなものである．これらの項の符号のほうは，先に述べた法則にしたがう．以上が証明すべきことであった．

定理4 π を直径が1の円の円周とすると，

$$\frac{\pi}{4} - \frac{3}{4} = \frac{1}{28} - \frac{1}{124} + \frac{1}{244} + \frac{1}{344} + \text{etc.}$$

この級数の分母は，すべて偶数回偶数で，奇数の累乗ではあるが平方数ではないものより，1だけ大きいか小さいものである．さらに，分母がこういった累乗より1だけ大きいときは，分数は符号 + を取り，その分母が同種の平方数ではない累乗より小さい，その他の分数は符号 − を取る．

証明 上記3番目の定理より，

$$\frac{\pi}{4} = 1 - \frac{1}{8} - \frac{1}{24} + \frac{1}{28} - \frac{1}{48} - \frac{1}{80} - \frac{1}{120} - \frac{1}{124} - \text{etc.}$$

であることが分かっている．この級数の中でまず，奇数の平方数より1だけ少ないすべての分母が現れるが，その分数は符号はすべて − である．一方，

$$\frac{1}{8} + \frac{1}{24} + \frac{1}{48} + \frac{1}{80} + \frac{1}{120} + \frac{1}{168} + \text{etc.} = \frac{1}{4}$$

だから，これらの分数をすべて $\frac{1}{4}$ で置き換えることで，次の式が得られる．

$$\frac{\pi}{4} = 1 - \frac{1}{4} + \frac{1}{28} - \frac{1}{124} + \frac{1}{244} + \frac{1}{344} + \text{etc.}$$

すなわち

$$\frac{\pi}{4} - \frac{3}{4} = \frac{1}{28} - \frac{1}{124} + \frac{1}{244} + \frac{1}{344} + \text{etc.}$$

この級数の分母は，平方数となるものは取り除いたばかりだから，奇数の累乗で

平方数でないものより，1 だけ大きいか小さいものであり，さらに 1 だけ大きい
か小さいかに応じて，分数は符号 + あるいは − を取る．以上が証明すべきこと
であった．

系 1　累乗ではないすべての奇数に関してこの級数を継続するためには，奇数
乗の累乗を考え，それに 1 を加えたり，1 を引いたりする必要がある．そうする
ことで，ここで見出した級数の分母である，偶数回偶数の数が表れる．符号の規
則はそのままである．

系 2　一方，すべての奇数は $4m+1$ あるいは $4m-1$ だから，$4m-1$ から生じ
る奇数乗の累乗には 1 を加えることで，$4m+1$ から生じるそれからは 1 を差し引
くことで，偶数回偶数が得られる．$\dfrac{\pi}{4} - \dfrac{3}{4}$ はその項がすべて $\dfrac{1}{(4m-1)^{2n+1}+1}$
の形で与えられる級数から，項が $\dfrac{1}{(4m+1)^{2n+1}-1}$ の形で与えられる級数を差
し引いたものに等しくなる．ここで，m と n には，$4m-1$ や $4m+1$ が冪にな
るものを除いて，すべての正の整数を取ることができる．

系 3　したがって，$\dfrac{\pi}{4} - \dfrac{3}{4}$ は以下のような無限に続く級数の集まりに等しい．

$$
\frac{\pi}{4} - \frac{3}{4} = \left\{
\begin{aligned}
&\frac{1}{3^3+1} + \frac{1}{3^5+1} + \frac{1}{3^7+1} + \frac{1}{3^9+1} + \text{etc.} \\
&-\frac{1}{5^3-1} - \frac{1}{5^5-1} - \frac{1}{5^7-1} - \frac{1}{5^9-1} - \text{etc.} \\
&+\frac{1}{7^3+1} + \frac{1}{7^5+1} + \frac{1}{7^7+1} + \frac{1}{7^9+1} + \text{etc.} \\
&+\frac{1}{11^3+1} + \frac{1}{11^5+1} + \frac{1}{11^7+1} + \frac{1}{11^9+1} + \text{etc.} \\
&-\frac{1}{13^3-1} - \frac{1}{13^5-1} - \frac{1}{13^7-1} - \frac{1}{13^9-1} - \text{etc.} \\
&+\frac{1}{15^3+1} + \frac{1}{15^5+1} + \frac{1}{15^7+1} + \frac{1}{15^9+1} + \text{etc.} \\
&\qquad\qquad \text{etc.}
\end{aligned}
\right.
$$

系 4　したがって，この級数を分母が 100000 を越える直前まで続けると，以下

が得られる.

$$\frac{\pi}{4} = \frac{3}{4} + \frac{1}{28} - \frac{1}{124} + \frac{1}{244} + \frac{1}{344} + \frac{1}{1332} + \frac{1}{2188} - \frac{1}{2196}$$

$$- \frac{1}{3124} + \frac{1}{3376} - \frac{1}{4912} + \frac{1}{6860} - \frac{1}{9260} + \frac{1}{12168} + \frac{1}{16808}$$

$$+ \frac{1}{19684} - \frac{1}{24388} + \frac{1}{29792} - \frac{1}{35936} + \frac{1}{42876} - \frac{1}{50652}$$

$$+ \frac{1}{59320} - \frac{1}{68920} - \frac{1}{78124} + \frac{1}{79508} - \frac{1}{91124}.$$

系 5　すべての分母は 4 で割り切れるから,

$$\pi = 3 + \frac{1}{7} - \frac{1}{31} + \frac{1}{61} + \frac{1}{86} + \frac{1}{333} + \frac{1}{547} - \frac{1}{549} - \frac{1}{781} + \frac{1}{844} - \text{etc.}$$

この級数は,その最初の 2 項が,アルキメデスによる円周の直径に対する比を与える点で,注目に値する.

定理 5　π を以前と同じ意味をもつとして,

$$\frac{\pi}{4} - l2 = \underbrace{\frac{1}{26} + \frac{1}{28}} + \underbrace{\frac{1}{242} + \frac{1}{244}} + \underbrace{\frac{1}{342} + \frac{1}{344}} + \text{etc.}$$

この級数の法則は,2 だけ異なる分母の組の中間の数,すなわち 27, 243, 343 その他が,奇数の奇数乗の冪で,かつ 1 を加えると 4 で割り切れる数になる,すなわち偶数回偶数となるものである.

証明　3 番目の定理より,

$$\frac{\pi}{4} = 1 - \frac{1}{8} - \frac{1}{24} + \frac{1}{28} - \frac{1}{48} - \frac{1}{80} - \text{etc.}$$

ここで,符号 $-$ が付いている分数の分母は,奇数の冪より 1 だけ小さい偶数回偶数である.一方,符号 $+$ が付いている分数の分母は,奇数の冪を 1 だけ上回る偶数回偶数である.加えて,2 番目の定理より,

$$1 - l2 = \frac{1}{8} + \frac{1}{24} + \frac{1}{26} + \frac{1}{48} + \frac{1}{80} + \text{etc.}$$

この級数の分母は奇数のすべての冪より 1 だけ少ない.この級数は,先の級数の項で符号 $-$ が付いたものをすべてと,奇数の冪から 1 だけ足りない奇数回偶数を分母にもつ分数を,合わせもつ.したがって,この級数を先の級数に加えると,

$$\frac{\pi}{4} - l2 = \frac{1}{26} + \frac{1}{28} + \frac{1}{242} + \frac{1}{244} + \frac{1}{342} + \frac{1}{344} + \text{etc.}$$

となり，この級数の 2 つ一組の分数は，次のように配置されている．すなわち，組の最初の分母は奇数回偶数，次のさらに 2 だけ大きい分母は偶数回偶数で，こういった組の分母の中間の数は奇数の冪となる．したがって，この奇数の冪は 1 を加えることで，偶数回偶数を与えるはずである．以上が，証明すべきことであった．

系1 この奇数の冪は，1 を加えると 4 で割り切れるようなものだから，それ自身は冪ではない $4m-1$ の形をした数からできる，奇数乗の冪ということになる．

系2 したがって，すべての冪ではない $4m-1$ の形をした数を選び，その奇数乗の冪を得るならば，その冪に 1 を加えたり引いたりすることで，ここで見出した級数のすべての分母が得られる．

系3 2 つ一組の分数を 1 つにまとめると，
$$\frac{\pi}{4} = l2 + \frac{2 \cdot 27}{26 \cdot 28} + \frac{2 \cdot 243}{242 \cdot 244} + \frac{2 \cdot 343}{342 \cdot 344} + \text{etc.}$$
この級数は，$\dfrac{2(4m-1)^{2n+1}}{(4m-1)^{4n+2}-1}$ という式に，m と n の代わりに，$4m-1$ が冪になるような m の値を除いて，順にすべての整数を代入することで得られる分数をすべて集めることで，構成される．

定理6 $\quad \dfrac{1}{15} + \dfrac{1}{63} + \dfrac{1}{80} + \dfrac{1}{255} + \dfrac{1}{624} + \text{etc.}$

この級数の分母は，1 を加えると平方数であると同時に，さらに高次の冪でもあるようなすべての数である．私は，無限に続けたこの級数の和は，$\dfrac{7}{4} - \dfrac{\pi^2}{6}$ であると主張する．ここで，π は直径が 1 の円の円周である．

証明 この定理もまた，証明なしにではあるが，著名なゴールドバッハ氏より受け取ったもので，以前と同じ道筋を辿ることで，以下の証明を見出した．数年前に私は，次の級数，
$$1 + \frac{1}{4} + \frac{1}{9} + \frac{1}{16} + \frac{1}{25} + \text{etc.}$$

の和 $= \dfrac{\pi^2}{6}$ を得ることに成功したので，この級数自体を以下のように考察した．

$$\frac{\pi^2}{6} = 1 + \frac{1}{4} + \frac{1}{9} + \frac{1}{16} + \frac{1}{25} + \frac{1}{36} + \text{etc.}$$

今ここで，

$$\frac{1}{3} = \frac{1}{4} + \frac{1}{16} + \frac{1}{64} + \text{etc.}$$

さらに

$$\frac{1}{8} = \frac{1}{9} + \frac{1}{81} + \frac{1}{729} + \text{etc.}$$

同様に

$$\frac{1}{24} = \frac{1}{25} + \frac{1}{625} + \text{etc.} \quad \text{そして，} \quad \frac{1}{35} = \frac{1}{36} + \text{etc.}$$

であるから，これらの幾何級数をその和で置き換えることで，

$$\frac{\pi^2}{6} = 1 + \frac{1}{3} + \frac{1}{8} + \frac{1}{24} + \frac{1}{35} + \frac{1}{48} + \frac{1}{99} + \text{etc.}$$

となる．この級数の分母は，1 を加えることで，すべての平方数から，同時にそれ以外の種の冪となる数を除いたものを与える．一方，すべての平方数から 1 少ないもの全体を考慮すると

$$\frac{3}{4} = \frac{1}{3} + \frac{1}{8} + \frac{1}{15} + \frac{1}{24} + \frac{1}{35} + \frac{1}{48} + \frac{1}{63} + \frac{1}{80} + \text{etc.}$$

であるから，これから先の級数を差し引くことで，

$$\frac{7}{4} - \frac{\pi^2}{6} = \frac{1}{15} + \frac{1}{63} + \frac{1}{80} + \frac{1}{255} + \text{etc.}$$

となる．この級数の分母は 1 を加えることで平方数であると同時に，他の種の冪でもあるようなすべての数を与える．以上が証明すべきことであった．

　以上 6 つの定理は，他でもない項の加減によって生じる級数を考察して得られる 2 つの大きな所見のうちの 1 つをなすものである．一方，これから述べる定理では，項が互いに掛け合わされた級数が対象になる．そして，これらの定理も先のものに劣らず賞賛に値する．というのも，そこで扱われる級数においても，先と同様に，進行の法則が極めて不規則だからである．一方，両者の違いは何よりも，先の定理では，項の進行が冪の列に沿いながら非常に不規則であったのに対し，これから述べる定理では，その進行が劣らず不規則な素数に沿って項が進行するという点にある．

定理 7 分子がすべての素数で，分母が分子より 1 少ないような分数

$$\frac{2 \cdot 3 \cdot 5 \cdot 7 \cdot 11 \cdot 13 \cdot 17 \cdot 19 \cdot \text{etc.}}{1 \cdot 2 \cdot 4 \cdot 6 \cdot 10 \cdot 12 \cdot 16 \cdot 18 \cdot \text{etc.}}$$

を無限に続ける．その結果が級数

$$1 + \frac{1}{2} + \frac{1}{3} + \frac{1}{4} + \frac{1}{5} + \frac{1}{6} + \text{etc.}$$

と同じであると私は主張する．また，この級数は無限に至る．

証明
$$x = 1 + \frac{1}{2} + \frac{1}{3} + \frac{1}{4} + \frac{1}{5} + \frac{1}{6} + \text{etc.}$$

とすると，

$$\frac{1}{2}x = \frac{1}{2} + \frac{1}{4} + \frac{1}{6} + \frac{1}{8} + \text{etc.}$$

先の級数から，これを引くことによって

$$\frac{1}{2}x = 1 + \frac{1}{3} + \frac{1}{5} + \frac{1}{7} + \text{etc.}$$

が残るが，ここには偶数の分母はまったく含まれない．これから，再度

$$\frac{1}{2} \cdot \frac{1}{3}x = \frac{1}{3} + \frac{1}{9} + \frac{1}{15} + \frac{1}{21} + \text{etc.}$$

を引くことで，

$$\frac{1}{2} \cdot \frac{2}{3}x = 1 + \frac{1}{5} + \frac{1}{7} + \frac{1}{11} + \frac{1}{13} + \text{etc.}$$

が残る．この級数の分母には 2 で割り切れる数，あるいは 3 で割り切れる数の，いずれも見出されない．さらに 5 で割り切れる数を除くために，

$$\frac{1 \cdot 2}{2 \cdot 3} \cdot \frac{1}{5}x = \frac{1}{5} + \frac{1}{25} + \frac{1}{35} + \text{etc.}$$

を差し引くと，

$$\frac{1 \cdot 2 \cdot 4}{2 \cdot 3 \cdot 5}x = 1 + \frac{1}{7} + \frac{1}{11} + \frac{1}{13} + \text{etc.}$$

が残るだろう．さらに同じように，7 あるいは 11 その他のすべての素数で割り切れる数を除くことによって

$$\frac{1 \cdot 2 \cdot 4 \cdot 6 \cdot 10 \cdot 12 \cdot 16 \cdot 18 \cdot 22 \cdot \text{etc.}}{2 \cdot 3 \cdot 5 \cdot 7 \cdot 11 \cdot 13 \cdot 17 \cdot 19 \cdot 23 \cdot \text{etc.}} \, x = 1 \, .$$

したがって，$x = 1 + \dfrac{1}{2} + \dfrac{1}{3} + \dfrac{1}{4} + \dfrac{1}{5} + \dfrac{1}{6} + \text{etc.}$ だったので，

$$1 + \frac{1}{2} + \frac{1}{3} + \frac{1}{4} + \frac{1}{5} + \frac{1}{6} + \frac{1}{7} + \text{etc.} = \frac{2 \cdot 3 \cdot 5 \cdot 7 \cdot 11 \cdot 13 \cdot 17 \cdot 19 \cdot 23 \cdot \text{etc.}}{1 \cdot 2 \cdot 4 \cdot 6 \cdot 10 \cdot 12 \cdot 16 \cdot 18 \cdot 22 \cdot \text{etc.}} \, .$$

この表現における分子は，素数の列を成しており，一方，分母はそれより 1 だけ少ない．以上が証明すべきことであった．

系 1　したがって，表現

$$\frac{2 \cdot 3 \cdot 5 \cdot 7 \cdot 11 \cdot 13 \cdot \text{etc.}}{1 \cdot 2 \cdot 4 \cdot 6 \cdot 10 \cdot 12 \cdot \text{etc.}}$$

の値は無限であり，絶対的無限を ∞ と置くと，この表現の値は $= l\infty$ となる．この無限はすべての冪の無限のなかで最小のものである．

系 2　他方，表現

$$\frac{4 \cdot 9 \cdot 16 \cdot 25 \cdot 36 \cdot 49 \cdot \text{etc.}}{3 \cdot 8 \cdot 15 \cdot 24 \cdot 35 \cdot 48 \cdot \text{etc.}}$$

は有限の値，ほかでもない 2 をもつから，素数は，すべての数の 2 乗よりも無限に多く存在する．

系 3　したがってまた，素数は整数よりも無限に少なく存在することもわかる．なぜならば，表現

$$\frac{2 \cdot 3 \cdot 4 \cdot 5 \cdot 6 \cdot 7 \cdot \text{etc.}}{1 \cdot 2 \cdot 3 \cdot 4 \cdot 5 \cdot 6 \cdot \text{etc.}}$$

は絶対的無限の値をもつが，素数だけからできた同様な表現の値はその値の対数の値になるからである．

定理 8　素数の列から以下の表現を構成すると，

$$\frac{2^n \quad \cdot \quad 3^n \quad \cdot \quad 5^n \quad \cdot \quad 7^n \quad \cdot \quad 11^n \quad \cdot \quad \text{etc.}}{(2^n-1)(3^n-1)(5^n-1)(7^n-1)(11^n-1)\,\text{etc.}}$$

その値は，次の級数の和に等しくなる．

$$1 + \frac{1}{2^n} + \frac{1}{3^n} + \frac{1}{4^n} + \frac{1}{5^n} + \frac{1}{6^n} + \frac{1}{7^n} + \text{etc.}$$

証明

$$x = 1 + \frac{1}{2^n} + \frac{1}{3^n} + \frac{1}{4^n} + \frac{1}{5^n} + \frac{1}{6^n} + \text{etc.}$$

と置くと，

$$\frac{1}{2^n}x = \frac{1}{2^n} + \frac{1}{4^n} + \frac{1}{6^n} + \frac{1}{8^n} + \text{etc.}$$

ここから

$$\frac{2^n-1}{2^n}x = 1 + \frac{1}{3^n} + \frac{1}{5^n} + \frac{1}{7^n} + \frac{1}{9^n} + \text{etc.}$$

となる．さらに，

$$\frac{2^n-1}{2^n} \cdot \frac{1}{3^n}x = \frac{1}{3^n} + \frac{1}{9^n} + \frac{1}{15^n} + \frac{1}{21^n} + \text{etc.}$$

ここから

$$\frac{(2^n-1)(3^n-1)}{2^n \cdot 3^n}x = 1 + \frac{1}{5^n} + \frac{1}{7^n} + \text{etc.}$$

したがって，類似の操作を一つ一つの素数に対して行うことで，級数におけるすべての項が，素数を除いて取り除かれ，次が見出される．

$$1 = \frac{(2^n-1)(3^n-1)(5^n-1)(7^n-1)(11^n-1)\ \text{etc.}}{2^n \cdot 3^n \cdot 5^n \cdot 7^n \cdot 11^n \cdot \text{etc.}}x.$$

x に対して，級数を変形することで

$$\frac{2^n \cdot 3^n \cdot 5^n \cdot 7^n \cdot 11^n \cdot \text{etc.}}{(2^n-1)(3^n-1)(5^n-1)(7^n-1)(11^n-1)\ \text{etc.}} = x$$

$$= 1 + \frac{1}{2^n} + \frac{1}{3^n} + \frac{1}{4^n} + \frac{1}{5^n} + \frac{1}{6^n} + \text{etc.}$$

これが証明すべきことであった．

系 1 $n=2$ と置くと，π で直径 1 の円の円周を表すとして，$1 + \frac{1}{4} + \frac{1}{9} + \frac{1}{16} + \text{etc.} = \frac{\pi^2}{6}$ であるから，

$$\frac{4 \cdot 9 \cdot 25 \cdot 49 \cdot 121 \cdot 169 \cdot \text{etc.}}{3 \cdot 8 \cdot 24 \cdot 48 \cdot 120 \cdot 168 \cdot \text{etc.}} = \frac{\pi^2}{6}$$

すなわち，

$$\frac{\pi^2}{6} = \frac{2 \cdot 2 \cdot 3 \cdot 3 \cdot 5 \cdot 5 \cdot 7 \cdot 7 \cdot 11 \cdot 11 \cdot \text{etc.}}{1 \cdot 3 \cdot 2 \cdot 4 \cdot 4 \cdot 6 \cdot 6 \cdot 8 \cdot 10 \cdot 12 \cdot \text{etc.}}.$$

系 2 さらに $n=4$ と置くことで

$$1 + \frac{1}{2^4} + \frac{1}{3^4} + \frac{1}{4^4} + \frac{1}{5^4} + \text{etc.} = \frac{\pi^4}{90}$$

であるから，

$$\frac{\pi^4}{90} = \frac{4 \cdot 4 \cdot 9 \cdot 9 \cdot 25 \cdot 25 \cdot 49 \cdot 49 \cdot 121 \cdot 121 \cdot \text{etc.}}{3 \cdot 5 \cdot 8 \cdot 10 \cdot 24 \cdot 26 \cdot 48 \cdot 50 \cdot 120 \cdot 122 \cdot \text{etc.}}.$$

この表現を先のもので割ることで

$$\frac{\pi^2}{15} = \frac{4 \cdot 9 \cdot 25 \cdot 49 \cdot 121 \cdot 169 \cdot \text{etc.}}{5 \cdot 10 \cdot 26 \cdot 50 \cdot 122 \cdot 170 \cdot \text{etc.}}.$$

定理9 すべての奇素数の2乗を互いに1だけ異なる2つの部分に分け，奇数の部分を分子に取り，偶数の部分を分母に取ると，分数から構成された次のような表現の級数の値は，

$$\frac{5 \cdot 13 \cdot 25 \cdot 61 \cdot 85 \cdot 145 \cdot \text{etc.}}{4 \cdot 12 \cdot 24 \cdot 60 \cdot 84 \cdot 144 \cdot \text{etc.}} = \frac{3}{2}.$$

証明 先の定理の系1より，

$$\frac{\pi^2}{6} = \frac{4 \cdot 9 \cdot 25 \cdot 49 \cdot 121 \cdot 169 \cdot 289 \cdot \text{etc.}}{3 \cdot 8 \cdot 24 \cdot 48 \cdot 120 \cdot 168 \cdot 288 \cdot \text{etc.}}$$

を得た．また，系2から次の表現を選ぶ．

$$\frac{\pi^2}{15} = \frac{4 \cdot 9 \cdot 25 \cdot 49 \cdot 121 \cdot 169 \cdot 289 \cdot \text{etc.}}{5 \cdot 10 \cdot 26 \cdot 50 \cdot 122 \cdot 170 \cdot 290 \cdot \text{etc.}}.$$

これらの表現のうち，先のものを後のもので割ると，π が計算から除かれて，次を得る．

$$\frac{5}{2} = \frac{5 \cdot 10 \cdot 26 \cdot 50 \cdot 122 \cdot 170 \cdot 290 \cdot \text{etc.}}{3 \cdot 8 \cdot 24 \cdot 48 \cdot 120 \cdot 168 \cdot 288 \cdot \text{etc.}}.$$

この表現の分子は奇数の2乗より1だけ大きく，分母は1だけ小さい．したがって，両辺を $\frac{5}{3}$ で割り，さらにそれぞれの分数の分母・分子を2で割ることで，

$$\frac{3}{2} = \frac{5 \cdot 13 \cdot 25 \cdot 61 \cdot 85 \cdot 145 \cdot \text{etc.}}{4 \cdot 12 \cdot 24 \cdot 60 \cdot 84 \cdot 144 \cdot \text{etc.}}.$$

ここで，分子は対応する分母よりも1だけ大きく，それぞれの分子を分母と合わせることで，偶素数2の2乗は割ることで除かれているので，奇素数の2乗になる．以上が証明すべきことであった．

定理10 π によって，今までどおり，直径が1の円の周をあらわすと，

$$\frac{\pi^3}{32} = \frac{80 \cdot 224 \cdot 440 \cdot 624 \cdot 728 \cdot \text{etc.}}{81 \cdot 225 \cdot 441 \cdot 625 \cdot 729 \cdot \text{etc.}}.$$

この表現の分母は素数ではない奇数の2乗であり，一方，分子は分母より1だけ小さい．

証明 ウォリスによって次の π に対する表現が得られている．すなわち，

$$\frac{\pi}{4} = \frac{8 \cdot 24 \cdot 48 \cdot 80 \cdot 120 \cdot 168 \cdot \text{etc.}}{9 \cdot 25 \cdot 49 \cdot 81 \cdot 121 \cdot 169 \cdot \text{etc.}}.$$

これらの分数は，まさしくすべての奇数の2乗から構成されている．他方，定理8の系1より

$$\frac{\pi^2}{6} = \frac{4 \cdot 9 \cdot 25 \cdot 49 \cdot 121 \cdot 169 \cdot \text{etc.}}{3 \cdot 8 \cdot 24 \cdot 48 \cdot 120 \cdot 168 \cdot \text{etc.}}.$$

すなわち，

$$\frac{\pi^2}{8} = \frac{9 \cdot 25 \cdot 49 \cdot 121 \cdot 169 \cdot 289 \cdot \text{etc.}}{8 \cdot 24 \cdot 48 \cdot 120 \cdot 168 \cdot 288 \cdot \text{etc.}}.$$

これらの分子は奇素数の2乗だけから構成されている．ここで，これら2つの表現を掛け合わせると，

$$\frac{\pi^3}{32} = \frac{80 \cdot 224 \cdot 440 \cdot 624 \cdot 728 \cdot \text{etc.}}{81 \cdot 225 \cdot 441 \cdot 625 \cdot 729 \cdot \text{etc.}}$$

が得られる．ここで分数は，素数ではない奇数の2乗によって進行する．

定理11 π によって，直径が1の円の周をあらわすと

$$\frac{\pi}{4} = \frac{3 \cdot 5 \cdot 7 \cdot 11 \cdot 13 \cdot 17 \cdot 19 \cdot 23 \cdot \text{etc.}}{4 \cdot 4 \cdot 8 \cdot 12 \cdot 12 \cdot 16 \cdot 20 \cdot 24 \cdot \text{etc.}}.$$

この表現の分子は素数の進行を構成しており，一方，分母は対応する分子より1だけ大きいあるいは小さい，偶数回偶数な数である．

証明
$$\frac{\pi}{4} = 1 - \frac{1}{3} + \frac{1}{5} - \frac{1}{7} + \frac{1}{9} - \frac{1}{11} + \frac{1}{13} - \text{etc.}$$

であるから，

$$\frac{1}{3} \cdot \frac{\pi}{4} = \frac{1}{3} - \frac{1}{9} + \frac{1}{15} - \frac{1}{21} + \text{etc.}$$

となる．これらを加えて

$$\frac{4}{3} \cdot \frac{\pi}{4} = 1 + \frac{1}{5} - \frac{1}{7} - \frac{1}{11} + \frac{1}{13} + \text{etc.}$$

次に，

$$\frac{1}{5} \cdot \frac{4}{3} \cdot \frac{\pi}{4} = \frac{1}{5} + \frac{1}{25} - \frac{1}{35} - \frac{1}{55} + \text{etc.}$$

だから，これを差し引いて

$$\frac{4}{5} \cdot \frac{4}{3} \cdot \frac{\pi}{4} = 1 - \frac{1}{7} - \frac{1}{11} + \frac{1}{13} + \text{etc.}$$

この級数には，もう3あるいは5で割り切れる分母は現れない．同様に，

$$\frac{1}{7} \cdot \frac{4 \cdot 4}{5 \cdot 3} \cdot \frac{\pi}{4} = \frac{1}{7} - \frac{1}{49} - \frac{1}{77} + \text{etc.}$$

を加えて，7 で割り切れる数をすべて除くと，

$$\frac{8 \cdot 4 \cdot 4}{7 \cdot 5 \cdot 3} \cdot \frac{\pi}{4} = 1 - \frac{1}{11} + \frac{1}{13} + \frac{1}{17} - \text{etc.}$$

ここで見て取れるのは，$4n-1$ の形をした素数で割り切れる分母は加算によって取り除かれ，したがって新しい因数として $\dfrac{4n}{4n-1}$ を付け加えるが，$4n+1$ の形をした素数で割り切れる分母は減算によって取り除かれ，したがって新しい因数として $\dfrac{4n}{4n+1}$ を付け加えるということである．したがって，これらの因数を順に付け加えたものの分母は素数になる．一方，分子は分母より 1 だけ大きいか小さいいずれかである偶数回偶数の数になる．したがって，この方法で最初に仮定した級数のすべての項を取り除くならば，最後には

$$\frac{\text{etc. } 24 \cdot 20 \cdot 16 \cdot 12 \cdot 12 \cdot 8 \cdot 4 \cdot 4}{\text{etc. } 23 \cdot 19 \cdot 17 \cdot 13 \cdot 11 \cdot 7 \cdot 5 \cdot 3} \cdot \frac{\pi}{4} = 1.$$

これより，

$$\frac{\pi}{4} = \frac{3 \cdot 5 \cdot 7 \cdot 11 \cdot 13 \cdot 17 \cdot 19 \cdot 23 \cdot \text{etc.}}{4 \cdot 4 \cdot 8 \cdot 12 \cdot 12 \cdot 16 \cdot 20 \cdot 24 \cdot \text{etc.}}.$$

以上が証明すべきことであった．

定理 12　すべての奇素数を互いに 1 だけ異なる 2 つの部分に分け，そのうち偶数のものを分子に，奇数のものを分母にすると，連続した分数

$$\frac{2 \cdot 2 \cdot 4 \cdot 6 \cdot 6 \cdot 8 \cdot 10 \cdot 12 \cdot \text{etc.}}{1 \cdot 3 \cdot 3 \cdot 5 \cdot 7 \cdot 9 \cdot 9 \cdot 11 \cdot \text{etc.}} = 2$$

となる．

証明　先の定理より，

$$\frac{\pi}{4} = \frac{3 \cdot 5 \cdot 7 \cdot \text{etc.}}{4 \cdot 4 \cdot 8 \cdot \text{etc.}}$$

であったから，

$$\frac{16}{\pi^2} = \frac{4 \cdot 4 \cdot 4 \cdot 4 \cdot 8 \cdot 8 \cdot 12 \cdot 12 \cdot 12 \cdot 12 \cdot 16 \cdot 16 \cdot \text{etc.}}{3 \cdot 3 \cdot 5 \cdot 5 \cdot 7 \cdot 7 \cdot 11 \cdot 11 \cdot 13 \cdot 13 \cdot 17 \cdot 17 \cdot \text{etc.}}.$$

そして，定理 8 の系 1 に $\dfrac{3}{4}$ をかけると，

$$\frac{\pi^2}{8} = \frac{3 \cdot 3 \cdot 5 \cdot 5 \cdot 7 \cdot 7 \cdot 11 \cdot 11 \cdot 13 \cdot 13 \cdot \text{etc.}}{2 \cdot 4 \cdot 4 \cdot 6 \cdot 6 \cdot 8 \cdot 10 \cdot 12 \cdot 12 \cdot 14 \cdot \text{etc.}}.$$

144

これらいずれの表現も奇素数から構成されている．したがって，これらを互いに掛け合わせると，前者の分母が後者の分子を消去し，さらには前者の分子からも後者の分母から同様，項の半分が取り除かれる．すなわち，

$$2 = \frac{4 \cdot 4 \cdot 8 \cdot 12 \cdot 12 \cdot 16 \cdot 20 \cdot 24 \cdot \text{etc.}}{2 \cdot 6 \cdot 6 \cdot 10 \cdot 14 \cdot 18 \cdot 18 \cdot 22 \cdot \text{etc.}}.$$

ここで，分子は偶数回偶数，分母は奇数回偶数で，いずれも奇素数より1だけ大きいか小さいかのいずれかである．したがって，それぞれの分数の分母・分子を2で割ると，分子は偶数，分母は奇数になり，さらには対応する2つの数は互いに1だけ異なり，加えると素数となる．すなわち，

$$2 = \frac{2 \cdot 2 \cdot 4 \cdot 6 \cdot 6 \cdot 8 \cdot 10 \cdot 12 \cdot \text{etc.}}{1 \cdot 3 \cdot 3 \cdot 5 \cdot 7 \cdot 9 \cdot 9 \cdot 11 \cdot \text{etc.}}.$$

以上が証明すべきことであった．

定理 13 すべての素数ではない奇数を互いに1だけ異なる数に分け，その偶数の部分を分子に，他方，奇数の部分を分母にするならば，

$$\frac{\pi}{4} = \frac{4 \cdot 8 \cdot 10 \cdot 12 \cdot 14 \cdot 16 \cdot 18 \cdot 20 \cdot 22 \cdot 24 \cdot \text{etc.}}{5 \cdot 7 \cdot 11 \cdot 13 \cdot 13 \cdot 17 \cdot 17 \cdot 19 \cdot 23 \cdot 25 \cdot \text{etc.}}.$$

証明 ウォリスの円の求積によって，

$$\frac{\pi}{2} = \frac{2 \cdot 2 \cdot 4 \cdot 4 \cdot 6 \cdot 6 \cdot 8 \cdot 8 \cdot 10 \cdot 10 \cdot 12 \cdot 12 \cdot \text{etc.}}{1 \cdot 3 \cdot 3 \cdot 5 \cdot 5 \cdot 7 \cdot 7 \cdot 9 \cdot 9 \cdot 11 \cdot 11 \cdot 13 \cdot \text{etc.}}$$

であったが，この表現の一つ一つの分子を対応する分母に加えると，まさしくすべての奇数が得られる．さらに，素数だけから構成された類似の表現は，先の定理で証明されたように，2に等しい，すなわち

$$2 = \frac{2 \cdot 2 \cdot 4 \cdot 6 \cdot 6 \cdot 8 \cdot 10 \cdot 12 \cdot \text{etc.}}{1 \cdot 3 \cdot 3 \cdot 5 \cdot 7 \cdot 9 \cdot 9 \cdot 11 \cdot \text{etc.}}$$

であったから，先の表現をこの表現で割ることによって，

$$\frac{\pi}{4} = \frac{4 \cdot 8 \cdot 10 \cdot 12 \cdot 14 \cdot 16 \cdot 18 \cdot 20 \cdot 22 \cdot 24 \cdot \text{etc.}}{5 \cdot 7 \cdot 11 \cdot 13 \cdot 13 \cdot 17 \cdot 17 \cdot 19 \cdot 23 \cdot 25 \cdot \text{etc.}}.$$

これは，素数ではない奇数から類似の形で構成されている．すなわち，分子は偶数，分母はそれと1だけ差のある奇数で，それぞれの分子に対応する分母を加えたものは，すべての素数ではない奇数を与える．以上が証明すべきことであった．

定理 14 今までどおり π によって直径が1の円の円周を表すとすると，

$$\frac{\pi}{2} = \frac{3 \cdot 5 \cdot 7 \cdot 11 \cdot 13 \cdot 17 \cdot 19 \cdot 23 \cdot 29 \cdot 31 \cdot \text{etc.}}{2 \cdot 6 \cdot 6 \cdot 10 \cdot 14 \cdot 18 \cdot 18 \cdot 22 \cdot 30 \cdot 30 \cdot \text{etc.}}$$

であると私は主張する．この表現の分子は奇素数の列を構成し，一方，分母は対応する分子より 1 だけ大きいかあるいは小さい，奇数回偶数な数である．

証明　定理 8 の系 1 に $\frac{3}{4}$ をかけると，

$$\frac{\pi^2}{8} = \frac{3 \cdot 3 \cdot 5 \cdot 5 \cdot 7 \cdot 7 \cdot 11 \cdot 11 \cdot 13 \cdot 13 \cdot \text{etc.}}{2 \cdot 4 \cdot 4 \cdot 6 \cdot 6 \cdot 8 \cdot 10 \cdot 12 \cdot 12 \cdot 14 \cdot \text{etc.}} .$$

ここで，分子は奇素数が 2 回ずつ置かれているが，分母はその奇素数より 1 大きい，あるいは小さい，偶数回偶数あるいは奇数回偶数である．次に，定理 11 において

$$\frac{\pi}{4} = \frac{3 \cdot 5 \cdot 7 \cdot 11 \cdot 13 \cdot 17 \cdot 19 \cdot 23 \cdot \text{etc.}}{4 \cdot 4 \cdot 8 \cdot 12 \cdot 12 \cdot 16 \cdot 20 \cdot 24 \cdot \text{etc.}}$$

であることを証明した．この表現においては，分子は奇素数が 1 回だけ置かれ，一方，分母は素数と 1 だけ差のある偶数回偶数な数であり，したがって，この表現は先の表現の中に含まれていることになる．したがって，先の表現をこの表現で割ると，

$$\frac{\pi}{2} = \frac{3 \cdot 5 \cdot 7 \cdot 11 \cdot 13 \cdot 17 \cdot 19 \cdot \text{etc.}}{2 \cdot 6 \cdot 6 \cdot 10 \cdot 14 \cdot 18 \cdot 18 \cdot \text{etc.}}$$

となる．ここでは，奇素数が分子を構成している．分母はといえば，分子より 1 だけ大きい，あるいは小さい奇数回偶数の数である．以上が証明すべきことであった．

定理 15　π によって直径が 1 の円の円周を表すとすると，

$$\frac{\pi}{2} = 1 + \frac{1}{3} - \frac{1}{5} + \frac{1}{7} + \frac{1}{9} + \frac{1}{11} - \frac{1}{13} - \frac{1}{15} - \frac{1}{17} + \frac{1}{19} + \frac{1}{21}$$
$$+ \frac{1}{23} + \frac{1}{25} + \frac{1}{27} - \frac{1}{29} + \frac{1}{31} + \frac{1}{33} - \frac{1}{35} - \frac{1}{37} - \text{etc.}$$

この級数の分母はすべての奇数である．符号のつけ方は次の原則に基づく．$4n-1$ の形の素数には符号 + を与える．一方，$4n+1$ の形の素数には，符号 − を与える．次に，合成された数に対しては，ほかでもない素数から合成される仕方に応じて，符号の付いた素数から乗法の規則にしたがって得られる符号を与える．

証明　通常の計算方法で級数

$$1 - \frac{1}{3} + \frac{1}{5} - \frac{1}{7} + \frac{1}{9} - \frac{1}{11} + \frac{1}{13} - \frac{1}{15} + \text{etc.}$$

を

$$\frac{3 \cdot 5 \cdot 7 \cdot 11 \cdot \text{etc.}}{4 \cdot 4 \cdot 8 \cdot 12 \cdot \text{etc.}}$$

に転換したように，今度はこの

$$\frac{3 \cdot 5 \cdot 7 \cdot 11 \cdot 13 \cdot \text{tec.}}{4 \cdot 4 \cdot 8 \cdot 12 \cdot 12 \cdot \text{etc.}}$$

を

$$1 - \frac{1}{3} + \frac{1}{5} - \frac{1}{7} + \frac{1}{9} - \frac{1}{11} + \frac{1}{13} - \text{etc.}$$

という級数に変形できるような方法を見出すことができる．次に，その方法を先
の定理で見出された表現

$$\frac{\pi}{2} = \frac{3 \cdot 5 \cdot 7 \cdot 11 \cdot 13 \cdot 17 \cdot \text{etc.}}{2 \cdot 6 \cdot 6 \cdot 10 \cdot 14 \cdot 18 \cdot \text{etc.}}$$

に適用するならば，この表現は前出の

$$1 + \frac{1}{3} - \frac{1}{5} + \frac{1}{7} + \frac{1}{9} + \frac{1}{11} + \text{etc.}$$

という表現に変形され，したがってその値は $\frac{\pi}{2}$ である．この後者から同じよう
に計算するために，

$$x = 1 + \frac{1}{3} - \frac{1}{5} + \frac{1}{7} + \frac{1}{9} + \frac{1}{11} - \frac{1}{13} - \frac{1}{15} - \frac{1}{17} + \text{etc.}$$

と置くと，

$$\frac{1}{3} x = \frac{1}{3} + \frac{1}{9} - \frac{1}{15} + \frac{1}{21} + \frac{1}{27} + \frac{1}{33} - \text{etc.}$$

となり，したがって差し引くことで

$$\frac{2}{3} x = 1 - \frac{1}{5} + \frac{1}{7} + \frac{1}{11} - \text{etc.}$$

さらに同様に，

$$\frac{1}{5} \cdot \frac{2}{3} x = \frac{1}{5} - \frac{1}{25} + \frac{1}{35} + \frac{1}{55} - \text{etc.}$$

だから，加えることで

$$\frac{6 \cdot 2}{5 \cdot 3} x = 1 + \frac{1}{7} + \frac{1}{11} - \frac{1}{13} - \text{etc.}$$

となる．以下同様に，最初 1 を除くすべての項を除くことで

$$x = \frac{3 \cdot 5 \cdot 7 \cdot 11 \cdot 13 \cdot 17 \cdot 19 \cdot \text{etc.}}{2 \cdot 6 \cdot 6 \cdot 10 \cdot 14 \cdot 18 \cdot 18 \cdot \text{etc.}} = \frac{\pi}{2}.$$

さらに，仮定した級数の符号のつけ方は，先に述べたものと同じであることが分
かる．以上が証明すべきことであった．

系 したがって，ここで仮定した級数

$$1 + \frac{1}{3} - \frac{1}{5} + \frac{1}{7} + \frac{1}{9} + \frac{1}{11} - \frac{1}{13} + \text{etc.}$$

の和は，次の級数

$$1 - \frac{1}{3} + \frac{1}{5} - \frac{1}{7} + \frac{1}{9} - \frac{1}{11} + \text{etc.}$$

の 2 倍である．すなわち，それぞれの分数は各級数において同一だから，符号だけの効果によって，一方が他方の 2 倍になる．

定理 16 今までどおり π によって直径が 1 の円の円周を表すとすると，

$$\frac{\pi}{2} = 1 + \frac{1}{2} - \frac{1}{6} + \frac{1}{6} + \frac{1}{10} - \frac{1}{14} - \frac{1}{16} - \frac{1}{18} + \frac{1}{18} + \frac{1}{20} + \text{etc.}$$

ここで，正の分数の分母は冪ではない奇数より 1 だけ小さい．他方，負の分数の分母は 1 だけ大きい．そして，この分数の符号は，先の定理で与えた原則にしたがって，この 1 だけ大きいか小さい，冪ではない奇数が取る符号に一致する．

証明 この級数は，先の定理の級数を定理 1, 2, 3 で使われた方法に応じて変形することで得られる．その方法とは，幾何級数を，最初の項だけが残るまで，連続して足したり引いたりするものである．

定理 17 $4n - 1$ の形の奇素数には符号 + を割り当て，残る $4n + 1$ の形の奇素数には符号 − を割り当て，一方，合成数には，ほかでもない素数から乗法の規則にしたがって得られる符号に対応するものを与える．このとき，

$$\frac{3\pi}{8} = 1 + \frac{1}{9} - \frac{1}{15} + \frac{1}{21} + \frac{1}{25} + \frac{1}{33} - \frac{1}{35} - \frac{1}{39} + \frac{1}{49} - \frac{1}{51} - \text{etc.}$$

となる．ここで，分母は，これら素数の 2 個，4 個，あるいは 6 個など偶数個の積である．

証明 定理 15 より

$$\frac{\pi}{2} = 1 + \frac{1}{3} - \frac{1}{5} + \frac{1}{7} + \frac{1}{9} + \frac{1}{11} - \frac{1}{13} - \frac{1}{15} - \frac{1}{17} + \frac{1}{19} + \text{etc.}$$

この級数の分母はすべての奇数で，符号の規則は，先に述べたものと同一である．さらに，

$$\frac{\pi}{4} = 1 - \frac{1}{3} + \frac{1}{5} - \frac{1}{7} + \frac{1}{9} - \frac{1}{11} + \frac{1}{13} - \text{etc.}$$

だったが，これら2つの級数の項で，その分母が，素数の2個，4個，あるいは6個など偶数個の積であるものは，同じ符号をもつ．したがって，これらを加えるとそういった項だけ残り，それをさらに2で割ると，

$$\frac{3\pi}{8} = 1 + \frac{1}{9} - \frac{1}{15} + \frac{1}{21} + \frac{1}{25} + \frac{1}{33} - \text{etc.}$$

となる．これが仮定した級数であり，同時に符号の規則から，分母が $4n+1$ の形の分数は符号 + をもち，残りは符号 − ということが帰結する．以上が証明すべきことであった．

系 もし，この定理の級数から

$$\frac{\pi}{4} = 1 - \frac{1}{3} + \frac{1}{5} - \frac{1}{7} + \frac{1}{9} - \frac{1}{11} + \frac{1}{13} - \text{etc.}$$

を差し引くと

$$\frac{\pi}{8} = \frac{1}{3} - \frac{1}{5} + \frac{1}{7} + \frac{1}{11} - \frac{1}{13} - \frac{1}{17} + \frac{1}{19} + \text{etc.}$$

が得られる．この級数の分母は，素数自身あるいは，その3個，5個など奇数個の積であり，その中の $4n-1$ の形のものは符号 + を取り，残りの $4n+1$ の形のものは符号 − を取る．

定理18 すべての素数に符号 − を割り当て，合成数に対しては，積の規則にしたがって得られる符号に対応するものを割り当てると，すべての数から以下の級数が構成される．

$$1 - \frac{1}{2} - \frac{1}{3} + \frac{1}{4} - \frac{1}{5} + \frac{1}{6} - \frac{1}{7} - \frac{1}{8} + \frac{1}{9} + \frac{1}{10} - \frac{1}{11} - \frac{1}{12} - \text{etc.}$$

これを無限まで続けたものの和は0に等しくなる．

証明 この級数の和を x に等しいとする．すなわち

$$x = 1 - \frac{1}{2} - \frac{1}{3} + \frac{1}{4} - \frac{1}{5} + \frac{1}{6} - \frac{1}{7} - \frac{1}{8} + \text{etc.}$$

先の諸定理で適用した操作によって，

$$\frac{3}{2}x = 1 - \frac{1}{3} - \frac{1}{5} - \frac{1}{7} + \frac{1}{9} - \frac{1}{11} - \text{etc.}$$

さらに同様に，

$$\frac{3}{2} \cdot \frac{4}{3}x = 1 - \frac{1}{5} - \frac{1}{7} - \frac{1}{11} - \frac{1}{13} - \text{etc.}$$

こうして，この操作を無限に繰り返すことで，

$$\frac{3 \cdot 4 \cdot 6 \cdot 8 \cdot 12 \cdot 14 \cdot \text{etc.}}{2 \cdot 3 \cdot 5 \cdot 7 \cdot 11 \cdot 13 \cdot \text{etc.}} \, x = 1.$$

ここで定理 7 より

$$\frac{2 \cdot 3 \cdot 5 \cdot 7 \cdot 11 \cdot \text{etc.}}{1 \cdot 2 \cdot 4 \cdot 6 \cdot 10 \cdot \text{etc.}} = 1 + \frac{1}{2} + \frac{1}{3} + \frac{1}{4} + \frac{1}{5} + \text{etc.} = l\infty$$

であったから，x に対する我々の係数が無限に大きいことは容易に分かる．したがって，それとの積が 1 に等しくなることが可能であるのだから，$x = 0$ となる．以上から

$$0 = 1 - \frac{1}{2} - \frac{1}{3} + \frac{1}{4} - \frac{1}{5} + \frac{1}{6} - \frac{1}{7} - \frac{1}{8} + \text{etc.}^{2)}$$

この分母は，素数あるいはその 3 個，5 個など奇数個の積であるときには符号 $-$ をもち，それ以外のときは符号 $+$ をもつ．以上が証明すべきことであった．

　系 1　したがって，調和数列において，その級数全体の和が 0 になるようにするには如何に符号を配列すべきか，その方法が明らかになる．

　系 2　$x = 0$ であることを見出したから，$\dfrac{3}{2} x = 0$ でもある．このことから，また，

$$0 = 1 - \frac{1}{3} - \frac{1}{5} - \frac{1}{7} + \frac{1}{9} - \frac{1}{11} - \frac{1}{13} + \frac{1}{15} - \text{etc.}$$

を得る．ここでは，奇数だけが現れる．そして，それらの奇数は，符号の法則に関して，すでに述べた規則に従う．

　定理 19　素数の逆数の級数の和，

$$\frac{1}{2} + \frac{1}{3} + \frac{1}{5} + \frac{1}{7} + \frac{1}{11} + \frac{1}{13} + \text{etc.}$$

は無限大である．しかし，調和級数

$$1 + \frac{1}{2} + \frac{1}{3} + \frac{1}{4} + \frac{1}{5} + \text{etc.}$$

に比べると無限に小さい．前者の級数の和は，後者の級数の和のほぼ対数である．

---

2)　黒川注：$0 = \sum\limits_{n=1}^{\infty} \dfrac{\mu(n)}{n}$ ；$\mu(n)$ はメビウス関数．

証明

$$\frac{1}{2} + \frac{1}{3} + \frac{1}{5} + \frac{1}{7} + \frac{1}{11} + \text{etc.} = A$$

さらには，

$$\frac{1}{2^2} + \frac{1}{3^2} + \frac{1}{5^2} + \frac{1}{7^2} + \frac{1}{11^2} + \text{etc.} = B$$

そして

$$\frac{1}{2^3} + \frac{1}{3^3} + \frac{1}{5^3} + \frac{1}{7^3} + \frac{1}{11^3} + \text{etc.} = C$$

そして以下同様に特定の文字によって，すべての冪に関する和を表すとする．e によって，その双曲対数 [3] が 1 となる数とすると，

$$e^{A + \frac{1}{2}B + \frac{1}{3}C + \frac{1}{4}D + \text{etc.}} = 1 + \frac{1}{2} + \frac{1}{3} + \frac{1}{4} + \frac{1}{5} + \frac{1}{6} + \frac{1}{7} + \text{etc.}$$

となる．なぜならば，

$$A + \frac{1}{2}B + \frac{1}{3}C + \frac{1}{4}D + \text{etc.} = l\frac{2}{1} + l\frac{3}{2} + l\frac{5}{4} + l\frac{7}{6} + \text{etc.}$$

だから，定理 7 より

$$e^{A + \frac{1}{2}B + \frac{1}{3}C + \frac{1}{4}D + \text{etc.}} = \frac{2 \cdot 3 \cdot 5 \cdot 7 \cdot \text{etc.}}{1 \cdot 2 \cdot 4 \cdot 6 \cdot \text{etc.}} = 1 + \frac{1}{2} + \frac{1}{3} + \frac{1}{4} + \frac{1}{5} + \frac{1}{6} + \text{etc.}$$

ここで，B, C, D, etc. が有限の値をもつだけではなく，

$$\frac{1}{2}B + \frac{1}{3}C + \frac{1}{4}D + \text{etc.}$$

も有限の値をもつ．したがって，

$$e^{A + \frac{1}{2}B + \frac{1}{3}C + \frac{1}{4}D + \text{etc.}} = 1 + \frac{1}{2} + \frac{1}{3} + \frac{1}{4} + \text{ etc.} = \infty$$

であるから，A は無限大になる必要があり，またそれに対して続く項

$$\frac{1}{2}B + \frac{1}{3}C + \frac{1}{4}D + \text{etc.}$$

は（A と比較すると）[4] 消滅するから，

$$e^A = e^{\frac{1}{2} + \frac{1}{3} + \frac{1}{5} + \frac{1}{7} + \frac{1}{11} + \text{etc.}} = 1 + \frac{1}{2} + \frac{1}{3} + \frac{1}{4} + \frac{1}{5} + \text{etc.}$$

この結果，さらに

---

3)　黒川注：現代用語では「自然対数」．
4)　黒川注：(A と比較すると) を補った．

$$\frac{1}{2} + \frac{1}{3} + \frac{1}{5} + \frac{1}{7} + \frac{1}{11} + \frac{1}{13} + \frac{1}{17} + \text{etc.}$$

$$= l\left(1 + \frac{1}{2} + \frac{1}{3} + \frac{1}{4} + \frac{1}{5}\left[+\frac{1}{6}\right]^{5)} + \frac{1}{7} + \text{etc.}\right)$$

すなわち，前者の級数の和は後者に比べて無限に小さく，この後者の和は $l\infty$ だから，

$$\frac{1}{2} + \frac{1}{3} + \frac{1}{5} + \frac{1}{7} + \frac{1}{11} + \text{etc.} = l.l\infty$$

となる．以上が証明すべきことであった．

---

5)　馬場注：[　]内は全集にはないが，訳者の判断で入れた．

論文番号 E 352

逆数の冪級数と元の級数の間の見事な関係についての考察

［高田加代子 訳］

Leonhard Euler, "Remarques sur un beau rapport entre les séries des puissances tant directes que réciproques," *Opera Omnia*, Series Prima, XV (Lipsiae et Berolini, 1927), pp.70–90. Eneström による論文番号 352. *Mémoires de l'académie des sciences de Berlin* **17** (1761), 1768, pp.83–106. Lu en 1749.

1. 私がここで展開しようとしている関係は，次の 2 つの一般的な無限級数の和についてである．

$$☉ \quad 1^m - 2^m + 3^m - 4^m + 5^m - 6^m + 7^m - 8^m + \text{etc.},$$

$$☽ \quad \frac{1}{1^n} - \frac{1}{2^n} + \frac{1}{3^n} - \frac{1}{4^n} + \frac{1}{5^n} - \frac{1}{6^n} + \frac{1}{7^n} - \frac{1}{8^n} + \text{etc.}$$

この中で第 1 種のものは正の冪，すなわち指数 m は任意の自然数であり，第 2 種のものは負の冪，すなわち指数 n は同様に任意の自然数で指数 n の冪の逆数をとったものである．そしてどちらの級数も交互に符号を変えている．私の主な目標は，この 2 つの級数が本質的にはまったく異なるものであるにもかかわらず，それらの和が非常に美しい関係，すなわち，もしこの 2 種類の一方の和を一般的にきちんと決めることができれば，他方の和を決めることができるということを示すことである．実に私は，第 1 種の級数の指数 m についての和を知れば，第 2 種の級数の指数 $n = m + 1$ についての和を必ず決めることができる，ということを示すだろう．この考察は帰納的に根拠をもつにすぎないけれども，しかし非常に厳密な証明とみなすことができると確信するので，一層重要であるように思われる．

2. 第 1 種の級数について，それらの項は次第に大きくなると推測されるので，級数の和を，実際の級数の項を有限個集めた和が次第に近づく値をこの級数の和

と理解していても，この和についての正しい考えを形成することができないのはまったく真実である．たとえば級数

$$1 - 2 + 3 - 4 + 5 - 6 + \text{etc.}$$

の和は $\frac{1}{4}$ であるというとき，これは同じように非常に逆説的である．すなわち，この級数の 100 項までを集めると -50 になるが，101 項までを集めると $+51$ となり，これらの値は $\frac{1}{4}$ とまったく異なっていて，項の個数を増やすとさらに大きくなるだろうと推測される．私は以前に他の機会に考察したことであるが，和についてさらに拡張した定義を与えなければならないし，また他の解析的な分数式に注意しなければならない．それは解析的な手法で展開することによって同様な級数を導き，そこから我々は和を手に入れるだろう．この定義を決めた後では級数 $1 - 2 + 3 - 4 + 5 - 6 + \text{etc.}$ の和が $\frac{1}{4}$ に等しいことは疑問の余地がないことである．これは式 $\frac{1}{(1+1)^2}$ を展開して得られるものだから，そこから確実に値は $\frac{1}{4}$ となる．このことはさらに一般的な級数

$$1 - 2x + 3x^2 - 4x^3 + 5x^4 - 6x^5 + \text{etc.}$$

を考察することによって，さらにはっきりするだろう．これは式 $\frac{1}{(1+x)^2}$ を展開することによって得られたものだから，この級数と $\frac{1}{(1+x)^2}$ は等しく，これに $x = 1$ を代入すればよい．

3. 我々は微分計算がこの種の和を見出すための強力で自然な手段であることを容易に納得し，次々に総和を求めることへ進もう．

$$1 - \quad x + \quad x^2 - \quad x^3 + \text{etc.} = \frac{1}{1+x},$$

$$1 - \quad 2x + \quad 3x^2 - \quad 4x^3 + \text{etc.} = \frac{1}{(1+x)^2},$$

$$1 - 2^2 x + 3^2 x^2 - 4^2 x^3 + \text{etc.} = \frac{1-x}{(1+x)^3},$$

$$1 - 2^3 x + 3^3 x^2 - 4^3 x^3 + \text{etc.} = \frac{1 - 4x + xx}{(1+x)^4},$$

$$1 - 2^4 x + 3^4 x^2 - 4^4 x^3 + \text{etc.} = \frac{1 - 11x + 11xx - x^3}{(1+x)^5},$$

$$1 - 2^5 x + 3^5 x^2 - 4^5 x^3 + \text{etc.} = \frac{1 - 26x + 66xx - 26x^3 + x^4}{(1+x)^6},$$

$$1 - 2^6 x + 3^6 x^2 - 4^6 x^3 + \text{etc.} = \frac{1 - 57x + 302xx - 302x^3 + 57x^4 - x^5}{(1+x)^7}$$

$$\text{etc.}$$

続いて $x = 1$ を代入することによって，第1種の級数の和は次のようになる．

$$1 - 2^0 + 3^0 - 4^0 + 5^0 - 6^0 + \text{etc.} = \frac{1}{2},$$

$$1 - 2 + 3 - 4 + 5 - 6 + \text{etc.} = \frac{1}{4},$$

$$1 - 2^2 + 3^2 - 4^2 + 5^2 - 6^2 + \text{etc.} = 0,$$

$$1 - 2^3 + 3^3 - 4^3 + 5^3 - 6^3 + \text{etc.} = -\frac{2}{16},$$

$$1 - 2^4 + 3^4 - 4^4 + 5^4 - 6^4 + \text{etc.} = 0,$$

$$1 - 2^5 + 3^5 - 4^5 + 5^5 - 6^5 + \text{etc.} = +\frac{16}{64},$$

$$1 - 2^6 + 3^6 - 4^6 + 5^6 - 6^6 + \text{etc.} = 0,$$

$$1 - 2^7 + 3^7 - 4^7 + 5^7 - 6^7 + \text{etc.} = -\frac{272}{256},$$

$$1 - 2^8 + 3^8 - 4^8 + 5^8 - 6^8 + \text{etc.} = 0,$$

$$1 - 2^9 + 3^9 - 4^9 + 5^9 - 6^9 + \text{etc.} = +\frac{7936}{1024}$$

$$\text{etc.}$$

4．第2種の級数 ᗪ は冪をとって逆数にしたものであるが，その和については，n が2以上の偶数である場合には，直径1の円の円周 π に関係して決まるということを私が証明するが，それまでは，$n = 1$ の場合，すなわち，級数

$$1 - \frac{1}{2} + \frac{1}{3} - \frac{1}{4} + \frac{1}{5} - \frac{1}{6} + \text{etc.}$$

の和は，$l2$[1] であることが知られていたにすぎない．これらの級数の和は私が発見したものである．

$$1 + \frac{1}{2^2} + \frac{1}{3^2} + \frac{1}{4^2} + \text{etc.} = A\pi^2, \qquad A = \frac{1}{6},$$

---

1) 高田注：l は自然対数（log）である．

$$1 + \frac{1}{2^4} + \frac{1}{3^4} + \frac{1}{4^4} + \text{etc.} = B\pi^4, \qquad B = \frac{2}{5}A^2,$$

$$1 + \frac{1}{2^6} + \frac{1}{3^6} + \frac{1}{4^6} + \text{etc.} = C\pi^6, \qquad C = \frac{4}{7}AB,$$

$$1 + \frac{1}{2^8} + \frac{1}{3^8} + \frac{1}{4^8} + \text{etc.} = D\pi^8, \qquad D = \frac{4}{9}AC + \frac{2}{9}B^2,$$

$$1 + \frac{1}{2^{10}} + \frac{1}{3^{10}} + \frac{1}{4^{10}} + \text{etc.} = E\pi^{10} \qquad E = \frac{4}{11}AD + \frac{4}{11}BC$$

etc., etc.

これより符号を交互に変えることによって，第2種の級数について結論を導くことができる.

$$1 - \frac{1}{2^2} + \frac{1}{3^2} - \frac{1}{4^2} + \frac{1}{5^2} - \frac{1}{6^2} + \text{etc.} = \frac{2-1}{2^1}A\pi^2,$$

$$1 - \frac{1}{2^4} + \frac{1}{3^4} - \frac{1}{4^4} + \frac{1}{5^4} - \frac{1}{6^4} + \text{etc.} = \frac{2^3-1}{2^3}B\pi^4,$$

$$1 - \frac{1}{2^6} + \frac{1}{3^6} - \frac{1}{4^6} + \frac{1}{5^6} - \frac{1}{6^6} + \text{etc.} = \frac{2^5-1}{2^5}C\pi^6,$$

$$1 - \frac{1}{2^8} + \frac{1}{3^8} - \frac{1}{4^8} + \frac{1}{5^8} - \frac{1}{6^8} + \text{etc.} = \frac{2^7-1}{2^7}D\pi^8,$$

$$1 - \frac{1}{2^{10}} + \frac{1}{3^{10}} - \frac{1}{4^{10}} + \frac{1}{5^{10}} - \frac{1}{6^{10}} + \text{etc.} = \frac{2^9-1}{2^9}E\pi^{10},$$

$$1 - \frac{1}{2^{12}} + \frac{1}{3^{12}} - \frac{1}{4^{12}} + \frac{1}{5^{12}} - \frac{1}{6^{12}} + \text{etc.} = \frac{2^{11}-1}{2^{11}}F\pi^{12}$$

etc.

ところで n が奇数の場合について和を探し直してみたが，まったくこれまでのものは役に立たない．しかしながら，数 π の冪と類似のものでは役に立たないということは確かなことである．多分そこから以下の考察がなんらかの光明を放つのではないかと思われる.

5. 数 A, B, C, D などは，この主題の中で最高に重要なものなので，ここで書いておく．これを私が計算したのは遠い昔のことであるが.

$$A = \frac{2^0 \cdot 1}{1 \cdot 2 \cdot 3}, \qquad I = \frac{2^{16} \cdot 43867}{1 \cdot 2 \cdots 19 \cdot 21},$$

$$B = \frac{2^2 \cdot 1}{1 \cdot 2 \cdots 5 \cdot 3}, \qquad\qquad K = \frac{2^{18} \cdot 1222277}{1 \cdot 2 \cdots 21 \cdot 55},$$

$$C = \frac{2^4 \cdot 1}{1 \cdot 2 \cdots 7 \cdot 3}, \qquad\qquad L = \frac{2^{20} \cdot 854513}{1 \cdot 2 \cdots 23 \cdot 3},$$

$$D = \frac{2^6 \cdot 3}{1 \cdot 2 \cdots 9 \cdot 5} \qquad\qquad M = \frac{2^{22} \cdot 1181820455}{1 \cdot 2 \cdots 25 \cdot 273},$$

$$E = \frac{2^8 \cdot 5}{1 \cdot 2 \cdots 11 \cdot 3} \qquad\qquad N = \frac{2^{24} \cdot 76977927}{1 \cdot 2 \cdots 27 \cdot 1},$$

$$F = \frac{2^{10} \cdot 691}{1 \cdot 2 \cdots 13 \cdot 105}, \qquad\qquad O = \frac{2^{26} \cdot 23749461029}{1 \cdot 2 \cdots 29 \cdot 15},$$

$$G = \frac{2^{12} \cdot 35}{1 \cdot 2 \cdots 15 \cdot 1}, \qquad\qquad P = \frac{2^{28} \cdot 861584276005}{1 \cdot 2 \cdots 31 \cdot 231},$$

$$H = \frac{2^{14} \cdot 3617}{1 \cdot 2 \cdots 17 \cdot 15}, \qquad\qquad Q = \frac{2^{30} \cdot 84802531453387}{1 \cdot 2 \cdots 33 \cdot 85},$$

$$R = \frac{2^{32} \cdot 90219075042845}{1 \cdot 2 \cdots 35 \cdot 3}.$$

6. ところでまた，これらの数 A, B, C, D などについてであるが，第1種の級数 ⊙ において指数 m が奇数である場合の総和に依存する．この指数が偶数であるときは，前に見たようにゼロに等しいと推測される．しかしこれらの関係を証明するためにはまったく特別な方法を用いなければならない．この結果のためには，それらの項全体に関する級数の和を決めるために以前私が用いた一般的な方法に頼らなければならない．いま，x についてのある関数を $X = f : x$ と表して，無限に続くこの級数

$$f : x + f : (x + \alpha) + f : (x + 2\alpha) + f : (x + 3\alpha) + f : (x + 4\alpha) + \text{etc.}$$

について考えよう．ただし，後についてくる各項は，$x + \alpha$, $x + 2\alpha$, $x + 3\alpha$ などについての類似の関数である．そしてこの級数の和を S とおくと，それはまた x についての1つの関数になる．もし x のところに $x + \alpha$ を入れると，

$$S + \frac{\alpha dS}{1 dx} + \frac{\alpha^2 ddS}{1 \cdot 2 dx^2} + \frac{\alpha^3 d^3 S}{1 \cdot 2 \cdot 3 dx^3} + \frac{\alpha^4 d^4 S}{1 \cdot 2 \cdot 3 \cdot 4 dx^4} + \text{etc.}$$

となる．この式は次の級数の和になるだろう．

$$f : (x + \alpha) + f : (x + 2\alpha) + f : (x + 3\alpha) + f : (x + 4\alpha) + \text{etc.}$$

したがって，$S - f : x = S - X$ に等しくなるだろう．ゆえに，

$$-X = \frac{\alpha dS}{1dx} + \frac{\alpha^2 ddS}{1 \cdot 2dx^2} + \frac{\alpha^3 d^3 S}{1 \cdot 2 \cdot 3dx^3} + \frac{\alpha^4 d^4 S}{1 \cdot 2 \cdot 3 \cdot 4dx^4} + \text{etc.}$$

ところで，この等式については私が他のところで述べた方法によって見出している．

$$S = -\frac{1}{\alpha} \int X dx + \frac{1}{2} X - \frac{\alpha A dX}{2dx} + \frac{\alpha^3 B d^3 X}{2^3 dx^3} - \frac{\alpha^5 C d^5 X}{2^5 dx^5} + \text{etc.}$$

ただし，A, B, C などは私が展開したところの同じ数であることを記しておく．
したがって，積分 $\int X dx$ と関数 X についての微分の階数について昇冪の順に整理することによって探してきた和 S に達する．

7. いま符号の変化を手に入れるために α のところに 2α をおくと，次の和が得られる．

$$f : x + f : (x + 2\alpha) + f : (x + 4\alpha) + \text{etc.}$$

$$= -\frac{1}{2\alpha} \int X dx + \frac{1}{2} X - \frac{\alpha A dX}{dx} + \frac{\alpha^3 B d^3 X}{dx^3} - \frac{\alpha^5 C d^5 X}{dx^5} + \text{etc.} ;$$

さらに，これを 2 倍したものから先の級数を引くことによって，次式が得られる．

$$f : x - f : (x + \alpha) + f : (x + 2\alpha) - f : (x + 3\alpha) + f : (x + 4\alpha) - \text{etc.}$$

$$= \frac{1}{2} X - \frac{(2^2 - 1)\alpha A dX}{2dx} + \frac{(2^4 - 1)\alpha^3 B d^3 X}{2^3 dx^3} - \frac{(2^6 - 1)\alpha^5 C d^5 X}{2^5 dx^5} + \text{etc.}$$

ここで，積分 $\int X dx$ を含む項は消えている．いま我々の目標に都合のよいように

$$f : x = X = x^m$$

とおけば，次の級数の和が得られる．

$$x^m - (x + \alpha)^m + (x + 2\alpha)^m - (x + 3\alpha)^m + (x + 4\alpha)^m - \text{etc.}$$

$$= \frac{1}{2} x^m - \frac{(2^2 - 1)m\alpha A x^{m-1}}{2} + \frac{(2^4 - 1)m(m - 1)(m - 2)\alpha^3 B x^{m-3}}{2^3}$$

$$- \frac{(2^6 - 1)m(m - 1)(m - 2)(m - 3)(m - 4)\alpha^5 C x^{m-5}}{2^5}$$

$$+ \frac{(2^8 - 1)m(m - 1)(m - 2)(m - 3)(m - 4)(m - 5)(m - 6)\alpha^7 D x^{m-7}}{2^7}$$

$$\text{etc.}$$

ただし，指数 m が正の整数であるような項について定められたものである．それ

158

だから, $\alpha = 1$ とおくと我々の第 1 種の級数 ⊙ について得るだろう.

$$x^m - (x+1)^m + (x+2)^m - (x+3)^m + (x+4)^m - (x+5)^m + \text{etc.}$$

$$= \frac{1}{2}x^m - \frac{m}{2}(2^2-1)Ax^{m-1} + \frac{m(m-1)(m-2)}{2 \cdot 2 \cdot 2}(2^4-1)Bx^{m-3}$$

$$- \frac{m(m-1)(m-2)(m-3)(m-4)}{2 \cdot 2 \cdot 2 \cdot 2 \cdot 2}(2^6-1)Cx^{m-5}$$

$$+ \frac{m(m-1)(m-2)(m-3)(m-4)(m-5)(m-6)}{2 \cdot 2 \cdot 2 \cdot 2 \cdot 2 \cdot 2 \cdot 2}(2^8-1)Dx^{m-7}$$

$$\text{etc.}$$

8. いま我々の第 1 種の級数 ⊙ の和を一般的に得るためには, $x = 1$ を仮定すればよい. しかし $x = 0$ を仮定することによって, もっと容易に和を見出すだろう. 以上のことから, 我々はこの級数の和を導くことができる.

$$0^m - 1^m + 2^m - 3^m + 4^m - 5^m + 6^m - 7^m + \text{etc.}$$

我々はこの和のマイナスをとりさえすれば, 求める和を手に入れることができる. さて $x = 0$ とおくと, x の指数が 0 になる項だけを除いて, 和を構成している他の数のすべてが消えてしまう. これは m が奇数の場合に当てはまる. というのは, m が偶数のときは, すべての項はゼロとなり, したがって級数の和はゼロになるからである. これらの和のマイナスをとることによって, 我々は以下の結果を導くことができる.

$$
\begin{array}{c|l}
m = 0 & 1 - 1 + 1 - 1 + 1 - 1 + \text{etc.} = \dfrac{1}{2}, \\[2mm]
m = 1 & 1 - 2 + 3 - 4 + 5 - 6 + \text{etc.} = +1 \cdot \dfrac{2^2-1}{2}A, \\[2mm]
m = 2 & 1 - 2^2 + 3^2 - 4^2 + 5^2 - 6^2 + \text{etc.} = 0, \\[2mm]
m = 3 & 1 - 2^3 + 3^3 - 4^3 + 5^3 - 6^3 + \text{etc.} = -1 \cdot 2 \cdot 3 \cdot \dfrac{2^4-1}{2^3}B, \\[2mm]
m = 4 & 1 - 2^4 + 3^4 - 4^4 + 5^4 - 6^4 + \text{etc.} = 0, \\[2mm]
m = 5 & 1 - 2^5 + 3^5 - 4^5 + 5^5 - 6^5 + \text{etc.} = +1 \cdot 2 \cdots 5 \cdot \dfrac{2^6-1}{2^5}C, \\[2mm]
m = 6 & 1 - 2^6 + 3^6 - 4^6 + 5^6 - 6^6 + \text{etc.} = 0, \\[2mm]
m = 7 & 1 - 2^7 + 3^7 - 4^7 + 5^7 - 6^7 + \text{etc.} = -1 \cdot 2 \cdots 7 \cdot \dfrac{2^8-1}{2^7}D, \\[2mm]
m = 8 & 1 - 2^8 + 3^8 - 4^8 + 5^8 - 6^8 + \text{etc.} = 0,
\end{array}
$$

E 352 逆数の冪級数と元の級数の間の見事な関係についての考察　　159

$$
\begin{array}{c|c}
m = 9 & 1 - 2^9 + 3^9 - 4^9 + 5^9 - 6^9 + \text{etc.} = +1 \cdot 2 \cdots 9 \cdot \dfrac{2^{10} - 1}{2^9} E, \\[2mm]
m = 10 & 1 - 2^{10} + 3^{10} - 4^{10} + 5^{10} - 6^{10} + \text{etc.} = 0
\end{array}
$$

$$\text{etc.}$$

これらの和を詳しく見るとき，前の§3で述べたものと同じであることを見出す．ただし，いまでは $A,\ B,\ C$ などの文字との結びつきをそこに見る．

9.　第 1 種の級数 ⊙ を第 2 種の級数 ☽ で各々割りなさい．それらは同じ数 $A,\ B,\ C,\ D$ などを含んでいるので，次のような等式が出てくる．

$$
\frac{1 - 2 + 3 - 4 + 5 - 6 + \text{etc.}}{1 - \dfrac{1}{2^2} + \dfrac{1}{3^2} - \dfrac{1}{4^2} + \dfrac{1}{5^2} - \dfrac{1}{6^2} + \text{etc.}} = +\frac{1(2^2 - 1)}{(2 - 1)\pi^2},
$$

$$
\frac{1 - 2^2 + 3^2 - 4^2 + 5^2 - 6^2 + \text{etc.}}{1 - \dfrac{1}{2^3} + \dfrac{1}{3^3} - \dfrac{1}{4^3} + \dfrac{1}{5^3} - \dfrac{1}{6^3} + \text{etc.}} = 0,
$$

$$
\frac{1 - 2^3 + 3^3 - 4^3 + 5^3 - 6^3 + \text{etc.}}{1 - \dfrac{1}{2^4} + \dfrac{1}{3^4} - \dfrac{1}{4^4} + \dfrac{1}{5^4} - \dfrac{1}{6^4} + \text{etc.}} = -\frac{1 \cdot 2 \cdot 3(2^4 - 1)}{(2^3 - 1)\pi^4},
$$

$$
\frac{1 - 2^4 + 3^4 - 4^4 + 5^4 - 6^4 + \text{etc.}}{1 - \dfrac{1}{2^5} + \dfrac{1}{3^5} - \dfrac{1}{4^5} + \dfrac{1}{5^5} - \dfrac{1}{6^5} + \text{etc.}} = 0,
$$

$$
\frac{1 - 2^5 + 3^5 - 4^5 + 5^5 - 6^5 + \text{etc.}}{1 - \dfrac{1}{2^6} + \dfrac{1}{3^6} - \dfrac{1}{4^6} + \dfrac{1}{5^6} - \dfrac{1}{6^6} + \text{etc.}} = +\frac{1 \cdot 2 \cdots 5(2^6 - 1)}{(2^5 - 1)\pi^6},
$$

$$
\frac{1 - 2^6 + 3^6 - 4^6 + 5^6 - 6^6 + \text{etc.}}{1 - \dfrac{1}{2^7} + \dfrac{1}{3^7} - \dfrac{1}{4^7} + \dfrac{1}{5^7} - \dfrac{1}{6^7} + \text{etc.}} = 0,
$$

$$
\frac{1 - 2^7 + 3^7 - 4^7 + 5^7 - 6^7 + \text{etc.}}{1 - \dfrac{1}{2^8} + \dfrac{1}{3^8} - \dfrac{1}{4^8} + \dfrac{1}{5^8} - \dfrac{1}{6^8} + \text{etc.}} = -\frac{1 \cdot 2 \cdots 7(2^8 - 1)}{(2^7 - 1)\pi^8},
$$

$$
\frac{1 - 2^8 + 3^8 - 4^8 + 5^8 - 6^8 + \text{etc.}}{1 - \dfrac{1}{2^9} + \dfrac{1}{3^9} - \dfrac{1}{4^9} + \dfrac{1}{5^9} - \dfrac{1}{6^9} + \text{etc.}} = 0,
$$

$$\frac{1 - 2^9 + 3^9 - 4^9 + 5^9 - 6^9 + \text{etc.}}{1 - \dfrac{1}{2^{10}} + \dfrac{1}{3^{10}} - \dfrac{1}{4^{10}} + \dfrac{1}{5^{10}} - \dfrac{1}{6^{10}} + \text{etc.}} = + \frac{1 \cdot 2 \cdots 9(2^{10} - 1)}{(2^9 - 1)\pi^{10}}$$

$$\text{etc.}$$

さて，最初の式は

$$\frac{1 - 1 + 1 - 1 + 1 - 1 + \text{etc.}}{1 - \dfrac{1}{2} + \dfrac{1}{3} - \dfrac{1}{4} + \dfrac{1}{5} - \dfrac{1}{6} + \text{etc.}} = \frac{1}{2 l 2}$$

となるが，これは後に続くものとの関係が完全に隠されている．

10.　さて，これらの等式をよく見ると，次の一般的な式が得られる．

$$\frac{1 - 2^{n-1} + 3^{n-1} - 4^{n-1} + 5^{n-1} - 6^{n-1} + \text{etc.}}{1 - \dfrac{1}{2^n} + \dfrac{1}{3^n} - \dfrac{1}{4^n} + \dfrac{1}{5^n} - \dfrac{1}{6^n} + \text{etc.}}$$
$$= N \cdot \frac{1 \cdot 2 \cdot 3 \cdots\cdots (n-1)(2^n - 1)}{(2^{n-1} - 1)\pi^n}.$$

ここで，指数 n に対して係数 N を決めるところに至った．各指数 n に対応する係数 N の値を私は調べた．

n	2,	3,	4,	5,	6,	7,	8,	9,	10	etc.
N	+1,	0,	−1,	0,	+1,	0,	−1,	0,	+1	etc.

この結果から，n が奇数のとき N はゼロになり，$n = 4i + 2$ の場合には $N = +1$ となり，$n = 4i$ の場合には $N = -1$ となることが判る．これより，$N = -\cos\dfrac{n\pi}{2}$ と仮定してよいことは疑問の余地がない．これを根拠にして私は思い切って次のことを予想する．つまり，どんな指数 n についてもこの等式は常に成り立つ．

$$\frac{1 - 2^{n-1} + 3^{n-1} - 4^{n-1} + 5^{n-1} - 6^{n-1} + \text{etc.}}{1 - 2^{-n} + 3^{-n} - 4^{-n} + 5^{-n} - 6^{-n} + \text{etc.}}$$
$$= \frac{-1 \cdot 2 \cdot 3 \cdots (n-1)(2^n - 1)}{(2^{n-1} - 1)\pi^n} \cos\frac{n\pi}{2}.$$

n が 1 より大きい正整数と一致している限り，この予想は疑いなく非常に大胆なものであるといえる．私はまず $n = 1$ の場合に，次に $n = 0$ の場合について正しいことを証明しよう．これによって，もしこの予想が n が正数の場合について根拠のあることであるならば，n が負数の場合についても同様であることを示すだろう．そして最後には，n がどんな数であっても同様であることを示すだろう．

11. まず $n=1$ としよう．すると式は次のようになる．

$$\frac{1-1+1-1+1-1+\text{etc.}}{1-\dfrac{1}{2}+\dfrac{1}{3}-\dfrac{1}{4}+\dfrac{1}{5}-\dfrac{1}{6}+\text{etc.}}.$$

我々はこの値が $\dfrac{1}{2l2}$ であることを知っている．さて，我々の式はこの場合について，

$$1 \cdot 2 \cdots (n-1) = 1, \quad 2^n - 1 = 1, \quad \pi^n = \pi$$

を与える．しかし，他の2つの部分，$\cos\dfrac{n\pi}{2}$ と $2^{n-1}-1$ はどちらもゼロになる．それゆえ，私はこの値

$$-\frac{1}{\pi} \cdot \frac{\cos\dfrac{n\pi}{2}}{2^{n-1}-1}$$

について，我々の予想が成り立つようにする方法を提示しよう．分数 $\dfrac{\cos\dfrac{n\pi}{2}}{2^{n-1}-1}$ の $n=1$ における値は，分母・分子ともにゼロになるので値を決めるのが難しい．だから文字 n を変数と考えると分子の微分は $-\dfrac{\pi dn}{2}\sin\dfrac{n\pi}{2}$，分母の微分は $2^{n-1}dn\,l2$ となるので，この場合について我々の分数は，

$$-\frac{\dfrac{\pi}{2}\sin\dfrac{n\pi}{2}}{2^{n-1}l2}$$

となる．ここで $n=1$ とおくと，

$$-\frac{\pi}{2l2}$$

となる．だから我々が手に入れようとしている値は

$$-\frac{1}{\pi} \cdot \frac{\cos\dfrac{n\pi}{2}}{2^{n-1}-1} = +\frac{1}{2l2}$$

となり，明らかに我々が知っている値と等しい．このように我々の予想は，以下の一般の場合から遠く離れた $n=1$ の場合に成り立っているので，この予想が正しいことを示す強力な証拠である．誤った予想がこれらの試みを支えることができるとは考えられないので，いまや我々の予想は非常にしっかりと確立されたものであるとみなすことができる．しかし，私は同じように説得的な証拠をもう1つもってこよう．

12. $n = 0$ とおいて次の式を得る.

$$\frac{1 - \dfrac{1}{2} + \dfrac{1}{3} - \dfrac{1}{4} + \dfrac{1}{5} - \dfrac{1}{6} + \text{etc.}}{1 - 1 + 1 - 1 + 1 - 1 + \text{etc.}}.$$

この値は明らかに $= 2l2$ である，一方

$$\cos\frac{n\pi}{2} = 1, \quad 2^{n-1} - 1 = -\frac{1}{2}, \quad \pi^n = 1$$

だから，我々の予想は $+2 \cdot 1 \cdot 2 \cdot 3 \cdots (n-1)(2^n - 1)$ となる．ここで因子 $1 \cdot 2 \cdot 3 \cdots (n-1)$ は無限になり，$2^n - 1$ はゼロになるから，我々の予想はこの場合についても矛盾はない．しかしまた，完全な一致を証明するために，次のことを注意しよう．一般的に，

$$1 \cdot 2 \cdot 3 \cdots (n-1) = \frac{1}{n} \cdot 1 \cdot 2 \cdot 3 \cdots n$$

そこで，$n = 0$ を代入すると，$1 \cdot 2 \cdot 3 \cdots n = 1$ であるので $1 \cdot 2 \cdot 3 \cdots (n-1) = \dfrac{1}{n}$ となるだろう．したがって，我々の予想に関して導かれる値は，

$$= \frac{2(2^n - 1)}{n}$$

となる．そこで $n = 0$ とおくと分母と分子はゼロになるから，それらを変数 n の関数とみなして，それらの微分をとってみると，

$$\frac{2 \cdot 2^n \, dn \, l2}{dn} = 2 \cdot 2^n l2$$

となり，$n = 0$ の場合に意味をもつ．これは級数の本質が要求したところの値 $2l2$ を明らかに与える．以前の結果と結びつけると，この新しい証拠が我々の予想の完全な証明の代わりになるのではないだろうか．しかしながら，以上の論法に過度の権限を与えてはならない．可能な限りすべてを同時に含む直接的な証明をなおも厳しく要求していくからである．

13. 我々の予想は n がすべての正整数について正しいので，n に何か負の整数をもってきても，同様に正しいことを実際に私は証明しよう．さて式 $1 \cdot 2 \cdot 3 \cdots (n-1)$ の値が無限になるとしたことが，得ようとしている証明を混乱させているように思われる．しかし私が他のところで証明した考察が，その障害物を取り除くだろう．積 $1 \cdot 2 \cdot 3 \cdots \lambda$ を記号 $[\lambda]$ で表すことにすると，常に

$$[\lambda][-\lambda] = \frac{\lambda\pi}{\sin \lambda\pi}$$

が成り立つことを証明した．だから $n-1=-m$ または $n=-m+1$ とおくと，次の等式が成り立つ．

$$\frac{1-2^{-m}+3^{-m}-4^{-m}+5^{-m}-6^{-m}+\text{etc.}}{1-2^{m-1}+3^{m-1}-4^{m-1}+5^{m-1}-6^{m-1}+\text{etc.}}$$

$$=\frac{-1\cdot 2\cdot 3\cdots(-m)(2^{-m+1}-1)}{(2^{-m}-1)\pi^{-m+1}}\cos\frac{(1-m)\pi}{2},$$

ここで，

$$1\cdot 2\cdot 3\cdots(-m)=[-m],\quad [m][-m]=\frac{m\pi}{\sin m\pi}$$

が成り立つので

$$1\cdot 2\cdot 3\cdots(-m)=\frac{m\pi}{1\cdot 2\cdot 3\cdots m\sin m\pi}=\frac{\pi}{1\cdot 2\cdot 3\cdots(m-1)\sin m\pi}$$

となる．次に，

$$\cos\frac{(1-m)\pi}{2}=\sin\frac{m\pi}{2}$$

だから，これを式に代入することによって，$\sin m\pi=2\sin\dfrac{m\pi}{2}\cos\dfrac{m\pi}{2}$ より，次のように変形される．

$$-\frac{2(2^{m-1}-1)\pi^m}{(2^m-1)\,1\cdot 2\cdot 3\cdots(m-1)\sin m\pi}\sin\frac{m\pi}{2}$$

$$=-\frac{(2^{m-1}-1)\pi^m}{1\cdot 2\cdot 3\cdots(m-1)(2^m-1)\cos\dfrac{m\pi}{2}}.$$

ここで我々は発見した式において，分母を上に分子を下に置き換えただけで，次の等式を得る．

$$\frac{1-2^{m-1}+3^{m-1}-4^{m-1}+5^{m-1}-6^{m-1}+\text{etc.}}{1-2^{-m}+3^{-m}-4^{-m}+5^{-m}-6^{-m}+\text{etc.}}$$

$$=-\frac{1\cdot 2\cdot 3\cdots(m-1)(2^m-1)}{(2^{m-1}-1)\pi^m}\cos\frac{m\pi}{2}.$$

これは仮定したものと同じ等式である．もし n が正数のとき正しいと仮定すれば，$m=-n+1$ より n が負数のときにも正しいことは明白である．

14. $n=\dfrac{1}{2}$ とおくことによって非常に注目すべきことが生じる．それは次の分数を導く．

$$\frac{1 - \dfrac{1}{\sqrt{2}} + \dfrac{1}{\sqrt{3}} - \dfrac{1}{\sqrt{4}} + \dfrac{1}{\sqrt{5}} - \dfrac{1}{\sqrt{6}} + \text{etc.}}{1 - \dfrac{1}{\sqrt{2}} + \dfrac{1}{\sqrt{3}} - \dfrac{1}{\sqrt{4}} + \dfrac{1}{\sqrt{5}} - \dfrac{1}{\sqrt{6}} + \text{etc.}}$$

分母と分子が等しいことから，値は 1 に等しい．予想した式を用いると，

$$-\frac{1 \cdot 2 \cdot 3 \cdots \left(-\dfrac{1}{2}\right)(\sqrt{2}-1)}{\left(\dfrac{1}{\sqrt{2}}-1\right)\sqrt{\pi}} \cos\frac{\pi}{4}$$

である．これは，

$$= +\frac{\left[-\dfrac{1}{2}\right]\sqrt{2}}{\sqrt{\pi}} \cdot \frac{1}{\sqrt{2}} = \frac{\left[-\dfrac{1}{2}\right]}{\sqrt{\pi}}$$

に等しい．さて，超幾何数列

$$1, \quad 1 \cdot 2, \quad 1 \cdot 2 \cdot 3, \quad 1 \cdot 2 \cdot 3 \cdot 4, \quad \text{etc.}$$

を考えると，その一般項は

$$1 \cdot 2 \cdot 3 \cdots n = [n]$$

となるので，$n = \dfrac{1}{2}$ とおくと

$$\left[\frac{1}{2}\right] = \frac{1}{2}\sqrt{\pi}$$

であり，したがって

$$\left[\frac{1}{2}\right] = \frac{1}{2}\left[-\frac{1}{2}\right]$$

を得る．よって明らかに

$$\left[-\frac{1}{2}\right] = \sqrt{\pi}.$$

したがって，我々の表示式は実際に 1 になる．これにより，指数 n が正であれ負であれ，すべての整数である場合のみならず，$n = \dfrac{1}{2}$ の場合についてもまた証明したので，我々の予想が正しいことは疑問の余地がない．n を一般の数にした場合の証明は分からない．それは n が分数のとき，級数

$$1 - 2^n + 3^n - 4^n + 5^n - \text{etc.}$$

の和を決めるための何らかの適切な方法を，いまなお発見していないからである．この場合については近似値で満足するしかないが，そのときまた，我々の予想が

真実であることがいずれ分かるだろう.

15. 試みに $n = \dfrac{3}{2}$ とおくと，この分数は

$$\frac{1 - \sqrt{2} + \sqrt{3} - \sqrt{4} + \sqrt{5} - \sqrt{6} + \text{etc.}}{1 - \dfrac{1}{2\sqrt{2}} + \dfrac{1}{3\sqrt{3}} - \dfrac{1}{4\sqrt{4}} + \dfrac{1}{5\sqrt{5}} - \dfrac{1}{6\sqrt{6}} + \text{etc.}}$$

となる.

$$1 \cdot 2 \cdot 3 \cdots (n-1) = \left[\frac{1}{2}\right] = \frac{1}{2}\sqrt{\pi}, \quad \cos\frac{3\pi}{4} = -\frac{1}{\sqrt{2}}$$

だから，この分数の値は,

$$\frac{2\sqrt{2} - 1}{2(2 - \sqrt{2})\pi} = \frac{3 + \sqrt{2}}{2\pi\sqrt{2}} = 0.4967736$$

となるべきである.

しかし，分子の級数は最初の 9 項を加えると

$$1 - \sqrt{2} + \sqrt{3} - \sqrt{4} + \sqrt{5} - \sqrt{6} + \sqrt{7} - \sqrt{8} + \sqrt{9} = 1.9217396662.$$

これから，無限に続くすべての項を差し引くと,

$$\sqrt{10} - \sqrt{11} + \sqrt{12} - \sqrt{13} + \sqrt{14} - \text{etc.}$$

となり，その和は §7 によって,

$$\frac{1}{2}\sqrt{10} - \frac{1(2^2 - 1)}{4} \cdot \frac{A}{\sqrt{10}} + \frac{1 \cdot 1 \cdot 3(2^4 - 1)}{4^3} \cdot \frac{B}{10^2\sqrt{10}}$$

$$- \frac{1 \cdot 1 \cdot 3 \cdot 5 \cdot 7(2^6 - 1)}{4^5} \cdot \frac{C}{10^4\sqrt{10}}$$

$$+ \frac{1 \cdot 1 \cdot 3 \cdot 5 \cdot 7 \cdot 9 \cdot 11(2^8 - 1)}{4^7} \cdot \frac{D}{10^6\sqrt{10}} - \text{etc.}$$

$$= \frac{\sqrt{10}}{2}\left\{1 - \frac{1 \cdot 3}{2} \cdot \frac{A}{10} + \frac{1 \cdot 1 \cdot 3 \cdot 15}{2^5} \cdot \frac{B}{10^3} - \frac{1 \cdot 1 \cdot 3 \cdot 5 \cdot 7 \cdot 63}{2^9} \cdot \frac{C}{10^5}\right.$$

$$\left. + \frac{1 \cdot 1 \cdot 3 \cdot 5 \cdot 7 \cdot 9 \cdot 11 \cdot 255}{2^{13}} \cdot \frac{D}{10^7} - \text{etc.}\right\}$$

となる. ここで,

$$A = \frac{1}{6}, \quad B = \frac{1}{90}, \quad C = \frac{1}{945}, \quad D = \frac{1}{9450}, \quad E = \frac{1}{93555}, \quad \text{etc.}$$

これより，式の値は結果として $= 0.48750774577 \cdot \sqrt{10}$ となる. それは約 $=$

1.541610 である．したがって，分子の級数は，

$$1 - \sqrt{2} + \sqrt{3} - \sqrt{4} + \sqrt{5} - \sqrt{6} + \text{etc.} = 0.380129$$

である．次に分母の級数について，はじめの 9 項は 0.7821470744 を与える．これから，無眼に続くすべての項を差し引いたものは，

$$= \frac{1}{20\sqrt{10}} \left(1 + \frac{3 \cdot 3}{2} \cdot \frac{A}{10} - \frac{3 \cdot 5 \cdot 7 \cdot 15}{2^5} \cdot \frac{B}{10^3} + \frac{3 \cdot 5 \cdot 7 \cdot 9 \cdot 11 \cdot 63}{2^9} \cdot \frac{C}{10^5} - \text{etc.} \right)$$

となり約 = 0.01698880 である．この無限級数の和は 0.765158 となる．分子を分母で割ってみよう．分数 $\dfrac{0.380129}{0.765158}$ の値は 0.4967738 に等しい．さて，差は非常に小さいもので 1000 万分の 2 を超えない．したがって予想が真実であることを疑う余地はない．

16. 私の予想は確信の度を強くするところまで至ったので，指数 n が分数の場合にも何ら疑問が残されていない．n が $\dfrac{2i+1}{2}$ の型の分数の場合については注目すべきである．それらは，

$$\frac{1 - \sqrt{2} + \sqrt{3} - \sqrt{4} + \text{etc.}}{1 - \dfrac{1}{2\sqrt{2}} + \dfrac{1}{3\sqrt{3}} - \dfrac{1}{4\sqrt{4}} + \text{etc.}} = + \frac{1(2\sqrt{2} - 1)}{2^1 (2 - \sqrt{2}) \pi},$$

$$\frac{1 - 2\sqrt{2} + 3\sqrt{3} - 4\sqrt{4} + \text{etc.}}{1 - \dfrac{1}{2^2\sqrt{2}} + \dfrac{1}{3^2\sqrt{3}} - \dfrac{1}{4^2\sqrt{4}} + \text{etc.}} = + \frac{1 \cdot 3 (4\sqrt{2} - 1)}{2^2 (4 - \sqrt{2}) \pi^2},$$

$$\frac{1 - 2^2\sqrt{2} + 3^2\sqrt{3} - 4^2\sqrt{4} + \text{etc.}}{1 - \dfrac{1}{2^3\sqrt{2}} + \dfrac{1}{3^3\sqrt{3}} - \dfrac{1}{4^3\sqrt{4}} + \text{etc.}} = - \frac{1 \cdot 3 \cdot 5 (8\sqrt{2} - 1)}{2^3 (8 - \sqrt{2}) \pi^3},$$

$$\frac{1 - 2^3\sqrt{2} + 3^3\sqrt{3} - 4^3\sqrt{4} + \text{etc.}}{1 - \dfrac{1}{2^4\sqrt{2}} + \dfrac{1}{3^4\sqrt{3}} - \dfrac{1}{4^4\sqrt{4}} + \text{etc.}} = - \frac{1 \cdot 3 \cdot 5 \cdot 7 (16\sqrt{2} - 1)}{2^4 (16 - \sqrt{2}) \pi^4},$$

$$\frac{1 - 2^4\sqrt{2} + 3^4\sqrt{3} - 4^4\sqrt{4} + \text{etc.}}{1 - \dfrac{1}{2^5\sqrt{2}} + \dfrac{1}{3^5\sqrt{3}} - \dfrac{1}{4^5\sqrt{4}} + \text{etc.}} = + \frac{1 \cdot 3 \cdot 5 \cdot 7 \cdot 9 (32\sqrt{2} - 1)}{2^5 (32 - \sqrt{2}) \pi^5},$$

$$\frac{1 - 2^5\sqrt{2} + 3^5\sqrt{3} - 4^5\sqrt{4} + \text{etc.}}{1 - \dfrac{1}{2^6\sqrt{2}} + \dfrac{1}{3^6\sqrt{3}} - \dfrac{1}{4^6\sqrt{4}} + \text{etc.}} = + \frac{1 \cdot 3 \cdot 5 \cdot 7 \cdot 9 \cdot 11 (64\sqrt{2} - 1)}{2^6 (64 - \sqrt{2}) \pi^6},$$

$$\frac{1 - 2^6\sqrt{2} + 3^6\sqrt{3} - 4^6\sqrt{4} + \text{etc.}}{1 - \dfrac{1}{2^7\sqrt{2}} + \dfrac{1}{3^7\sqrt{3}} - \dfrac{1}{4^7\sqrt{4}} + \text{etc.}} = -\frac{1 \cdot 3 \cdot 5 \cdot 7 \cdot 9 \cdot 11 \cdot 13\,(128\sqrt{2} - 1)}{2^7\,(128 - \sqrt{2}\,)\,\pi^7}$$

$$\text{etc.}$$

ここで，一般に分数 $\dfrac{2^\lambda\sqrt{2} - 1}{2^\lambda - \sqrt{2}}$ は結果として，

$$\frac{(2^{2\lambda} - 1)\sqrt{2} + 2^\lambda}{2^{2\lambda} - 2}$$

となる．だから，この級数の各組について，1つの和を見出した．他のものについては，円の求積法を介して発見するだろう．

17. 冪をつけたまま逆数にした級数

$$1 - \frac{1}{2^n} + \frac{1}{3^n} - \frac{1}{4^n} + \frac{1}{5^n} - \frac{1}{6^r} + \text{etc.}$$

に関して，指数 n が偶数のときしか，その和が何になるかいまだ知らないままである．n が奇数の場合についてはまったく徒労のままである．いまこれの逆数をとった級数の和をとると，一般的にそれは，

$$1 - 2^{n-1} + 3^{n-1} - 4^{n-1} + 5^{n-1} - 6^{n-1} + \text{etc.}$$

に帰着する．そこから，この目標にたどり着くためのなんらかの手段を発見することが予期できるだろう．しかし n が奇数の場合にはこの級数の和は不幸なことにゼロになってしまう．したがって結論を下すことはできない．ところで，言われている級数の和を無事にとることは何ら難しいことではない．というのは，$n = 2\lambda + 1$ とおくと，好都合な我々の予想によって次のようになる．

$$1 - \frac{1}{2^{2\lambda+1}} + \frac{1}{3^{2\lambda+1}} - \frac{1}{4^{2\lambda+1}} + \frac{1}{5^{2\lambda+1}} - \text{etc.}$$

$$= -\frac{(2^{2\lambda} - 1)\,\pi^{2\lambda+1}}{1 \cdot 2 \cdot 3 \cdots 2\lambda(2^{2\lambda+1} - 1)} \cdot \frac{1 - 2^{2\lambda} + 3^{2\lambda} - 4^{2\lambda} + 5^{2\lambda} - \text{etc.}}{\cos\dfrac{2\lambda + 1}{2}\pi}.$$

この式の最後の項の分子は

$$1^{2\lambda} - 2^{2\lambda} + 3^{2\lambda} - 4^{2\lambda} + 5^{2\lambda} - \text{etc.}$$

であり，分母は

$$\cos\frac{2\lambda + 1}{2}\pi = -\sin\lambda\pi.$$

168

これは，λ が整数のときゼロになる．分子と分母の代わりにそれらの微分をとると，その関数値を見出すことはまったく本当である．しかし，この方法によって私が見せたいと思っているような良いものに達するわけではない．

18. だからこの方法によって分子を微分すると，

$$2d\lambda(1^{2\lambda}l1 - 2^{2\lambda}l2 + 3^{2\lambda}l3 - 4^{2\lambda}l4 + \text{etc.}),$$

分母の微分は $= -\pi d\lambda\cos\lambda\pi$，我々の和については次のように表せる．

$$1 - \frac{1}{2^{2\lambda+1}} + \frac{1}{3^{2\lambda+1}} - \frac{1}{4^{2\lambda+1}} + \frac{1}{5^{2\lambda+1}} - \text{etc.}$$

$$= \frac{2(2^{2\lambda} - 1)\pi^{2\lambda}}{1\cdot 2\cdot 3\cdots 2\lambda(2^{2\lambda+1} - 1)\cos\lambda\pi} \cdot (1^{2\lambda}l1 - 2^{2\lambda}l2 + 3^{2\lambda}l3 - 4^{2\lambda}l4 + \text{etc.}).$$

さらに進もう．λ に数 $1, 2, 3$ などをおいて和をとると，次のようになる．

$$1 - \frac{1}{2^3} + \frac{1}{3^3} - \frac{1}{4^3} + \text{etc.}$$

$$= -\frac{2\cdot 3\cdot\pi^2(1l1 - 2^2l2 + 3^2l3 - 4^2l4 + \text{etc.})}{1\cdot 2\cdot 7},$$

$$1 - \frac{1}{2^5} + \frac{1}{3^5} - \frac{1}{4^5} + \text{etc.}$$

$$= +\frac{2\cdot 15\cdot\pi^4(1l1 - 2^4l2 + 3^4l3 - 4^4l4 + \text{etc.})}{1\cdot 2\cdot 3\cdot 4\cdot 31},$$

$$1 - \frac{1}{2^7} + \frac{1}{3^7} - \frac{1}{4^7} + \text{etc.}$$

$$= -\frac{2\cdot 63\cdot\pi^6(1l1 - 2^6l2 + 3^6l3 - 4^6l4 + \text{etc.})}{1\cdot 2\cdot 3\cdots 6\cdot 127},$$

$$1 - \frac{1}{2^9} + \frac{1}{3^9} - \frac{1}{4^9} + \text{etc.}$$

$$= +\frac{2\cdot 255\cdot\pi^8(1l1 - 2^8l2 + 3^8l3 - 4^8l4 + \text{etc.})}{1\cdot 2\cdot 3\cdots 8\cdot 511},$$

$$1 - \frac{1}{2^{11}} + \frac{1}{3^{11}} - \frac{1}{4^{11}} + \text{etc.}$$

$$= -\frac{2\cdot 1023\cdot\pi^{10}(1l1 - 2^{10}l2 + 3^{10}l3 - 4^{10}l4 + \text{etc.})}{1\cdot 2\cdot 3\cdots 10\cdot 2047}$$

$$\text{etc.}$$

だから，この式の中に含まれる級数の和

$$1^{2\lambda}l1 - 2^{2\lambda}l2 + 3^{2\lambda}l3 - 4^{2\lambda}l4 + \text{etc.}$$

E 352 逆数の冪級数と元の級数の間の見事な関係についての考察　　169

を見つけることが必要であろう．しかし，我々がそれを得ようと追求しても，おそらく非常に難しい．そこで私はこの提出された目標に我々を導く何らかの方法を予見するしかない．

19. これらの等式は，この級数

$$1 + \frac{1}{3^m} + \frac{1}{5^m} + \frac{1}{7^m} + \frac{1}{9^m} + \text{etc.}$$

が

$$\frac{2^m - 1}{2(2^{m-1} - 1)} \left(1 - \frac{1}{2^m} + \frac{1}{3^m} - \frac{1}{4^m} + \frac{1}{5^m} - \text{etc.}\right)$$

に等しいことを考察することによって，多少単純になる．ここで我々は直ちに一般的な方向に進む．

$$1 + \frac{1}{3^{2\lambda+1}} + \frac{1}{5^{2\lambda+1}} + \frac{1}{7^{2\lambda+1}} + \frac{1}{9^{2\lambda+1}} + \text{etc.}$$

$$= -\frac{\pi^{2\lambda}}{1 \cdot 2 \cdot 3 \cdots 2\lambda \cos \lambda\pi}(2^{2\lambda}l2 - 3^{2\lambda}l3 + 4^{2\lambda}l4 - 5^{2\lambda}l5 + \text{etc.})$$

そしてこの特別な場合の結果は，

$$1 + \frac{1}{3^3} + \frac{1}{5^3} + \frac{1}{7^3} + \text{etc.} = +\frac{\pi^2(2^2 l2 - 3^2 l3 + 4^2 l4 - \text{etc.})}{1 \cdot 2},$$

$$1 + \frac{1}{3^5} + \frac{1}{5^5} + \frac{1}{7^5} + \text{etc.} = -\frac{\pi^4(2^4 l2 - 3^4 l3 + 4^4 l4 - \text{etc.})}{1 \cdot 2 \cdot 3 \cdot 4},$$

$$1 + \frac{1}{3^7} + \frac{1}{5^7} + \frac{1}{7^7} + \text{etc.} = +\frac{\pi^6(2^6 l2 - 3^6 l3 + 4^6 l4 - \text{etc.})}{1 \cdot 2 \cdot 3 \cdot 4 \cdot 5 \cdot 6},$$

$$1 + \frac{1}{3^9} + \frac{1}{5^9} + \frac{1}{7^9} + \text{etc.} = -\frac{\pi^8(2^8 l2 - 3^8 l3 + 4^8 l4 - \text{etc.})}{1 \cdot 2 \cdot 3 \cdot 4 \cdot 5 \cdot 6 \cdot 7 \cdot 8}$$

$$\text{etc.}$$

ところで，この2つの最後の節では，一般的な和はλが正整数のときしか真実ではない．というのは，この条件のもとで，この級数

$$1 - 2^{2\lambda} + 3^{2\lambda} - 4^{2\lambda} + \text{etc.}$$

の和はゼロになるからである．ただし，λ = 0 の場合は真実ではない．λ には数1, 2, 3, 4, 5 などしかおくことはできない．私はなお次の注意を付け加える．この級数

$$l2 - l3 + l4 - l5 + \text{etc.}$$

について，和は $= \frac{1}{2} l \frac{\pi}{2}$ である．これは私がここまで導いてきた級数の中に最終的に成功するための何らかの希望を残している．

20. 同じ方法によって2つの無限級数

$$1 - 3^{n-1} + 5^{n-1} - 7^{n-1} + \text{etc.}$$

と

$$1 - \frac{1}{3^n} + \frac{1}{5^n} - \frac{1}{7^n} + \frac{1}{9^n} - \text{etc.}$$

の和を一緒に比較することができる．そして類似の予想によって次の定理を満たす．

$$\frac{1 - 3^{n-1} + 5^{n-1} - 7^{n-1} + \text{etc.}}{1 - 3^{-n} + 5^{-n} - 7^{-n} + \text{etc.}} = \frac{1 \cdot 2 \cdot 3 \cdots (n-1)\, 2^n}{\pi^n} \sin \frac{n\pi}{2}.$$

ここで，n が正の偶数の場合には，上部の級数はゼロになる，またこの場合には角度が $\frac{n\pi}{2}$ の正弦はゼロになる．だから $n = 2\lambda$ とおくと，次のようになる．

$$1 - \frac{1}{3^{2\lambda}} + \frac{1}{5^{2\lambda}} - \frac{1}{7^{2\lambda}} + \text{etc.}$$
$$= \frac{-\pi^{2\lambda-1}(3^{2\lambda-1}l3 - 5^{2\lambda-1}l5 + 7^{2\lambda-1}l7 - \text{etc.})}{1 \cdot 2 \cdot 3 \cdots (2\lambda - 1)\, 2^{2\lambda-1} \cos \lambda\pi}.$$

ただし，λ を任意の正整数とする．ここから進んで和をとると，次のようになる．

$$1 - \frac{1}{3^2} + \frac{1}{5^2} - \frac{1}{7^2} + \text{etc.} = + \frac{\pi\,(3l3 - 5l5 + 7l7 - \text{etc.})}{1 \cdot 2^1},$$

$$1 - \frac{1}{3^4} + \frac{1}{5^4} - \frac{1}{7^4} + \text{etc.} = - \frac{\pi^3(3^3l3 - 5^3l5 + 7^3l7 - \text{etc.})}{1 \cdot 2 \cdot 3 \cdot 2^3},$$

$$1 - \frac{1}{3^6} + \frac{1}{5^6} - \frac{1}{7^6} + \text{etc.} = + \frac{\pi^5(3^5l3 - 5^5l5 + 7^5l7 - \text{etc.})}{1 \cdot 2 \cdot 3 \cdot 4 \cdot 5 \cdot 2^5},$$

$$1 - \frac{1}{3^8} + \frac{1}{5^8} - \frac{1}{7^8} + \text{etc.} = - \frac{\pi^7(3^7l3 - 5^7l5 + 7^7l7 - \text{etc.})}{1 \cdot 2 \cdot 3 \cdot 4 \cdot 5 \cdot 6 \cdot 7 \cdot 2^7},$$

$$1 - \frac{1}{3^{10}} + \frac{1}{5^{10}} - \frac{1}{7^{10}} + \text{etc.} = + \frac{\pi^9(3^9l3 - 5^9l5 + 7^9l7 - \text{etc.})}{1 \cdot 2 \cdot 3 \cdot 4 \cdot 5 \cdot 6 \cdot 7 \cdot 8 \cdot 9 \cdot 2^9}$$

$$\text{etc.}$$

この最後の予想は先のものよりも，すっきりした式になる．だから同様に確実なものである．完全な証明をもっと首尾よく探し出す労に期待を繋ごう．それはこの種の他の研究に大きな光を放たないものでもない．

論文番号 E 393

ベルヌーイ数を含む級数の和について

[馬場 郁 訳]

Leonhard Euler, "De summis serierum numeros Bernoullianos involventium," *Opera Omnia*, Series Prima, XV (Lipsiae et Berolini, 1927), pp.91–130. Eneström による論文番号 393. *Novi commentarii academiae scientiarum Petropolitanae* **14** (1769)：I, 1770, pp.129–167.

1.　かつて，ヤコブ・ベルヌーイがその『推測の技法』において自然数の冪の列の和を求めることに利用したことから，発見者にちなんでベルヌーイ数と呼ばれる数が如何に注目に値するものであるかは，新しい発見によって級数の理論をさらに豊かにした他の数学者によってだけではなく，この数を使って，冪の逆数の級数の和を表現した私自身によっても，存分に示されてきた．ベルヌーイ自身は，計算の煩雑さのために，この数列の5番目の項まで，すなわち $\frac{1}{6}$, $\frac{1}{30}$, $\frac{1}{42}$, $\frac{1}{30}$, $\frac{5}{66}$ までしか計算を続けなかったが，これはまた，彼が11乗までの和を求めるに充分なものであった．一方，私はこの数列の充分規則正しい法則を見つけた後，その最初の17の項を与えた．そして分母を簡単にするために，これらの数それぞれに 6, 10, 14, 18, 22 その他を掛けて，そうしてできた新しい級数の項を $\mathfrak{A}$, $\mathfrak{B}$, $\mathfrak{C}$, $\mathfrak{D}$, $\mathfrak{E}$, その他で表し，その値の列を以下のように見出した．

$$\mathfrak{A} = 1, \qquad\qquad \mathfrak{J} = \frac{43867}{21},$$

$$\mathfrak{B} = \frac{1}{3}, \qquad\qquad \mathfrak{K} = \frac{1222277}{55},$$

$$\mathfrak{C} = \frac{1}{3}, \qquad\qquad \mathfrak{L} = \frac{854513}{3},$$

$$\mathfrak{D} = \frac{3}{5}, \qquad\qquad \mathfrak{M} = \frac{1181820455}{273},$$

$$\mathfrak{E} = \frac{5}{3}, \qquad\qquad \mathfrak{N} = \frac{76977927}{1},$$

$$\mathfrak{F} = \frac{691}{105}, \qquad \mathfrak{O} = \frac{23749461029}{15},$$

$$\mathfrak{G} = \frac{35}{1}, \qquad \mathfrak{P} = \frac{8615841276005}{231},$$

$$\mathfrak{H} = \frac{3617}{15}, \qquad \mathfrak{Q} = \frac{84802531453387}{85},$$

$$\mathfrak{R} = \frac{90219075042845}{3}.$$

2. 冪の逆数の級数の総和は，指数が偶数である限り，直径 1 の円周を表す数 π の同じ冪によって決定できることを私は証明したが，そういった級数を注意深く観察することから，これらの数との結びつきが，より一層明らかになった．実際，これらの級数を，次のように表す．

$$1 + \frac{1}{2^2} + \frac{1}{3^2} + \frac{1}{4^2} + \frac{1}{5^2} + \text{etc.} = A\pi^2,$$

$$1 + \frac{1}{2^4} + \frac{1}{3^4} + \frac{1}{4^4} + \frac{1}{5^4} + \text{etc.} = B\pi^4,$$

$$1 + \frac{1}{2^6} + \frac{1}{3^6} + \frac{1}{4^6} + \frac{1}{5^6} + \text{etc.} = C\pi^6,$$

$$1 + \frac{1}{2^8} + \frac{1}{3^8} + \frac{1}{4^8} + \frac{1}{5^8} + \text{etc.} = D\pi^8,$$

$$1 + \frac{1}{2^{10}} + \frac{1}{3^{10}} + \frac{1}{4^{10}} + \frac{1}{5^{10}} + \text{etc.} = E\pi^{10}$$

$$\text{etc.}$$

私はまず，先の数 A, B, C, D その他が，以下のようにこれらの $\mathfrak{A}$, $\mathfrak{B}$, $\mathfrak{C}$, $\mathfrak{D}$ その他といった数によって決定されていることを示した．

$$\mathfrak{A} = \frac{1 \cdot 2 \cdot 3}{1} A \qquad \text{したがって,} \quad A = \frac{2^0 \mathfrak{A}}{1 \cdot 2 \cdot 3},$$

$$\mathfrak{B} = \frac{1 \cdot 2 \cdot 3 \cdot 4 \cdot 5}{2^2} B \qquad\qquad B = \frac{2^2 \mathfrak{B}}{1 \cdot 2 \cdot 3 \cdot 4 \cdot 5},$$

$$\mathfrak{C} = \frac{1 \cdot 2 \cdot 3 \cdots 7}{2^4} C \qquad\qquad C = \frac{2^4 \mathfrak{C}}{1 \cdot 2 \cdot 3 \cdots 7},$$

$$\mathfrak{D} = \frac{1 \cdot 2 \cdot 3 \cdots 9}{2^6} D \qquad\qquad D = \frac{2^6 \mathfrak{D}}{1 \cdot 2 \cdot 3 \cdots 9},$$

$$\mathfrak{E} = \frac{1 \cdot 2 \cdot 3 \cdots 11}{2^8} E \qquad\qquad E = \frac{2^8 \mathfrak{E}}{1 \cdot 2 \cdot 3 \cdots 11},$$

$$\mathfrak{F} = \frac{1 \cdot 2 \cdot 3 \cdots 13}{2^{10}} F \qquad\qquad F = \frac{2^{10}\mathfrak{F}}{1 \cdot 2 \cdot 3 \cdots 13}$$

etc. etc.

3. 次に私は，A, B, C, D その他の文字の列に対する2重の法則を見出した．それによって，これらの文字を先立つものから望むだけ決定することができる．最初の法則は，任意の項を先立つもの各々から次のように決定する．

$$A = \frac{1}{1 \cdot 2 \cdot 3},$$

$$B = \frac{A}{1 \cdot 2 \cdot 3} - \frac{2}{1 \cdot 2 \cdots 5},$$

$$C = \frac{B}{1 \cdot 2 \cdot 3} - \frac{A}{1 \cdot 2 \cdots 5} + \frac{3}{1 \cdot 2 \cdots 7},$$

$$D = \frac{C}{1 \cdot 2 \cdot 3} - \frac{B}{1 \cdot 2 \cdots 5} + \frac{A}{1 \cdot 2 \cdots 7} - \frac{4}{1 \cdot 2 \cdots 9},$$

$$E = \frac{D}{1 \cdot 2 \cdot 3} - \frac{C}{1 \cdot 2 \cdots 5} + \frac{B}{1 \cdot 2 \cdots 7} - \frac{A}{1 \cdot 2 \cdots 9} + \frac{5}{1 \cdot 2 \cdots 11}$$

etc.

一方，さらに便利な第2の法則は，任意の項を先立つ項の2つの積から，以下のように決定する．$A = \dfrac{1}{6}$ として

$$5B = 2A^2,$$
$$7C = 4AB,$$
$$9D = 4AC + 2BB,$$
$$11E = 4AD + 4BC,$$
$$13F = 4AE + 4BD + 2CC,$$
$$15G = 4AF + 4BE + 4CD,$$
$$17H = 4AG + 4BF + 4CE + 2DD$$

etc.

ここから私は，これらの列をいくらでも長く続けることができた．

4. 以上を明らかにした後，今度は，これらの数 A, B, C, D, E その他を，おのずと法則が明らかなそれ以外の因数と合わせて項として含むような，多数の級数の和を探求することにした．こうして，私は次のような形の級数を研究するこ

とになった.

$$S = {}^{1)}\alpha Ax^2 + \beta Bx^4 + \gamma Cx^6 + \delta Dx^8 + \varepsilon Ex^{10} + \text{etc.}$$

ここで，α, β, γ, δ, その他は任意の周知の級数だとする．そして，ここから，その和が極めて注目に値する稀有の級数が生じることを，多数の例によって示した．そこで，次の級数から始めることにしよう．

$$S = Ax^2 + Bx^4 + Cx^6 + Dx^8 + Ex^{10} + \text{etc.}$$

この級数は，文字 A, B, C, D その他の進行に関する最初の法則から，次の分数の展開から簡単に得られることが明白である．

$$S = \cfrac{\dfrac{1}{1 \cdot 2 \cdot 3}x^2 - \dfrac{2}{1 \cdot 2 \cdots 5}x^4 + \dfrac{3}{1 \cdot 2 \cdots 7}x^6 - \dfrac{4}{1 \cdot 2 \cdots 9}x^8 + \text{etc.}}{1 - \dfrac{1}{1 \cdot 2 \cdot 3}x^2 + \dfrac{1}{1 \cdot 2 \cdots 5}x^4 - \dfrac{1}{1 \cdot 2 \cdots 7}x^6 + \dfrac{1}{1 \cdot 2 \cdots 9}x^8 - \text{etc.}}.$$

この式の分母は値 $\dfrac{\sin x}{x}$ を与え，その微分

$$\frac{dx \cos x}{x} - \frac{dx \sin x}{xx}$$

に $\dfrac{-x}{2dx}$ を乗じたものが分子を与える．したがって，

$$S = \frac{\sin x - x \cos x}{2 \sin x} = \frac{1}{2} - \frac{1}{2}x \cot x$$

となる．ここから，

$$Ax^2 + Bx^4 + Cx^6 + Dx^8 + Ex^{10} + \text{etc.} = \frac{1}{2} - \frac{1}{2}x \cot x,$$

ここで注意に値するのは，x が消え去るときは，

$$\cot x = \frac{1 - \dfrac{1}{3}xx}{x}$$

だから，和が

$$\frac{1}{6}xx$$

になるということである．

5. $xx = -yy$ として，さらに級数全体を負に提示すると，

---

1) 黒川注：全集では ＋ だが，＝ が正しい.

$$S = Ayy - By^4 + Cy^6 - Dy^8 + Ey^{-0} - \text{etc.}$$

そして，これは最初の法則より次のようになる．

$$S = \frac{\dfrac{1}{1 \cdot 2 \cdot 3} y^2 + \dfrac{2}{1 \cdot 2 \cdots 5} y^4 + \dfrac{3}{1 \cdot 2 \cdots 7} y^6 + \dfrac{4}{1 \cdot 2 \cdots 9} y^8 + \text{etc.}}{1 + \dfrac{1}{1 \cdot 2 \cdot 3} y^2 + \dfrac{1}{1 \cdot 2 \cdots 5} y^4 + \dfrac{1}{1 \cdot 2 \cdots 7} y^6 + \dfrac{1}{1 \cdot 2 \cdots 9} y^8 + \text{etc.}} \,.$$

この式の分母は

$$\frac{1}{2y}(e^y - e^{-y})$$

で，その微分

$$\frac{-dy}{2yy}(e^y - e^{-y}) + \frac{dy}{2y}(e^y + e^{-y})$$

に $\dfrac{y}{2dy}$ を乗じたものが，分子

$$= -\frac{1}{4y}(e^y - e^{-y}) + \frac{1}{4}(e^y + e^{-y})$$

を与えるので，

$$S = \frac{y}{2} \cdot \frac{e^y + e^{-y}}{e^y - e^{-y}} - \frac{1}{2} \,.$$

注意に値するのは $y = 1$ の場合で，そのときこの級数は

$$A - B + C - D + E - \text{etc.} = \frac{1}{2} \cdot \frac{ee + 1}{ee - 1} - \frac{1}{2} = \frac{1}{ee - 1} \,.$$

ここで，文字 A, B, C, D その他に代わりにそれが表す級数を代入し，可能な限り和にまとめるならば，以下のようになる．

$$\frac{1}{\pi\pi + 1} + \frac{1}{4\pi\pi + 1} + \frac{1}{9\pi\pi + 1} + \frac{1}{16\pi\pi + 1} + \text{etc.} = \frac{1}{ee - 1} \,.$$

6. $$Ax^2 + Bx^4 + Cx^6 + Dx^8 + \text{etc.} = \frac{1}{2} - \frac{1}{2} x \cot x$$

という級数，そして同時にもう 1 つ，

$$Ay^2 - By^4 + Cy^6 - Dy^8 + \text{etc.} = \frac{y}{2} \cdot \frac{e^{2y} + 1}{e^{2y} - 1} - \frac{1}{2}$$

を加えることが許されるだろう，これらの級数の和がこうして見出された今，そこから微分や積分によって，数え切れないほどの別の総和を導出することができて，それらの和も同じように言及に値する．たとえば，前者の級数に x^n を乗じると，微分によって次が得られる．

$$(n+2)Ax^{n+1} + (n+4)Bx^{n+3} + (n+6)Cx^{n+5} + (n+8)Dx^{n+7} + \text{etc.}$$

$$= \frac{n}{2}x^{n-1} - \frac{n+1}{2}x^n \cot x + \frac{x^{n+1}}{2\sin^2 x}$$

すなわち

$$(n+2)Ax^2 + (n+4)Bx^4 + (n+6)Cx^6 + (n+8)Dx^8 + \text{etc.}$$

$$= \frac{n}{2} - \frac{1}{2}(n+1)x \cot x + \frac{xx}{2\sin^2 x} \,;$$

他方,前者に $x^{n-1}dx$ を乗じた級数の積分を求めると,次の和が得られる.

$$\frac{A}{n+2}x^{n+2} + \frac{B}{n+4}x^{n+4} + \frac{C}{n+6}x^{n+6} + \frac{D}{n+8}x^{n+8} + \text{etc.}$$

$$= \frac{1}{2n}x^n - \frac{1}{2}\int x^n dx \cot x \,.$$

この和は,たとえ式 $\int x^n dx \cot x$ の積分や有限な形の表現が不可能であるにしても,得られたと見なすべきものである.これだけではなく,この2つの操作を組み合わせたり,繰り返すことで,無限に多くの次の形の級数が得られる.

$$\alpha Ax^2 + \beta Bx^4 + \gamma Cx^6 + \delta Dx^8 + \text{etc.}$$

ここで,文字 α, β, γ, δ その他は,その分母も分子も算術数列をなしているような,2つあるいはそれ以上の分数の積である.たとえば,微分によって見出された級数に $\dfrac{dx}{x}$ を乗じて,それを積分すると

$$\frac{n+2}{2}Ax^2 + \frac{n+4}{4}Bx^4 + \frac{n+6}{6}Cx^6 + \text{etc.} = \frac{n}{2}\,l\,\frac{x}{\sin x}\,^{2)} - \frac{x}{2}\frac{\cos x}{\sin x} + \frac{1}{2}$$

が生じる.したがって,

$$\frac{1}{2}Ax^2 + \frac{1}{4}Bx^4 + \frac{1}{6}Cx^6 + \frac{1}{8}Dx^8 + \text{etc.} = \frac{1}{2}\,l\,\frac{x}{\sin x}$$

となる.

7. ここでさらに,見出された級数から,同じように和を指定することが可能な,無限に多くの別の級数を導出する,きわめて特異な方法を与えよう.そのために私は,元の級数を次のように変形し,

$$Aa^2x^2 + Ba^4x^4 + Ca^6x^6 + Da^8x^8 + \text{etc.} = \frac{1}{2} - \frac{1}{2}ax \cot ax\,,$$

---

2) 馬場注:l は自然対数(log)である.

これに，x で積分した後ある値 $x=f$ を割り当てると，$\int Xx^n dx$ の値が得られるような，微分の式 $X\,dx$ を乗じる．すなわち，以下のようになるとする．

$$\int Xx^2 dx = \alpha \int X\,dx, \qquad \int Xx^4 dx = \beta \int Xx^2 dx,$$

$$\int Xx^6 dx = \gamma \int Xx^4\,dx \qquad \text{etc.}$$

ここから，次のような種類の級数が生じる．

$$\alpha Aa^2 + \alpha\beta Ba^4 + \alpha\beta\gamma Ca^6 + \alpha\beta\gamma\delta Da^8 + \text{etc.} = \frac{1}{2} - \frac{a\displaystyle\int Xx\,dx \cot ax}{2\displaystyle\int X\,dx}\,.$$

ここで，X は，$\alpha,\ \beta,\ \gamma,\ \delta$ その他が，算術数列をなすように進行する数になる，あるいは分母と分子のいずれもそのような列をなす分数になるよう，選ぶことができる．たとえば，$X = x^{m-1}(1-x^2)^k$ とすれば，$x=1$ とすることで，以下のようになる．

$$\int x^{m+1}dx(1-x^2)^k = \frac{m}{m+2k+2}\int x^{m-1}dx(1-x^2)^k \quad \text{したがって，また}\quad \alpha = \frac{m}{m+2k+2},$$

$$\int x^{m+3}dx(1-x^2)^k = \frac{m+2}{m+2k+4}\int x^{m+1}dx(1-x^2)^k \qquad\qquad \beta = \frac{m+2}{m+2k+4},$$

$$\int x^{m+5}dx(1-x^2)^k = \frac{m+4}{m+2k+6}\int x^{m+3}dx(1-x^2)^k \qquad\qquad \gamma = \frac{m+4}{m+2k+6},$$

$$\int x^{m+7}dx(1-x^2)^k = \frac{m+6}{m+2k+8}\int x^{m+5}dx(1-x^2)^k \qquad\qquad \delta = \frac{m+6}{m+2k+8}$$

etc.   etc.

一方，$X\,dx = e^{-mxx}x^n\,dx$ とすれば，積分の後に $x=\infty$ とすることで，以下のようになる．

$$\int e^{-mxx}x^{n+2}dx = \frac{n+1}{2m}\int e^{-mxx}x^n\,dx \quad \text{したがって，また}\quad \alpha = \frac{n+1}{2m},$$

$$\int e^{-mxx}x^{n+4}dx = \frac{n+3}{2m}\int e^{-mxx}x^{n+2}\,dx \qquad\qquad \beta = \frac{n+3}{2m},$$

$$\int e^{-mxx}x^{n+6}dx = \frac{n+5}{2m}\int e^{-mxx}x^{n+4}\,dx \qquad\qquad \gamma = \frac{n+5}{2m}$$

etc.   etc.

また，$Xdx = x^{n-1}dx\,(lx)^m$ とすれば，積分の後に $x = 1$ とすることで，以下のようになる．

$$\int x^{n-1}dx\,(lx)^m = \pm\frac{1\cdot 2\cdot 3\cdots m}{n^{m+1}}\,.$$

ここで，値は m が偶数ならば符号 $+$ を，そうでなければ符号 $-$ を取る．

8. 他の場所でより広範に説明したこの変形については，ここではこれ以上関わらないことにして，そこから同種の級数が湧き出る別の源泉を考察しよう．この源泉は，かつて数列の一般的求和を通じて私が見出したものである．すなわち，任意の級数の一般項，文字 x に適応するものを，$= X$ と置き，この X が x の関数になるようにし，さらにこの級数の和となる項を $= S$ とすると，ベルヌーイ数 $\mathfrak{A}, \mathfrak{B}, \mathfrak{C}, \mathfrak{D}$ その他によって，次のようになることを私は見出した．

$$2S = 2\int Xdx + X + \frac{\mathfrak{A}\,dX}{1\cdot 2\cdot 3\,dx}$$
$$-\frac{\mathfrak{B}\,d^3X}{1\cdot 2\cdots 5\,dx^3} + \frac{\mathfrak{C}\,d^5X}{1\cdot 2\cdots 7\,dx^5} - \frac{\mathfrak{D}\,d^7X}{1\cdot 2\cdots 9\,dx^7} + \text{etc.}$$

ここから，もし逆数の冪の求和に関するもう 1 つの数，A, B, C, D その他を導入すると，以下が導出できる．

$$2S = 2\int Xdx + X + \frac{AdX}{1dx} - \frac{Bd^3X}{2^2dx^3} + \frac{Cd^5X}{2^4dx^5} - \frac{Dd^7X}{2^6dx^7} + \text{etc.}$$

したがって，一般項が X である級数と，その求めるべき和 $= S$ を自由に仮定すると，次の求和が得られる．

$$\frac{AdX}{2dx} - \frac{Bd^3X}{2^3dx^3} + \frac{Cd^5X}{2^5dx^5} - \frac{Dd^7X}{2^7dx^7} + \text{etc.} = S - \int Xdx - \frac{1}{2}X\,.$$

したがって，X で x のいかなる関数を表そうと，X が一般項であるような数列の求和を認めることで，文字 A, B, C, D その他を含む級数の和を表現することができる．たとえ，少し前に説明した規則にしたがって行うこの先の級数の求和が，非常に難解なものとなることがあるにしてもである．

9. したがって，まず最初に X に対して $X = \dfrac{1}{x^n}$ となるような値を割り当てよう．

$$\frac{dX}{dx} = \frac{-n}{x^{n+1}}, \quad \frac{d^3X}{dx^3} = \frac{-n(n+1)(n+2)}{x^{n+3}},$$
$$\frac{d^5X}{dx^5} = \frac{-n(n+1)\cdots(n+4)}{x^{n+5}} \quad \text{etc.}$$

そして，

$$\int X dx = \frac{-1}{(n-1)\,x^{n-1}} + O$$

さらには，

$$S = 1 + \frac{1}{2^n} + \frac{1}{3^n} + \frac{1}{4^n} + \cdots + \frac{1}{x^n}$$

であるから，次の級数を得る．

$$-\frac{nA}{2x^{n+1}} + \frac{n(n+1)(n+2)B}{2^3 x^{n+3}} - \frac{n(n+1)(n+2)(n+3)(n+4)C}{2^5 x^{n+5}} + \text{etc.}$$
$$= S - \frac{1}{2x^n} + \frac{1}{(n-1)\,x^{n-1}} - O\,.$$

ここで，定数 O は，x に対して一定の値が割り当てられた場合には，既知となると考えてよいものである．$x = \infty$ と置いたときには級数全体は無に至るので，この定数 O は，指数 n が偶数のときは円周 π を使って表現できることがすでに知られている級数

$$1 + \frac{1}{2^n} + \frac{1}{3^n} + \frac{1}{4^n} + \frac{1}{5^n} + \text{etc.}$$

を，無限に続けたときの和を表す．そこで，まずはこれらの場合を説明しよう．

$n = 2$ である第 1 の場合

10. したがって，まず $n = 2$ の場合は，定数

$$O = \frac{\pi\pi}{6} = A\pi^2$$

であり，級数

$$1 + \frac{1}{2^2} + \frac{1}{3^2} + \frac{1}{4^2} + \cdots + \frac{1}{x^2} = S$$

の和を際限なく取ることによって，次の求和を得る．

$$-\frac{2A}{2x^3} + \frac{2\cdot 3\cdot 4B}{2^3 x^5} - \frac{2\cdot 3\cdots 6\,C}{2^5 x^7} + \frac{2\cdot 3\cdots 8D}{2^7 x^9} - \text{etc.}$$
$$= S - \frac{1}{2x^2} + \frac{1}{x} - A\pi^2$$

すなわち，

$$\frac{1 \cdot 2A}{2^1 x} - \frac{1 \cdot 2 \cdot 3 \cdot 4B}{2^3 x^3} + \frac{1 \cdot 2 \cdots 6\,C}{2^5 x^5} - \frac{1 \cdot 2 \cdots 8D}{2^7 x^7} + \text{etc.}$$

$$= A\pi^2 x^2 - x + \frac{1}{2} - Sxx.$$

この和は，x が整数のときはいつでも表現することができる．実際，以下を得る．

$$\frac{1 \cdot 2A}{2} - \frac{1 \cdot 2 \cdots 4B}{2^3} + \frac{1 \cdot 2 \cdots 6\,C}{2^5} - \frac{1 \cdot 2 \cdots 8D}{2^7} + \text{etc.} = A\pi^2 - \frac{3}{2},$$

$$\frac{1 \cdot 2A}{4} - \frac{1 \cdot 2 \cdots 4B}{4^3} + \frac{1 \cdot 2 \cdots 6\,C}{4^5} - \frac{1 \cdot 2 \cdots 8D}{4^7} + \text{etc.}$$

$$= 4A\pi^2 - \frac{3}{2} - 4\left(1 + \frac{1}{4}\right),$$

$$\frac{1 \cdot 2A}{6} - \frac{1 \cdot 2 \cdots 4B}{6^3} + \frac{1 \cdot 2 \cdots 6\,C}{6^5} - \frac{1 \cdot 2 \cdots 8D}{6^7} + \text{etc.}$$

$$= 9A\pi^2 - \frac{5}{2} - 9\left(1 + \frac{1}{4} + \frac{1}{9}\right),$$

$$\frac{1 \cdot 2A}{8} - \frac{1 \cdot 2 \cdots 4B}{8^3} + \frac{1 \cdot 2 \cdots 6\,C}{8^5} - \frac{1 \cdot 2 \cdots 8D}{8^7} + \text{etc.}$$

$$= 16A\pi^2 - \frac{7}{2} - 16\left(1 + \frac{1}{4} + \frac{1}{9} + \frac{1}{16}\right).$$

11. 今度はこれらと同じ級数を先に提示した方法で考察しよう．先に，

$$Aay - Ba^3 y^3 + Ca^5 y^5 - Da^7 y^7 + \text{etc.} = \frac{1}{2} \cdot \frac{e^{2ay} + 1}{e^{2ay} - 1} - \frac{1}{2ay}$$

であることを見出したから，これに $e^{-y} y\, dy$ を乗じて，$y = 0$ のときに積分されるものが消滅するような積分によって，$y = \infty$ とすると，以下の諸式に到達する．

$$\int e^{-y} y^2 dy = -e^{-y} y^2 - 2e^{-y} y - 2 \cdot 1 e^{-y} + 1 \cdot 2 = 1 \cdot 2,$$

$$\int e^{-y} y^4 dy = -e^{-y}(y^4 + 4y^3 + 4 \cdot 3 y^2 + 4 \cdot 3 \cdot 2 y + 4 \cdot 3 \cdot 2 \cdot 1) + 1 \cdot 2 \cdot 3 \cdot 4$$

$$= 1 \cdot 2 \cdot 3 \cdot 4,$$

さらに同様に，

$$\int e^{-y} y^6 dy = 1 \cdot 2 \cdot 3 \cdot 4 \cdot 5 \cdot 6, \qquad \int e^{-y} y^8 dy = 1 \cdot 2 \cdots 8 \quad \text{etc.}$$

したがって，最終的に次の求和に至る．

$$1 \cdot 2Aa - 1 \cdot 2 \cdot 3 \cdot 4Ba^3 + 1 \cdot 2 \cdots 6\,Ca^5 - \text{etc.} = \frac{1}{2} \int e^{-y} y\, dy \cdot \frac{e^{2ay} + 1}{e^{2ay} - 1} - \frac{1}{2a}.$$

ここで，次の級数が生じるように $a = \dfrac{1}{2}$ としよう．

$$\frac{1\cdot 2A}{2} - \frac{1\cdot 2\cdot 3\cdot 4B}{2^3} + \frac{1\cdot 2\cdots 6C}{2^5} - \frac{1\cdot 2\cdots 8D}{2^7} + \text{etc.},$$

この和が，$= A\pi^2 - \dfrac{3}{2}$ であることはすでに見た．ここでは，同じものが，次のように表現されることを見出した．

$$\frac{1}{2}\int e^{-y}y\,dy\cdot\frac{e^y+1}{e^y-1} - 1 = \frac{1}{2}\int y\,dy\cdot\frac{1+e^{-y}}{e^y-1} - 1,$$

これを積分の後に $y = \infty$ と置きさえすればよい．ここでの真理は以下のように示される．$e^{-y} = z$ とし，まず積分が $z = 1$ としたときに消滅するように絶対積分を行い，次に $z = 0$ としなければならない．すると，この置換によって次式が得られる．

$$\frac{1}{2}\int y\,dy\cdot\frac{1+e^{-y}}{e^y-1} = \frac{1}{2}\int dz\,lz\cdot\frac{1+z}{1-z} = \int dz\,lz\left(\frac{1}{2} + z + z^2 + z^3 + z^4 + \text{etc.}\right),$$

$$\int z^{n-1}dz\,lz = \frac{z^n}{n}lz - \frac{z^n}{nn} + \frac{1}{nn}$$

であるから，$z = 0$ とすることで，

$$\int z^{n-1}dz\,lz = \frac{1}{nn}.$$

そしてここから，級数によって，当然なるべくして

$$\frac{1}{2}\int y\,dy\cdot\frac{1+e^{-y}}{e^y-1} = \frac{1}{2} + \frac{1}{4} + \frac{1}{9} + \frac{1}{16} + \text{etc.} = A\pi\pi - \frac{1}{2}$$

となる．

12. $1-z = v$ すなわち $z = 1-v$ と置き，積分が端 $v=0$ から $v=1$ まで行われるようにすることで，同じことがさらに容易に得られる．この場合，我々の和は，

$$-\frac{1}{2}\int\frac{(2-v)dv}{v}\,l(1-v) - 1$$

と表されるが，これが $A\pi\pi - \dfrac{3}{2}$ に等しくなる必要がある．すなわち，

$$A\pi\pi = \frac{1}{2} - \frac{1}{2}\int\frac{2dv}{v}\,l(1-v) + \frac{1}{2}\int dv\,l(1-v)$$

となる必要がある．さらに

$$\int dv \, l(1-v) = -(1-v)l(1-v) + (1-v) - 1 = -1$$

だから，

$$A\pi\pi = -\int \frac{dv}{v} l(1-v)$$

となる必要があるが，これは自明なことである．なぜなら，

$$-l(1-v) = v + \frac{1}{2}v^2 + \frac{1}{3}v^3 + \frac{1}{4}v^4 + \text{etc.}$$

だから，上述の規則に従って積分を遂行することで

$$-\int \frac{dv}{v} l(1-v) = 1 + \frac{1}{4} + \frac{1}{9} + \frac{1}{16} + \text{etc.} = A\pi^2$$

となる．

13. さらに，$a = \dfrac{1}{4}$ の場合を同様に説明してみよう．すなわち，以下のようになることを示さなければならない．

$$\frac{1}{2}\int e^{-y}ydy \cdot \frac{e^{\frac{y}{2}}+1}{e^{\frac{y}{2}}-1} - 2 = 4A\pi^2 - \frac{3}{2} - 4\left(1 + \frac{1}{4}\right)$$

すなわち，

$$\int e^{-y}ydy \cdot \frac{e^{\frac{y}{2}}+1}{e^{\frac{y}{2}}-1} = 8A\pi^2 + 1 - 8\left(1 + \frac{1}{4}\right) = 8A\pi^2 - 9.$$

$e^{-\frac{y}{2}} = 1 - v$ と置き，積分を端 $v = 0$ から $v = 1$ まで行うべきとする．すると，$e^{-y} = (1-v)^2$, $y = -2\,l(1-v)$, $dy = \dfrac{2dv}{1-v}$ であることから，証明すべき等式として以下を得る．

$$-4\int \frac{2 - 3v + vv}{v} dv\, l(1-v) = 8A\pi^2 - 9,$$

一方，すでに見たように，$\displaystyle\int dv\, l(1-v) = -1$ そして $\displaystyle\int vdv\, l(1-v) = -\frac{3}{4}$．ここから，最終的に以下が得られる．

$$-8\int \frac{dv}{v} l(1-v) - 12 + 3 = 8A\pi^2 - 9$$

すなわち

$$\int \frac{dv}{v} l(1-v) = A\pi^2.$$

14. 同様に，$a = \dfrac{1}{6}$ と置くと，示すべきは以下である．

$$\frac{1}{2}\int e^{-y}ydy \cdot \frac{e^{\frac{y}{3}}+1}{e^{\frac{y}{3}}-1} - 3 = 9A\pi^2 - \frac{5}{2} - 9\left(1 + \frac{1}{4} + \frac{1}{9}\right)$$

すなわち，

$$\int e^{-y}ydy \cdot \frac{e^{\frac{y}{3}}+1}{e^{\frac{y}{3}}-1} = 18A\pi^2 + 1 - 18\left(1 + \frac{1}{4} + \frac{1}{9}\right)$$

ここでまず，$e^{\frac{-y}{3}} = z$ と置き，$y = -3\,lz$, $dy = \dfrac{-3dz}{z}$ となるようにすると，以下が得られる．

$$9\int zzdz\,lz \cdot \frac{1+z}{1-z} = 9\int dz\left(-zz - 2z - 2 + \frac{2}{1-z}\right)lz$$

ここでさらに，

$$\int zzdz\,lz = +\frac{1}{9}, \quad \int zdz\,lz = +\frac{1}{4}, \quad \int dz\,lz = +1$$

であり，そこから我々の積分式

$$18\int \frac{dz}{1-z}\,lz - 18\left(1 + \frac{1}{4} + \frac{1}{9}\right) + 1$$

が得られる．すなわち，今しがた示したように

$$\int \frac{dz}{1-z}\,lz = A\pi^2$$

となる．そして以下に続く場合の正しさも，同じ方法で得られる．

15. 一方，$a = 1$ として，次の級数の和を求めるとしよう．

$$1 \cdot 2A - 1 \cdot 2 \cdot 3 \cdot 4B + 1 \cdots 6\,C - 1 \cdots 8D + \text{etc.}$$

このとき $x = \dfrac{1}{2}$ だから §10 からは和は求められない．なぜなら，列

$$S = 1 + \frac{1}{4} + \frac{1}{9} + \cdots + \frac{1}{xx}$$

の値は項の数が $= \dfrac{1}{2}$ のときには存在しないからである．しかし，別の方法でこの級数の和が得られる．

$$\frac{1}{2}\int e^{-y}ydy \cdot \frac{1 + e^{-2y}}{1 - e^{-2y}} - \frac{1}{2}$$

は，$e^{-y} = z$ と置くことで，次の式に変換される．

$$\frac{1}{2}\int dz\, lz \cdot \frac{1+zz}{1-zz} - \frac{1}{2} = \int \frac{dz\, lz}{1-zz} - \frac{1}{2}\int dz\, lz - \frac{1}{2}\,.$$

そして，$\displaystyle\int dz\, lz = 1$ だから

$$\int \frac{dz\, lz}{1-zz} - 1 = 1 + \frac{1}{9} + \frac{1}{25} + \frac{1}{49} + \text{etc.} - 1 = \frac{3}{4}A\pi\pi - 1$$

となる．したがって，もし $x = \dfrac{1}{2}$ のときに $S = \triangle$ となるとすれば，この同じ和が

$$\frac{1}{4}A\pi\pi - \frac{1}{4}\triangle$$

に等しいことになり，ここから

$$\frac{3}{4}A\pi\pi - 1 = \frac{1}{4}A\pi\pi - \frac{1}{4}\triangle$$

さらにはこの未知数 $\triangle = 4 - 2A\pi\pi$ となることが結論される．そして，ここから，次の列を補間することができる．

$$1 \qquad\qquad\qquad 4 - 2A\pi\pi$$

$$1 + \frac{1}{4} \qquad\qquad\qquad 4 - 2A\pi\pi + \frac{4}{9}$$

$$1 + \frac{1}{4} + \frac{1}{9} \qquad\qquad\qquad 4 - 2A\pi\pi + \frac{4}{9} + \frac{4}{25}$$

$$1 + \frac{1}{4} + \frac{1}{9} + \frac{1}{16} \qquad\qquad 4 - 2A\pi\pi + \frac{4}{9} + \frac{4}{25} + \frac{4}{49}$$

$$1 + \frac{1}{4} + \frac{1}{9} + \frac{1}{16} + \frac{1}{25} \qquad 4 - 2A\pi\pi + \frac{4}{9} + \frac{4}{25} + \frac{4}{49} + \frac{4}{81}$$

$$\text{etc.} \qquad\qquad\qquad\qquad \text{etc.}$$

そして，無限の項同士は等しいから，

$$1 + \frac{1}{4} + \frac{1}{9} + \frac{1}{16} + \text{etc.} = 4\left(\frac{1}{1} + \frac{1}{9} + \frac{1}{25} + \text{etc.}\right) - 2A\pi\pi$$

となるが，この等式は

$$1 + \frac{1}{4} + \frac{1}{9} + \frac{1}{16} + \text{etc.} = A\pi\pi \quad \text{そして} \quad 1 + \frac{1}{9} + \frac{1}{25} + \text{etc.} = \frac{3}{4}A\pi\pi$$

であることから，自明である．

16. 一般の場合を考察するために $a = \dfrac{m}{n}$ とし, 以下の無限級数の和を求めるとする.

$$\frac{1 \cdot 2Am}{n} - \frac{1 \cdot 2 \cdots 4Bm^3}{n^3} + \frac{1 \cdot 2 \cdots 6Cm^5}{n^5} - \frac{1 \cdot 2 \cdots 8Dm^7}{n^7} + \text{etc.}$$

そして, $e^{\frac{-y}{n}} = z$ と置くと, この和は以下に等しくなることが分かる.

$$\frac{1}{2} \int e^{-y} y dy \cdot \frac{1 + e^{\frac{-2my}{n}}}{1 - e^{\frac{-2my}{n}}} - \frac{n}{2m} = \frac{nn}{2} \int z^{n-1} dz \, lz \cdot \frac{1 + z^{2m}}{1 - z^{2m}} - \frac{n}{2m}.$$

そして, これは次に還元される.

$$nn \int \frac{z^{n-1} dz \, lz}{1 - z^{2m}} - \frac{nn}{2} \int z^{n-1} dz \, lz - \frac{n}{2m}.$$

ここで

$$\int z^{n-1} dz \, lz = \frac{1}{nn}$$

だから, 最初の項を展開することで, この級数は次の級数に等しいことが分かる.

$$-\frac{1}{2} - \frac{n}{2m} + \frac{nn}{nn} + \frac{nn}{(2m+n)^2} + \frac{nn}{(4m+n)^2} + \frac{nn}{(6m+n)^2} + \text{etc.}$$

他方,

$$S = 1 + \frac{1}{2^2} + \frac{1}{3^2} + \frac{1}{4^2} + \cdots + \frac{1}{x^2}$$

において $2x = \dfrac{n}{m}$ すなわち $x = \dfrac{n}{2m}$ とすれば, §10 よりこの同じ和が

$$\frac{nn}{4mm} A\pi^2 - \frac{n}{2m} + \frac{1}{2} - \frac{nn}{4mm} S$$

を与える. したがって, これを先の和と比較することで

$$S = A\pi\pi - \frac{4mm}{(2m+n)^2} - \frac{4mm}{(4m+n)^2} - \frac{4mm}{(6m+n)^2} - \frac{4mm}{(8m+n)^2} - \text{etc.}$$

が結論される. そしてこれによって, x としてたとえいかなる分数が与えられようとも, S の値を求めることができる. たとえば, もし $x = \dfrac{\nu}{\mu}$ であれば

$$S = A\pi^2 - \frac{\mu\mu}{(\mu+\nu)^2} - \frac{\mu\mu}{(2\mu+\nu)^2} - \frac{\mu\mu}{(3\mu+\nu)^2} - \frac{\mu\mu}{(4\mu+\nu)^2} - \text{etc.}$$

となるが, この級数は x によって直接表現することによって, 以下のようにより簡便になる.

$$S = A\pi^2 - \frac{1}{(x+1)^2} - \frac{1}{(x+2)^2} - \frac{1}{(x+3)^2} - \frac{1}{(x+4)^2} - \text{etc.}$$

17. 以上これほどまでに迂回して見出したことは，最初の級数より直ちに導出されるほど，手近なものに見える．というのも，

$$A\pi^2 = 1 + \frac{1}{2^2} + \frac{1}{3^2} + \cdots + \frac{1}{x^2} + \frac{1}{(x+1)^2} + \frac{1}{(x+2)^2} + \frac{1}{(x+3)^2} + \text{etc.}$$

だから，

$$1 + \frac{1}{2^2} + \frac{1}{3^2} + \cdots + \frac{1}{x^2} = A\pi^2 - \frac{1}{(x+1)^2} - \frac{1}{(x+2)^2} - \frac{1}{(x+3)^2} - \text{etc.}$$

となることは明白だからである．一方，この $A\pi^2$ という級数の和が正しいのは，文字 x が整数を表すとき (そしてその場合はこの結論は明らかである) だけなのだから，x が分数，さらには無理数である場合の和の確実性にはきわめて疑問が残る．そして，ここではそれを確実に正しいものとしようとすることが問題であったのだから，それはこういった短い論法で明らかになるものではない．そして，ここまでの議論によって決着がつくまでは，疑うのがこの上なく正当なことであった．しかし，ここではこの論法を完全に信用して，さらに高次にまで拡張することが許されるだろう．すなわち，

$$S = 1 + \frac{1}{2^n} + \frac{1}{3^n} + \frac{1}{4^n} + \frac{1}{5^n} + \text{etc.}$$

として，ここで一般に，たとえ x が整数ではなく分数や無理数であっても

$$1 + \frac{1}{2^n} + \frac{1}{3^n} + \cdots + \frac{1}{x^n} = S - \frac{1}{(x+1)^n} - \frac{1}{(x+2)^n} - \frac{1}{(x+3)^n} - \text{etc.}$$

となると，安心して結論することができる．

$n = 4$ である第 2 の場合

18. まず不定に，

$$S = 1 + \frac{1}{2^4} + \frac{1}{3^4} + \frac{1}{4^4} + \cdots + \frac{1}{x^4}$$

とし，次にこの級数を無限にまで続けて

$$O = 1 + \frac{1}{2^4} + \frac{1}{3^4} + \frac{1}{4^4} + \text{etc.}$$

$O = B\pi^4$ とすると，次の総和が得られる．

$$-\frac{4A}{2x^5} + \frac{4 \cdot 5 \cdot 6B}{2^3 x^7} - \frac{4 \cdot 5 \cdots 8C}{2^5 x^9} + \frac{4 \cdot 5 \cdots 10D}{2^7 x^{11}} - \text{etc.}$$

$$= S - \frac{1}{2x^4} + \frac{1}{3x^3} - B\pi^4 .$$

この式は，$-1 \cdot 2 \cdot 3x^4$ を乗じることで次の式に変形される．

$$\frac{1 \cdot 2 \cdot 3 \cdot 4A}{2x} - \frac{1 \cdot 2 \cdots 6B}{2^3 x^3} + \frac{1 \cdot 2 \cdots 8C}{2^5 x^5} - \frac{1 \cdot 2 \cdots 10D}{2^7 x^7} + \text{etc.}$$
$$= 1 \cdot 2 \cdot 3B\pi^4 x^4 + 3 - 2x - 6Sx^4 .$$

そして，x が整数である度に，この級数の和を表現することができる．したがって，数 $\mathfrak{A}$, $\mathfrak{B}$, $\mathfrak{C}$ その他を使えば，

$$\frac{4\mathfrak{A}}{2x} - \frac{6\mathfrak{B}}{2x^3} + \frac{8\mathfrak{C}}{2x^5} - \frac{10\mathfrak{D}}{2x^7} + \text{etc.} = 6B\pi^4 x^4 + 3 - 2x - 6Sx^4 .$$

19. 他方，同じ級数の和を，先に見出した式によって定義することができる．すなわち次の式である．

$$Aay - Ba^3 y^3 + Ca^5 y^5 - Da^7 y^7 + \text{etc.} = \frac{1}{2} \cdot \frac{e^{2ay} + 1}{e^{2ay} - 1} - \frac{1}{2ay} .$$

実際，これに $e^{-y} y^3 dy$ を乗じ，さらに端 $y = 0$ から $y = \infty$ までの積分を行うことで，以下が得られる．

$$1 \cdot 2 \cdot 3 \cdot 4Aa - 1 \cdot 2 \cdots 6Ba^3 + 1 \cdot 2 \cdots 8Ca^5 - 1 \cdot 2 \cdots 10Da^7 + \text{etc.}$$
$$= \frac{1}{2} \int e^{-y} y^3 dy \cdot \frac{1 + e^{-2ay}}{1 - e^{-2ay}} - \frac{1}{a} .$$

さて，この積分の式は変換なしに以下のように展開することができる．

$$\frac{1 + e^{-2ay}}{1 - e^{-2ay}} = 1 + 2e^{-2ay} + 2e^{-4ay} + 2e^{-6ay} + 2e^{-8ay} + \text{etc.}$$

だから，これに $\frac{1}{2} e^{-y} y^3 dy$ を乗じ，さらには一般に

$$\int e^{-my} y^3 dy = -e^{-my} \left(\frac{y^3}{m} + \frac{3y^2}{m^2} + \frac{3 \cdot 2y}{m^3} + \frac{3 \cdot 2 \cdot 1}{m^4} \right) + \frac{3 \cdot 2 \cdot 1}{m^4}$$
$$= \frac{1 \cdot 2 \cdot 3}{m^4}$$

だから，先の式は以下の無限級数に変形される．

$$-\frac{1}{a} + 3 + \frac{6}{(2a+1)^4} + \frac{6}{(4a+1)^4} + \frac{6}{(6a+1)^4} + \frac{6}{(8a+1)^4} + \text{etc.}$$

ここで最初の級数が現れるように $a = \dfrac{1}{2x}$ とすると，さらに

$$-2x + 3 + \frac{6x^4}{(x+1)^4} + \frac{6x^4}{(x+2)^4} + \frac{6x^4}{(x+3)^4} + \frac{6x^4}{(x+4)^4} + \text{etc.}$$

$$= 6B\pi^4 x^4 + 3 - 2x - 6Sx^4$$

となり，これを $6x^4$ で割ると，

$$B\pi^4 - S = \frac{1}{(x+1)^4} + \frac{1}{(x+2)^4} + \frac{1}{(x+3)^4} + \frac{1}{(x+4)^4} + \text{etc.}$$

と，まさしく先に指摘したようになる.

n が任意の数である，第 3 の場合

20. ここで私はまず最初に，無限級数

$$1 + \frac{1}{2^n} + \frac{1}{3^n} + \frac{1}{4^n} + \frac{1}{5^n} + \text{etc.} = O$$

があるとすると，この級数が積分

$$\int \frac{dz(lz)^{n-1}}{1-z}$$

を端 $z = 0$ から端 $z = 1$ まで行ったときの展開から生じるということを指摘する.
実際，この条件のもと，

$$\int z^{m-1} dz(lz) = \frac{1}{m} z^m \, lz - \frac{1}{m^2} z^m = -\frac{1}{m^2} \,,$$

$$\int z^{m-1} dz(lz)^2 = \frac{1}{m} z^m (lz)^2 - \frac{2}{m^2} z^m \, lz + \frac{2 \cdot 1}{m^3} z^m = +\frac{1 \cdot 2}{m^3} \,,$$

$$\int z^{m-1} dz(lz)^3 = -\frac{1 \cdot 2 \cdot 3}{m^4} \,,$$

$$\int z^{m-1} dz(lz)^4 = +\frac{1 \cdot 2 \cdot 3 \cdot 4}{m^5}$$

$$\text{etc.}$$

が見出されるから，一般に

$$\pm \int z^{m-1} dz(lz)^{n-1} = \frac{1 \cdot 2 \cdot 3 \cdots (n-1)}{m^n}$$

である．ここで，上部の符号 $+$ は n が奇数のとき，下部の符号 $-$ は n が偶数のときのものである．このことから，式

$$\pm \int \frac{dz}{1-z} (lz)^{n-1}$$

の展開は以下を与え

$$1 \cdot 2 \cdot 3 \cdots (n-1) \left(1 + \frac{1}{2^n} + \frac{1}{3^n} + \frac{1}{4^n} + \text{etc.} \right)$$

その結果，同じ複号の規則のもとで

$$O = \frac{\pm 1}{1 \cdot 2 \cdot 3 \cdots (n-1)} \int \frac{dz}{1-z} (lz)^{n-1}$$

となる．

21. 同じような方法で，この級数を任意の与えられた項まで，不特定に和を求めることができる．すなわち，もし

$$S = 1 + \frac{1}{2^n} + \frac{1}{3^n} + \frac{1}{4^n} + \cdots + \frac{1}{m^n}$$

と置けば，

$$S = \frac{\pm 1}{1 \cdot 2 \cdot 3 \cdots (n-1)} \int \frac{1-z^m}{1-z} dz (lz)^{n-1}$$

となり，この式は m が整数であれ分数であれ，正しいと見なされるものである．ここから，

$$\frac{\pm 1}{1 \cdot 2 \cdot 3 \cdots (n-1)} \int \frac{z^m \, dz}{1-z} (lz)^{n-1}$$
$$= \frac{1}{(m+1)^n} + \frac{1}{(m+2)^n} + \frac{1}{(m+3)^n} + \text{etc.}$$

であるから，

$$S = O - \frac{1}{(m+1)^n} - \frac{1}{(m+2)^n} - \frac{1}{(m+3)^n} - \frac{1}{(m+4)^n} - \text{etc.}$$

となることが明らかである．その結果，$m = \frac{1}{2}$ と置くと

$$\frac{1}{m^n} + \frac{1}{(m+1)^n} + \frac{1}{(m+2)^n} + \text{etc.} = \frac{2^n}{1} + \frac{2^n}{3^n} + \frac{2^n}{5^n} + \frac{2^n}{7^n} + \text{etc.}$$
$$= (2^n - 1)O$$

だから，ここで以下を導出できる．

$$S = O - (2^n - 1)O + 2^n = 2^n - (2^n - 2)O .$$

そして以上から，S の補間された値が次のように与えられる．

190

$$m = 0 \qquad\qquad 0$$

$$m = \frac{1}{2} \qquad\qquad 2^n - (2^n - 2)O$$

$$m = 1 \qquad\qquad 1$$

$$m = 1\frac{1}{2} \qquad\qquad 2^n + \frac{2^n}{3^n} - (2^n - 2)O$$

もし $\quad m = 2 \qquad$ ならば S は $\quad 1 + \dfrac{1}{2^n}$

$$m = 2\frac{1}{2} \qquad\qquad 2^n + \frac{2^n}{3^n} + \frac{2^n}{5^n} - (2^n - 2)O$$

$$m = 3 \qquad\qquad 1 + \frac{1}{2^n} + \frac{1}{3^n}$$

$$m = 3\frac{1}{2} \qquad\qquad 2^n + \frac{2^n}{3^n} + \frac{2^n}{5^n} + \frac{2^n}{7^n} - (2^n - 2)O$$

etc. etc.

となる.

ここで，もしそれぞれの値に $(2^n - 2)O$ を加え，それを今度は 2^n で割ると，以下の列の補間が得られる.

$$1, \quad 1 + \frac{1}{3^n}, \quad 1 + \frac{1}{3^n} + \frac{1}{5^n}, \quad 1 + \frac{1}{3^n} + \frac{1}{5^n} + \frac{1}{7^n} \quad \text{etc.}$$

22. n が偶数の場合には，無限級数 O の和は円の求積，すなわち文字 π で表示できるから，次の一連の積分の円の求積への還元が，提示に値する.

$$\int \frac{dz}{1-z}\, lz \quad = \quad -1A\pi^2 = -\frac{2^0}{2\cdot 3}\mathfrak{A}\pi^2\,,$$

$$\int \frac{dz}{1-z}\,(lz)^3 = \quad -1\cdot 2\cdot 3B\pi^4 = -\frac{2^2}{4\cdot 5}\mathfrak{B}\pi^4\,,$$

$$\int \frac{dz}{1-z}\,(lz)^5 = -1\cdot 2\cdots 5\,C\pi^6 = -\frac{2^4}{6\cdot 7}\mathfrak{C}\pi^6\,,$$

$$\int \frac{dz}{1-z}\,(lz)^7 = -1\cdot 2\cdots 7\,D\pi^8 = -\frac{2^6}{8\cdot 9}\mathfrak{D}\pi^8\,,$$

$$\int \frac{dz}{1-z}\,(lz)^9 = -1\cdot 2\cdots 9E\pi^{10} = -\frac{2^8}{10\cdot 11}\,\mathfrak{E}\pi^{10}$$

etc.

これは，偶数の場合の式

$$\int \frac{dz}{1-z}\,(lz)^2, \quad \int \frac{dz}{1-z}\,(lz)^4, \quad \int \frac{dz}{1-z}\,(lz)^6 \quad \text{etc.}$$

のどれも，何らかの既知の求積に還元できないだけに，一層驚くべきことである．ただし，この列の最初の式

$$\int \frac{dz}{1-z}\,(lz)^0$$

は，明らかに対数によって解決される．

23. ここで，§9における x の代わりに m と書き，そこで与えられている等式に $-1\cdot 2\cdots(n-1)m^n$ を乗じて，以下の総和が得られるようにしよう．

$$\frac{1\cdot 2\cdots nA}{2m} - \frac{1\cdot 2\cdots(n+2)B}{2^3 m^3} + \frac{1\cdot 2\cdots(n+4)C}{2^5 m^5}$$

$$- \frac{1\cdot 2\cdots(n+6)D}{2^7 m^7} + \text{etc.}$$

$$= 1\cdot 2\cdots(n-1)\left(Om^n - Sm^n + \frac{1}{2} - \frac{m}{n-1}\right).$$

一方，上記 (§19) で利用したものと類似の方法を使って，$a = \dfrac{1}{2m}$ と置くことで，同じ級数の和を，以下の積分の式による表現で見出す．

$$\frac{1}{2}\int e^{-y}y^{n-1}dy\cdot \frac{1+e^{-y\,:\,m}}{1-e^{-y\,:\,m}}\ ^{3)} - 1\cdot 2\cdots(n-2)m.$$

その結果，

$$\frac{1}{2}\int e^{-y}y^{n-1}dy\cdot \frac{1+e^{-y\,:\,m}}{1-e^{-y\,:\,m}} = 1\cdot 2\cdots(n-1)\left(Om^n - Sm^n + \frac{1}{2}\right)$$

となり，さらには

$$\frac{1+e^{-y\,:\,m}}{1-e^{-y\,:\,m}} = -1 + \frac{2}{1-e^{-y\,:\,m}}$$

だから，

---

3) 黒川注：$y : m = \dfrac{y}{m}$ のこと．

$$\int \frac{e^{-y}y^{n-1}dy}{1-e^{-y:m}} = 1 \cdot 2 \cdots (n-1)m^n(O-S)$$

となる．この積分の式は $e^{-y:m} = z$ と置くことで，今しがた扱ったばかりの積分の式，すなわち

$$\int \frac{dz}{1-z}(lz)^{n-1}$$

に還元される．ここで，この積分は端 $z=1$ から端 $z=0$ まで行われるとする．

$n=1$ である第 4 の場合

24. この場合は，列

$$1 + \frac{1}{2} + \frac{1}{3} + \frac{1}{4} + \text{etc.}$$

の和が無限なので，特別の扱いが必要となる．したがって，不特定に

$$S = 1 + \frac{1}{2} + \frac{1}{3} + \frac{1}{4} + \cdots + \frac{1}{x}$$

と置き，$X = \dfrac{1}{x}$ に対して $\displaystyle\int X dx = lx$ だから，次の総和を得る．

$$-\frac{1A}{2x^2} + \frac{1 \cdot 2 \cdot 3B}{2^3 x^4} - \frac{1 \cdot 2 \cdots 5C}{2^5 x^6} + \frac{1 \cdot 2 \cdots 7D}{2^7 x^8} - \text{etc.}$$

$$= S - lx - \frac{1}{2x} - O.$$

すなわち，$-x$ を乗ずることで

$$\frac{1A}{2x} - \frac{1 \cdot 2 \cdot 3B}{2^3 x^3} + \frac{1 \cdot 2 \cdots 5C}{2^5 x^5} - \frac{1 \cdot 2 \cdots 7D}{2^7 x^7} + \text{etc.}$$

$$= (O-S)x + \frac{1}{2} + x\,lx.$$

ここで，定数 O は自明な場合から決定しなければならない．たとえば $x=1$ とすれば，$S=1$, $lx=0$ だから

$$O - \frac{1}{2} = \frac{1A}{2} - \frac{1 \cdot 2 \cdot 3B}{2^3} + \frac{1 \cdot 2 \cdots 5C}{2^5} - \frac{1 \cdot 2 \cdots 7D}{2^7} + \text{etc.}$$

となる．ここで O の値は比較的容易に得られる．$x=10$ と置くと，

$$\left(O - 1 - \frac{1}{2} - \frac{1}{3} - \frac{1}{4} - \cdots - \frac{1}{10}\right) \cdot 10 + \frac{1}{2} + 10\,l10$$

$$= \frac{1A}{20} - \frac{1 \cdot 2 \cdot 3B}{20^3} + \frac{1 \cdot 2 \cdots 5C}{20^5} - \frac{1 \cdot 2 \cdots 7D}{20^7} + \text{etc.}$$

だから，O の値は極めて収束の速い級数によって見出される．

$$O = 0.5772156664901532\,9$$

この値は，かつて私はその研究に多くの労を費やしたが，いかなる方法でも既知の類の量に還元することができなかっただけに，注目に値する．しかしその反面，それが得られれば，任意の数の項まで連続する調和級数の和を，容易に与えることができる．なぜなら，

$$1 + \frac{1}{2} + \frac{1}{3} + \frac{1}{4} + \cdots + \frac{1}{x}$$
$$= O + lx + \frac{1}{2x} - \frac{1A}{2x^2} + \frac{1 \cdot 2 \cdot 3B}{2^3 x^4} - \frac{1 \cdot 2 \cdots 5C}{2^5 x^6} + \frac{1 \cdot 2 \cdots 7D}{2^7 x^8} - \text{etc.}$$

だからである．

25. 他方，x の代わりに文字 m と書いた級数

$$\frac{1A}{2m} - \frac{1 \cdot 2 \cdot 3B}{2^3 m^3} + \frac{1 \cdot 2 \cdots 5C}{2^5 m^5} - \frac{1 \cdot 2 \cdots 7D}{2^7 m^7} + \text{etc.}$$

の和は，$S = 1 + \dfrac{1}{2} + \dfrac{1}{3} + \cdots + \dfrac{1}{m}$ として，ただちに $= (O - S)m + \dfrac{1}{2} + m\,lm$ であることが分かったが，これはまた，次の級数

$$Aay - Ba^3 y^3 + Ca^5 y^5 - Da^7 y^7 + \text{etc.} = \frac{1}{2} \cdot \frac{1 + e^{-2ay}}{1 - e^{-2ay}} - \frac{1}{2ay}$$
$$= -\frac{1}{2} - \frac{1}{2ay} + \frac{1}{1 - e^{-2ay}}$$

からも決定することができるから，この計算を行ってみよう．すなわち，$e^{-y}dy$ を乗じて，端 $y = 0$ から $y = \infty$ まで積分を延長するならば，一般に

$$\int e^{-y} y^\mu dy = 1 \cdot 2 \cdot 3 \cdots \mu$$

だから，

$$1Aa - 1 \cdot 2 \cdot 3 Ba^3 + 1 \cdot 2 \cdots 5 Ca^5 - 1 \cdot 2 \cdots 7 Da^7 + \text{etc.}$$

$$= -\frac{1}{2} - \frac{1}{2a} \int \frac{e^{-y} dy}{y} + \int \frac{e^{-y} dy}{1 - e^{-2ay}}$$

となることを見出す．したがって，$a = \dfrac{1}{2m}$ と置くことで，

$$(O - S)m + \frac{1}{2} + m\,lm = -\frac{1}{2} - m \int \frac{e^{-y} dy}{y} + \int \frac{e^{-y} dy}{1 - e^{-y:m}}$$

となり，さらには $m=1$ と置くことで，

$$O = -\int \frac{e^{-y}dy}{y} + \int \frac{e^{-y}dy}{1-e^{-y}}$$

となる．つまり，求めていた数 O が2つの超越量を内包していることになる．

26. この式を，$e^{-y}=z$ という置換を使って変形し，さらに端 $z=1$ から $z=0$ までの積分を行ってみよう．

$$O = -\int \frac{dz}{lz} - \int \frac{dz}{1-z} = -\int \frac{dz(1-z+lz)}{(1-z)\,lz}\,.$$

あるいは，$1-z=v$ として，今度は積分を端 $v=0$ から $v=1$ まで行わなければならないとすれば，以下の結果を得る．

$$O = \int \frac{dv}{l(1-v)} + \int \frac{dv}{v} = \int \frac{v+l(1-v)}{v\,l(1-v)}\,dv\,.$$

ここで最大の困難は，各部分が別々に展開されると無限に大きい数を与えるが，この2つの無限が，上で示した O に対する有限の量が得られるように，必然的に互いに打ち消しあうはずだということにある．

しかし，ここではまず通常の方法で，最初の式を $z=0$ から $z=1$ まで積分して，

$$O = \int \frac{dz}{lz} + \int \frac{dz}{1-z}$$

となるようにし，さらに i で無限の数を表すとすると $lz = i(z^{1:i}-1)$ だから

$$O = \int \frac{dz}{1-z} - \frac{1}{i} \int \frac{dz}{1-z^{1:i}}$$

となる．ここで，$z=u^i$ と置くと

$$O = i \int \frac{u^{i-1}du}{1-u^i} - \int \frac{u^{i-1}du}{1-u}$$

となり，この2つの式の展開が

$$O = u^i \qquad\qquad + \frac{1}{2}u^{2i} \qquad\qquad\quad + \frac{1}{3}u^{3i} + \text{etc.}$$
$$-\frac{1}{i}u^i - \frac{1}{i+1}u^{i+1}\cdots - \frac{1}{2i}u^{2i} - \frac{1}{2i+1}u^{2i+1}\cdots - \frac{1}{3i}u^{3i} - \frac{1}{3i+1}u^{3i+1} - \text{etc.}$$

を与える．ここで，しかるべく $u=1$ と置くと，

$$O = + \ 1 - \left(\frac{1}{i} + \frac{1}{i+1} + \frac{1}{i+2} + \cdots + \frac{1}{2i-1} \right)$$
$$+ \frac{1}{2} - \left(\frac{1}{2i} + \frac{1}{2i+1} + \frac{1}{2i+2} + \cdots + \frac{1}{3i-1} \right)$$
$$+ \frac{1}{3} - \left(\frac{1}{3i} + \frac{1}{3i+1} + \frac{1}{3i+2} + \cdots + \frac{1}{4i-1} \right)$$
$$\text{etc.}$$

となる．ここで注目すべきは，これら調和数列の中で最初のもの

$$\frac{1}{i} + \frac{1}{i+1} + \frac{1}{i+2} + \cdots + \frac{1}{2i-1}$$

は，無限の数 i に対して $l2$ を表し，2番目のものは $l\frac{3}{2}$，3番目は $l\frac{4}{3}$，以下同様となるということで，その結果，充分単純でかつ規則的な級数によって，以下が得られる．

$$O = 1 - l2 + \frac{1}{2} - l\frac{3}{2} + \frac{1}{3} - l\frac{4}{3} + \frac{1}{4} - l\frac{5}{4} + \frac{1}{5} - l\frac{6}{5} + \text{etc.}$$

27. 実は，この同じ級数は，最初の式から直ちに得ることができる．というのも，上記 §24 で $x = \infty$ とすると，$0 = S - lx - O$ となり，したがって，

$$O = 1 + \frac{1}{2} + \frac{1}{3} + \frac{1}{4} + \cdots + \frac{1}{x} - lx \,.$$

他方，級数 $1 + \frac{1}{2} + \frac{1}{3} + \frac{1}{4} + \cdots + \frac{1}{x}$ も lx も無限の値をもち，ここで後者のほうが前者より容易に値を与えることができるから，lx を前者の級数の項の数と同じ数だけの部分に分割する，すなわち，明らかなことだが，以下のようにするのが便利だろう．

$$lx = l\frac{2}{1} + l\frac{3}{2} + l\frac{4}{3} + \cdots + l\frac{x}{x-1} \,.$$

そして，ここから見出したばかりの級数が得られる．さらにこの級数は，さまざまな方法で他の式に変形することができて，それらによって，O の値を少なくともできるだけ近似的に集めて計算することができる．まず最初に，

$$\frac{1}{n} - l\frac{n+1}{n} = \frac{1}{2n^2} - \frac{1}{3n^3} + \frac{1}{4n^4} - \frac{1}{5n^5} + \text{etc.}$$

だから，以下を得る．

$$O = \frac{1}{2}\left(1 + \frac{1}{2^2} + \frac{1}{3^2} + \frac{1}{4^2} + \text{etc.}\right) - \frac{1}{3}\left(1 + \frac{1}{2^3} + \frac{1}{3^3} + \frac{1}{4^3} + \text{etc.}\right)$$

$$+ \frac{1}{4}\left(1 + \frac{1}{2^4} + \frac{1}{3^4} + \frac{1}{4^4} + \text{etc.}\right) - \frac{1}{5}\left(1 + \frac{1}{2^5} + \frac{1}{3^5} + \frac{1}{4^5} + \text{etc.}\right)$$

$$+ \frac{1}{6}\left(1 + \frac{1}{2^6} + \frac{1}{3^6} + \frac{1}{4^6} + \text{etc.}\right) - \frac{1}{7}\left(1 + \frac{1}{2^7} + \frac{1}{3^7} + \frac{1}{4^7} + \text{etc.}\right)$$

$$\text{etc.}$$

次に

$$\frac{1}{n-1} - l\frac{n}{n-1} = \frac{1}{2n^2} + \frac{2}{3n^3} + \frac{3}{4n^4} + \frac{4}{5n^5} + \frac{5}{6n^6} + \text{etc.}$$

から,

$$O = \frac{1}{2}\left(\frac{1}{2^2} + \frac{1}{3^2} + \frac{1}{4^2} + \text{etc.}\right) + \frac{2}{3}\left(\frac{1}{2^3} + \frac{1}{3^3} + \frac{1}{4^3} + \text{etc.}\right)$$

$$+ \frac{3}{4}\left(\frac{1}{2^4} + \frac{1}{3^4} + \frac{1}{4^4} + \text{etc.}\right) + \frac{4}{5}\left(\frac{1}{2^5} + \frac{1}{3^5} + \frac{1}{4^5} + \text{etc.}\right)$$

$$+ \frac{5}{6}\left(\frac{1}{2^6} + \frac{1}{3^6} + \frac{1}{4^6} + \text{etc.}\right) + \frac{6}{7}\left(\frac{1}{2^7} + \frac{1}{3^7} + \frac{1}{4^7} + \text{etc.}\right)$$

$$\text{etc.}$$

であることにもなる.

28. まず初めに，この後者の式の中で，偶数の累乗によって構成されている最初の部分を考察してみよう．この部分は，先に提示した方法によって，以下のように表現されることになる．

$$\frac{1}{2}(A\pi^2 - 1) + \frac{3}{4}(B\pi^4 - 1) + \frac{5}{6}(C\pi^6 - 1) + \text{etc.}$$

したがって，次の級数を考察してみよう．

$$P = (A\pi^2 - 1)x^2 + (B\pi^4 - 1)x^4 + (C\pi^6 - 1)x^6 + \text{etc.}$$

そして，§7 より

$$P = \frac{1}{2} - \frac{1}{2}\pi x \cot \pi x - \frac{xx}{1 - xx}$$

となる．$x = 1$ の場合のこの式の値は，ω を無限小 [evanescens]，$x = 1 - \omega$ として，見出される．実際，こうして

$$P = \frac{1}{2} + \frac{\pi(1 - \omega)\cos \pi\omega}{2\sin \pi\omega} - \frac{1 - 2\omega + \omega\omega}{\omega(2 - \omega)}$$

すなわち,

$$P = \frac{1}{2} + \frac{1-\omega}{2\omega} - \frac{1-2\omega}{\omega(2-\omega)} = \frac{1}{2} + \frac{\omega}{2\omega(2-\omega)} = \frac{3}{4}$$

となる．その結果，まことに注目に値することであるが，

$$A\pi^2 - 1 + B\pi^4 - 1 + C\pi^6 - 1 + D\pi^8 - 1 + \text{etc.} = \frac{3}{4}$$

となる．次に積分によって，以下を得る．

$$\int \frac{Pdx}{x} = \frac{1}{2}(A\pi^2 - 1)xx + \frac{1}{4}(B\pi^4 - 1)x^4 + \frac{1}{6}(C\pi^6 - 1)x^6 + \text{etc.}$$

そして，また

$$\int \frac{Pdx}{x} = \frac{1}{2}\,lx - \frac{1}{2}\,l\sin\pi x + \frac{1}{2}\,l(1-xx) + \frac{1}{2}\,l\pi$$

すなわち,

$$\int \frac{Pdx}{x} = \frac{1}{2}\,l(1-xx) - \frac{1}{2}\,l\frac{\sin\pi x}{\pi x}$$

である．ここで，再度 $x = 1 - \omega$ と置くと，

$$\int \frac{Pdx}{x} = \frac{1}{2}\,l2\omega - \frac{1}{2}\,l\frac{\sin\pi\omega}{\pi(1-\omega)} = \frac{1}{2}\,l2$$

となり，その結果,

$$\frac{1}{2}(A\pi\pi - 1) + \frac{1}{4}(B\pi^4 - 1) + \frac{1}{6}(C\pi^6 - 1) + \text{etc.} = \frac{1}{2}\,l2$$

となる．この式を先の式から差し引くことで，以下が残る．

$$\frac{1}{2}(A\pi\pi - 1) + \frac{3}{4}(B\pi^4 - 1) + \frac{5}{6}(C\pi^6 - 1) + \text{etc.} = \frac{3}{4} - \frac{1}{2}\,l2 .$$

その結果,

$$\begin{aligned}
O = \frac{3}{4} - \frac{1}{2}\,l2 &+ \frac{2}{3}\left(\frac{1}{2^3} + \frac{1}{3^3} - \frac{1}{4^3} + \text{etc.}\right) \\
&+ \frac{4}{5}\left(\frac{1}{2^5} + \frac{1}{3^5} + \frac{1}{4^5} + \text{etc.}\right) \\
&+ \frac{6}{7}\left(\frac{1}{2^7} + \frac{1}{3^7} + \frac{1}{4^7} + \text{etc.}\right) \\
&\quad\text{etc.}
\end{aligned}$$

となる．

29. こうして数値 O は，最初の部分が

$$\frac{3}{4} - \frac{1}{2}\,l2 = 0.40342\,64097\,20027\,3$$ であるような2つの部分からなり，

O そのものは，$O = 0.57721\,56649\,01532\,8$ であるから，

他の部分は $= 0.17378\,92551\,81505\,5$

となる．したがって，このもう1つの部分が，同じように対数，あるいは円の求積に還元できたならば，この課題においてさらに望むところは何もないことになる．さて，この残りの部分は，

$$\frac{2}{3}z^3 + \frac{4}{5}z^5 + \frac{6}{7}z^7 + \text{etc.} = 2\int \frac{zzdz}{(1-zz)^2} = \frac{z}{1-zz} - \frac{1}{2}\,l\frac{1+z}{1-z}$$

であることより，以下の式によって表現される．

$$\frac{1}{2}\left(1 + \frac{1}{3} - l\frac{3}{1}\right) + \frac{1}{2}\left(\frac{1}{2} + \frac{1}{4} - l\frac{4}{2}\right) + \frac{1}{2}\left(\frac{1}{3} + \frac{1}{5} - l\frac{5}{3}\right) + \text{etc.}$$

そして，この式はさらに，i で無限の数を示すとすると，直ちに次の表現に還元される．

$$1 + \frac{1}{2} + \frac{1}{3} + \cdots + \frac{1}{i} - li - \frac{3}{4} + \frac{1}{2}\,l2$$

したがって，何も新しいことは得られないことになる．というのも，最初の部分

$$\frac{3}{4} - \frac{1}{2}\,l2$$

を加えると，自ずと明らかなように，

$$O = 1 + \frac{1}{2} + \frac{1}{3} + \cdots + \frac{1}{i} - li$$

となるからである．したがって残るは，この数 O[4] がいかなる性質をもっているか，いかなる種類の数に関連づけるべきかという，重要な課題である．

一般項 $X = lx$ である場合

30. この場合は，$\displaystyle\int X dx = xlx - x$ となり，$\dfrac{dX}{dx} = \dfrac{1}{x}$ であるから，さらに

$$\frac{d^3X}{dx^3} = \frac{1\cdot 2}{x^3}, \quad \frac{d^5X}{dx^5} = \frac{1\cdot 2\cdot 3\cdot 4}{x^5}, \quad \frac{d^7X}{dx^7} = \frac{1\cdot 2\cdots 6}{x^7} \quad \text{etc.}$$

となる．ここから，不定なものとして，

$$S = l1 + l2 + l3 + l4 + \cdots + lx$$

---

4) 黒川注：O はオイラー定数.

と置くと，次の和を得る．
$$\frac{A}{2x} - \frac{1 \cdot 2B}{2^3 x^3} + \frac{1 \cdot 2 \cdot 3 \cdot 4C}{2^5 x^5} - \frac{1 \cdot 2 \cdots 6D}{2^7 x^7} + \text{etc.} = S - \frac{1}{2}\,lx - x\,lx + x - O.$$
この定数は，x の 1 つの値を満足するように，決める必要がある．したがって，$x = 1$ とすると，$S = l1 = 0$ だから
$$-O + 1 = \frac{A}{2} - \frac{1 \cdot 2B}{2^3} + \frac{1 \cdot 2 \cdot 3 \cdot 4C}{2^5} - \frac{1 \cdot 2 \cdots 6D}{2^7} + \text{etc.}$$
となる．ここでまた，
$$Aay - Ba^3y^3 + Ca^5y^5 - Da^7y^7 + \text{etc.} = \frac{1}{2} \cdot \frac{1 + e^{-2ay}}{1 - e^{-2ay}} - \frac{1}{2ay}$$
であり，$\int e^{-y} y^n dy = 1 \cdot 2 \cdots n$ であることより，$e^{-y}\dfrac{dy}{y}$ をこの式に掛け，積分を端 $y = 0$ から $y = \infty$ まで行うと，その積分は以下を与える．
$$Aa - 1 \cdot 2Ba^3 + 1 \cdot 2 \cdot 3 \cdot 4Ca^5 - \text{etc.}$$
$$= \frac{1}{2} \int e^{-y} \frac{1 + e^{-2ay}}{1 - e^{-2ay}} \cdot \frac{dy}{y} - \frac{1}{2a} \int \frac{e^{-y}dy}{yy}$$
$$= \int \frac{e^{-y}dy}{y(1 - e^{-2ay})} - \frac{1}{2} \int \frac{e^{-y}dy}{y} - \frac{1}{2a} \int \frac{e^{-y}dy}{yy}.$$

31. ここで，$a = \dfrac{1}{2x}$ と置くと，次の等式を得る．
$$-O + S + x - \frac{1}{2}\,lx - x\,lx = \int \frac{e^{-y}dy}{y(1 - e^{-y:x})} - \frac{1}{2} \int \frac{e^{-y}dy}{y} - x \int \frac{e^{-y}dy}{yy}.$$
これらの積分において，量 x は一定とみなす必要がある．これより，$x = 1$ として，
$$-O + 1 = \int \frac{e^{-y}dy}{y(1 - e^{-y})} - \frac{1}{2} \int \frac{e^{-y}dy}{y} - \int \frac{e^{-y}dy}{yy}$$
となる．そして，
$$-\int \frac{e^{-y}dy}{yy} = \frac{e^{-y}}{y} + \int \frac{e^{-y}dy}{y}$$
だから，
$$-O + 1 = \int \frac{e^{-y}dy}{y(1 - e^{-y})} + \frac{1}{2} \int \frac{e^{-y}dy}{y} + \frac{e^{-y}}{y} - \frac{e}{0}$$
となる．ここで，$e^{-y} = z$ と置き，積分の範囲を端 $z = 0$ から $z = 1$ までとすると，

$$-O + 1 = \frac{1}{2} \int \frac{dz}{lz} - \int \frac{dz}{(1-z)\,lz} - \int \frac{dz}{(lz)^2}$$

となることが分かる．しかし，ここではこの数 O の性質は分からない．一方，別の方法でこの数が $\frac{1}{2}\,l2\pi$ であり，したがって，一部は対数に，また一部は円周 π によって決定されているということが知られている．したがって，この値がどのように見出されるかは，ていねいに説明する価値があるだろう．

32. ウォリスによって次の等式が発見されている．

$$\frac{\pi}{2} = \frac{2\cdot 2}{1\cdot 3} \cdot \frac{4\cdot 4}{3\cdot 5} \cdot \frac{6\cdot 6}{5\cdot 7} \cdot \frac{8\cdot 8}{7\cdot 9} \cdot \frac{10\cdot 10}{9\cdot 11} \cdot \text{etc.}$$

したがって，これらの対数を取ることで，

$$\frac{1}{2}\,l\frac{\pi}{2} = l2 - l3 + l4 - l5 + l6 - l7 + l8 - l9 + \text{etc.}$$

となる．これはまた，2 重の級数によって次のようにも表される．

$$\frac{1}{2}\,l\frac{\pi}{2} = l2 + l4 + l6 + l8 + l10 + l12 + \text{etc.} + l2x + \frac{1}{2}\,l2(x+1)$$
$$- l3 - l5 - l7 - l9 - l11 - l13 - \text{etc.} - l(2x+1)\,.$$

ただし，それぞれの級数が無限にしかし同時に同じ項の数だけ継続される，言い換えれば，x に対して同じ値を割り当てるという条件においてである．この 2 重の級数はまた，次のようにも表すこともできる．

$$\frac{1}{2}\,l\frac{\pi}{2} = l2 + l4 + l6 + l8 + \cdots + l2x - \frac{1}{2}\,l2x$$
$$- l1 - l3 - l5 - l7 - \cdots - l(2x-1)\,.$$

一方，我々の級数において x を無限とすることで，

$$l1 + l2 + l3 + l4 + \cdots + lx = O - x + \left(x + \frac{1}{2}\right)lx$$

を得る．ここで，$xl2$ を，すなわち項の数だけ $l2$ を加えると，

$$l2 + l4 + l6 + l8 + \cdots + l2x = O - x + xl2 + \left(x + \frac{1}{2}\right)lx$$

となる．また，x の代わりに $2x$ と書くと，以下が得られる．

$$l1 + l2 + l3 + l4 + \cdots + l2x = O - 2x + \left(2x + \frac{1}{2}\right)l2 + \left(2x + \frac{1}{2}\right)lx\,.$$

ここから，先の式を差し引くと，以下が残る．

$$l1 + l3 + l5 + \cdots + l(2x-1) = -x + \left(x + \frac{1}{2}\right)l2 + x\,lx.$$

これらの和を先の式のそれぞれの級数に代入すると，次の等式が得られる．

$$\frac{1}{2}\,l\frac{\pi}{2} + \frac{1}{2}\,l2x$$

$$= O - x + x\,l2 + \left(x + \frac{1}{2}\right)lx + x - \left(x + \frac{1}{2}\right)l2 - x\,lx$$

$$= O - \frac{1}{2}\,l2 + \frac{1}{2}\,lx,$$

ここから，

$$O = \frac{1}{2}\,l\frac{\pi}{2} + \frac{1}{2}\,l2x + \frac{1}{2}\,l2 - \frac{1}{2}\,lx = \frac{1}{2}\,l2\pi$$

が，すなわち，

$$O = 0.91893\,85332\,04672\,74178\,03297$$

が結論される．

33. したがって，$O = \dfrac{1}{2}\,l2\pi$ であることより，今度は逆に以下であることが結論される．

$$\frac{1}{2}\int \frac{dz}{lz} - \int \frac{dz}{(1-z)\,lz} - \int \frac{dz}{(lz)^2} = 1 - \frac{1}{2}\,l2\pi.$$

よってさらに，この3つの積分が，端 $z = 0$ から端 $z = 1$ まで行われるならば，量 $l2\pi$ が現れることが分かる．しかし，これをどのように計算で示すことができるかは，明らかではない．それだけに，この研究は大きな注意を払う価値があると思われる．

一方，

$$-\int \frac{dz}{(lz)^2} = \frac{z}{lz} - \int \frac{dz}{lz}$$

であり，したがって

$$\frac{z}{lz} - \frac{1}{2}\int \frac{dz}{lz} - \int \frac{dz}{(1-z)\,lz} = 1 - \frac{1}{2}\,l2\pi$$

となることは，容易にみてとれる．しかし，また，i で無限の数を表すとして，$z = v^i$ そして $lz = -i(1-v)$ としても，得るところは少ない．このときは，以下の等式が得られる．

$$\frac{-v^i}{i(1-v)} + \frac{1}{2}\int \frac{v^{i-1}dv}{1-v} + \int \frac{v^{i-1}dv}{(1-v)(1-v^i)} = 1 - \frac{1}{2}\,l2\pi.$$

これらの積分は，いずれも同じように，$v=0$ から $v=1$ まで行う必要がある．

34. これらの式の展開によっても，最初の等式から x を無限の数として直ちに帰結される以上のことは得られない．なぜならば，そのときは文字 A, B, C, D その他を含む級数が消滅し，以下の式を得るからである．

$$O = \frac{1}{2}\,l2\pi = l1 + l2 + l3 + \cdots + lx - \left(x + \frac{1}{2}\right)lx + x.$$

ここで，級数

$$l1 + l2 + \cdots + lx$$

は，x 項からなっているから，残りの $\left(x + \dfrac{1}{2}\right)lx$ と x を同じだけ項をもった任意の級数に変形しよう．つまり，残りの部分の後者 x は，単位に等しい同数の項として，一方，前者の $\left(x + \dfrac{1}{2}\right)lx$ は，次のように展開される．

$$
\begin{aligned}
\frac{1}{2}\,l2\pi = \;\; & l1 + \quad l2 + \quad l3 + \cdots + \quad\quad l(x-1) \quad\quad + \quad lx \\
& + \;\; 1 + \quad 1 + \quad 1 + \cdots + \quad\quad\quad 1 \quad\quad\quad + \quad 1 \\
& - \frac{3}{2}\,l1 - \frac{5}{2}\,l2 - \frac{7}{2}\,l3 - \cdots - \left(x - \frac{1}{2}\right)l(x-1) - \left(x + \frac{1}{2}\right)lx \\
& + \frac{3}{2}\,l1 + \frac{5}{2}\,l2 + \cdots + \left(x - \frac{3}{2}\right)l(x-2) + \left(x - \frac{1}{2}\right)l(x-1).
\end{aligned}
$$

そしてここから，以下のような充分規則正しい級数が得られる．

$$\frac{1}{2}\,l2\pi = 1 - \left(\frac{3}{2}\,l\frac{2}{1} - 1\right) - \left(\frac{5}{2}\,l\frac{3}{2} - 1\right) - \left(\frac{7}{2}\,l\frac{4}{3} - 1\right) - \left(\frac{9}{2}\,l\frac{5}{4} - 1\right) - \text{etc.}$$

これは，以下の式で表したほうが，都合が良い．

$$1 - \frac{1}{2}\,l2\pi = \frac{3}{2}\,l\frac{2}{1} - 1 + \frac{5}{2}\,l\frac{3}{2} - 1 + \frac{7}{2}\,l\frac{4}{3} - 1 + \frac{9}{2}\,l\frac{5}{4} - 1 + \text{etc.}$$

この級数の一般項

$$\frac{x}{2}\,l\frac{x+1}{x-1} - 1$$

は，次のように展開される．

$$\frac{1}{3x^2} + \frac{1}{5x^4} + \frac{1}{7x^6} + \frac{1}{9x^8} + \text{etc.}$$

ここから，無限の級数を用いて，

$$1 - \frac{1}{2}\,l2\pi = \frac{1}{3\cdot 3^2} + \frac{1}{5\cdot 3^4} + \frac{1}{7\cdot 3^6} + \frac{1}{9\cdot 3^8} + \text{etc.}$$

$$\frac{1}{3 \cdot 5^2} + \frac{1}{5 \cdot 5^4} + \frac{1}{7 \cdot 5^6} + \frac{1}{9 \cdot 5^8} + \text{etc.}$$

$$\frac{1}{3 \cdot 7^2} + \frac{1}{5 \cdot 7^4} + \frac{1}{7 \cdot 7^6} + \frac{1}{9 \cdot 7^8} + \text{etc.}$$

$$\frac{1}{3 \cdot 9^2} + \frac{1}{5 \cdot 9^4} + \frac{1}{7 \cdot 9^6} + \frac{1}{9 \cdot 9^8} + \text{etc.}$$

$$\text{etc.}$$

が得られる．ここには，最初の項を欠いた逆数の冪の級数が現れているから，

$$1 - \frac{1}{2} l 2\pi = \frac{1}{3} \left(\frac{2^2 - 1}{2^2} A \pi^2 - 1 \right) + \frac{1}{5} \left(\frac{2^4 - 1}{2^4} B \pi^4 - 1 \right)$$
$$+ \frac{1}{7} \left(\frac{2^6 - 1}{2^6} C \pi^6 - 1 \right) + \text{etc.}$$

となる．一方，すでに以下となることを見出している．

$$1 - \frac{1}{2} l 2\pi = \frac{A}{2} - \frac{1 \cdot 2 B}{2^3} + \frac{1 \cdot 2 \cdot 3 \cdot 4 C}{2^5} - \frac{1 \cdot 2 \cdots 6 D}{2^7} + \text{etc.}$$

35. この種の関係は，それが深く隠されているだけに，一層大きな注意を払う価値がある．したがって今見出したばかりの級数は，よりていねいな説明に値する．その目的で，より一般的な形で以下の説明を行おう．まず，

$$P = \frac{1}{3} A \pi^2 u^2 + \frac{1}{5} B \pi^4 u^4 + \frac{1}{7} C \pi^6 u^6 + \frac{1}{9} D \pi^8 u^8 + \text{etc.},$$

$$Q = \frac{1}{3} A \frac{\pi^2 u^2}{2^2} + \frac{1}{5} B \frac{\pi^4 u^4}{2^4} + \frac{1}{7} C \frac{\pi^6 u^6}{2^6} + \frac{1}{9} D \frac{\pi^8 u^8}{2^8} + \text{etc.},$$

$$R = \frac{1}{3} u^2 + \frac{1}{5} u^4 + \frac{1}{7} u^6 + \frac{1}{9} u^8 + \text{etc.} = \frac{1}{2u} l \frac{1+u}{1-u} - 1$$

と置き，$u = 1$ とすれば

$$1 - \frac{1}{2} l 2\pi = P - Q - R$$

となるようにする．ここで，文字 P, Q の値を決定するために，上記 §6 で与えた以下の式を考察する．

$$A x^2 + B x^4 + C x^6 + D x^8 + \text{etc.} = \frac{1}{2} - \frac{1}{2} x \cot x .$$

ここから積分によって，

$$\frac{1}{3} A x^3 + \frac{1}{5} B x^5 + \frac{1}{7} C x^7 + \text{etc.} = \frac{1}{2} x - \frac{1}{2} \int \frac{x dx \cos x}{\sin x}$$

204

あるいは

$$\frac{1}{3}Ax^2 + \frac{1}{5}Bx^4 + \frac{1}{7}Cx^6 + \text{etc.} = \frac{1}{2} - \frac{1}{2x}\int\frac{xdx\cos x}{\sin x}$$

となる．ここで，まずは $x = \pi u$ つぎに $x = \dfrac{\pi u}{2}$ として，$u = 1$ に対して，

$$P = \frac{1}{2} - \frac{1}{2\pi u}\int\frac{\pi\pi u du\cos\pi u}{\sin\pi u} = \frac{1}{2} - \frac{\pi}{2}\int\frac{udu\cos\pi u}{\sin\pi u}$$

そして，

$$Q = \frac{1}{2} - \frac{1}{\pi u}\int\frac{\pi\pi u du\cos\dfrac{1}{2}\pi u}{4\sin\dfrac{1}{2}\pi u} = \frac{1}{2} - \frac{\pi}{4}\int\frac{udu\cos\dfrac{1}{2}\pi u}{\sin\dfrac{1}{2}\pi u}$$

また，

$$\sin\pi u = 2\sin\frac{1}{2}\pi u\cos\frac{1}{2}\pi u \quad\text{そして}\quad \cos\pi u = \cos^2\frac{1}{2}\pi u - \sin^2\frac{1}{2}\pi u$$

だから，

$$P - Q = \frac{\pi}{4}\int\frac{udu\left(\cos^2\dfrac{1}{2}\pi u - \cos^2\dfrac{1}{2}\pi u + \sin^2\dfrac{1}{2}\pi u\right)}{\sin\dfrac{1}{2}\pi u\,\cos\dfrac{1}{2}\pi u}$$

$$= \frac{\pi}{4}\int\frac{udu\sin\dfrac{1}{2}\pi u}{\cos\dfrac{1}{2}\pi u}$$

となる．その結果，積分遂行後に $u = 1$ とすることを条件に，

$$1 - \frac{1}{2}l2\pi = \frac{\pi}{4}\int\frac{udu\sin\dfrac{1}{2}\pi u}{\cos\dfrac{1}{2}\pi u} - \frac{1}{2}l\frac{1+u}{1-u} + 1$$

すなわち，

$$l2\pi = \int\frac{-\dfrac{1}{2}\pi udu\sin\dfrac{1}{2}\pi u}{\cos\dfrac{1}{2}\pi u} + l\frac{1+u}{1-u}$$

$$= l\frac{1+u}{1-u} + ul\cos\frac{1}{2}\pi u - \int du\,l\cos\frac{1}{2}\pi u$$

となる．

36. ここで，角度 $\dfrac{1}{2}\pi u = \varphi$ すなわち，$u = \dfrac{2\varphi}{\pi}$ とし，積分を端 $\varphi = 0$ から 端 $\varphi = \dfrac{\pi}{2} = 90°$ まで行うとしよう．すると，先の等式は以下の式に変形される．

$$l\,2\pi = l\,\frac{\pi+2\varphi}{\pi-2\varphi} + l\cos\varphi - \frac{2}{\pi}\int d\varphi\, l\cos\varphi\,.$$

すなわち，$\varphi = \dfrac{\pi}{2}$ のときは，

$$l\,2\pi = l\,2\pi - l\,\frac{\pi-2\varphi}{\cos\varphi} - \frac{2}{\pi}\int d\varphi\, l\cos\varphi$$

となるが，ここで分数

$$\frac{\pi-2\varphi}{\cos\varphi}$$

は，$\varphi = \dfrac{\pi}{2}$ の場合は $\dfrac{2}{\sin\varphi} = 2$ になるから，結果として

$$l\,2\pi = l\,2\pi - l\,2 - \frac{2}{\pi}\int d\varphi\, l\cos\varphi$$

すなわち，

$$\int d\varphi\, l\cos\varphi = -\frac{\pi\, l\,2}{2}$$

となる．したがって，もし積分の式 $\displaystyle\int d\varphi\, l\cos\varphi$ の端 $\varphi = 0$ から端 $\varphi = 90° = \dfrac{\pi}{2}$ までの値がまさしく量 $\dfrac{-\pi\, l\,2}{2}$ に等しいことが証明できたならば，先に回り道をして到達した文字 $O = \dfrac{1}{2}l\,2\pi$ という結論に，まったく別の経路で到達したことになる．いずれにしろ，今やこの値は確かなのだから，値 $\varphi = 0$ から端 $\varphi = \dfrac{\pi}{2} = 90°$ まで積分すると

$$\int d\varphi\, l\cos\varphi = -\frac{\pi\, l\,2}{2}\,^{5)}$$

になるという，注目すべき定理を得たことになる．すなわち，$\cos\varphi = v$ と置き，積分の端が $v = 1$ と $v = 0$ になるようにすると，

5）　黒川注：微積分で定積分のみ計算できる例として出てくるもの：

$$\int_0^{\frac{\pi}{2}} \log(\sin\theta)\,d\theta = \int_0^{\frac{\pi}{2}} \log(\cos\theta)\,d\theta = -\frac{\pi}{2}\log 2.$$

$$\int \frac{dv\,lv}{\sqrt{1-vv}} = \frac{\pi\,l2}{2}$$

を示すべきこととなる．ここからさらに，この積分を級数に展開することで，

$$\frac{\pi\,l2}{2} = 1 + \frac{1}{2\cdot 3^2} + \frac{1\cdot 3}{2\cdot 4\cdot 5^2} + \frac{1\cdot 3\cdot 5}{2\cdot 4\cdot 6\cdot 7^2} + \frac{1\cdot 3\cdot 5\cdot 7}{2\cdot 4\cdot 6\cdot 8\cdot 9^2}\,[+\text{etc.}]\,{}^{6)}$$

となる．逆にこの級数は，積分の後に $s=1$ とするとして，

$$\int \frac{ds}{s}\,\text{arcsin}\,s$$

に還元され，これはさらに，$s=\sin\varphi$ と置くことで以下に還元される．

$$\int \frac{\varphi d\varphi \cos\varphi}{\sin\varphi} = \varphi\,l\sin\varphi - \int d\varphi\,l\sin\varphi = \frac{\pi\,l2}{2}$$

すなわち

$$\int d\varphi\,l\sin\varphi = -\frac{\pi\,l2}{2}$$

となるが，これは上記の式と合致する．

37. この

$$\int d\varphi\,l\sin\varphi = -\frac{\pi\,l2}{2}$$

になるということを，今度は以下のように証明しよう．

$$\frac{\cos\varphi}{\sin\varphi} = 2\sin 2\varphi + 2\sin 4\varphi + 2\sin 6\varphi + 2\sin 8\varphi + \text{etc.}$$

だから

$$l\sin\varphi = -\cos 2\varphi - \frac{1}{2}\cos 4\varphi - \frac{1}{3}\cos 6\varphi - \frac{1}{4}\cos 8\varphi - \text{etc.} - l2$$

となる．したがって，

$$\int d\varphi\,l\sin\varphi = -\varphi l2 - \frac{1}{2}\sin 2\varphi - \frac{1}{2\cdot 2^2}\sin 4\varphi - \frac{1}{2\cdot 3^2}\sin 6\varphi$$
$$- \frac{1}{2\cdot 4^2}\sin 8\varphi - \text{etc.}$$

となる．ここで，$\varphi = \frac{\pi}{2}$ とすると，

$$\int d\varphi\,l\sin\varphi = -\frac{\pi}{2}l2$$

となる．

---

6)　馬場注：[ ] 内は全集にはないが，訳者の判断で入れた．

論文番号 E 432

解析の例題

［馬場 郁 訳］

Leonhard Euler, "Exercitationes analyticae," *Opera Omnia*, Series Prima, XV (Lipsiae et Berolini, 1927), pp.131–167. Eneström による論文番号 432. *Novi commentarii academiae scientiarum Petropolitanae* 17 (1772), 1773, pp.173–204.

1. 私が以前発見した，発散する以下の級数

$$1 - 2^m + 3^m - 4^m + 5^m - \text{etc.}$$

と収束する以下の級数

$$1 + \frac{1}{3^n} + \frac{1}{5^n} + \frac{1}{7^n} + \frac{1}{9^n} + \text{etc.}$$

の間にある関係は，少なからず注目に値すると思われる．その関係とは，以下のようなものである．

$$1 - 2^0 + 3^0 - 4^0 + \text{etc.} = \frac{1}{2},$$

$$1 - 2^1 + 3^1 - 4^1 + \text{etc.} = \frac{1}{4} = +\frac{2 \cdot 1}{\pi^2}\left(1 + \frac{1}{3^2} + \frac{1}{5^2} + \frac{1}{7^2} + \text{etc.}\right),$$

$$1 - 2^2 + 3^2 - 4^2 + \text{etc.} = \frac{0}{8},$$

$$1 - 2^3 + 3^3 - 4^3 + \text{etc.} = -\frac{2}{16} = -\frac{2 \cdot 1 \cdot 2 \cdot 3}{\pi^4}\left(1 + \frac{1}{3^4} + \frac{1}{5^4} + \frac{1}{7^4} + \text{etc.}\right),$$

$$1 - 2^4 + 3^4 - 4^4 + \text{etc.} = \frac{0}{32},$$

$$1 - 2^5 + 3^5 - 4^5 + \text{etc.} = \frac{16}{64} = +\frac{2 \cdot 1 \cdot 2 \cdot 3 \cdot 4 \cdot 5}{\pi^6}\left(1 + \frac{1}{3^6} + \frac{1}{5^6} + \frac{1}{7^6} + \text{etc.}\right),$$

$$1 - 2^6 + 3^6 - 4^6 + \text{etc.} = \frac{0}{128},$$

$$1 - 2^7 + 3^7 - 4^7 + \text{etc.} = -\frac{272}{256} = -\frac{2 \cdot 1 \cdot 2 \cdots 7}{\pi^8}\left(1 + \frac{1}{3^8} + \frac{1}{5^8} + \frac{1}{7^8} + \text{etc.}\right),$$

$$1 - 2^8 + 3^8 - 4^8 + \text{etc.} = \frac{0}{512},$$

$$1 - 2^9 + 3^9 - 4^9 + \text{etc.} = \frac{7936}{1024} = +\frac{2 \cdot 1 \cdot 2 \cdots 9}{\pi^{10}} \left(1 + \frac{1}{3^{10}} + \frac{1}{5^{10}} + \frac{1}{7^{10}} + \text{etc.}\right),$$

ここで，π は直径 1 の円の周を表す.

2. ここから今，以下のことが結論できる．すなわち，級数

$$1 - 2^{n-1} + 3^{n-1} - 4^{n-1} + \text{etc.}$$

と

$$1 + \frac{1}{3^n} + \frac{1}{5^n} + \frac{1}{7^n} + \text{etc.}$$

の間に，次のような関係がある.

$$1 - 2^{n-1} + 3^{n-1} - 4^{n-1} + \text{etc.}$$

$$= \frac{2 \cdot 1 \cdot 2 \cdot 3 \cdots (n-1)}{\pi^n} N \left(1 + \frac{1}{3^n} + \frac{1}{5^n} + \frac{1}{7^n} + \text{etc.}\right).$$

またここで，n が奇数である場合は常に，$n = 1$ である場合を除いて $N = 0$ となること，n が偶数である場合は常に，N は $+1$ か -1 であることがわかった．すなわち，n が $4m + 2$ の形の奇数回偶数の場合は $N = +1$，$4m$ の形の偶数回偶数の場合は $N = -1$ となる．ここから困難なく，n の関数としての N が，n がどのようなものであれ，次のようになると推論することができる.

すなわち，

$$n = \quad 2, \ 3, \quad 4, \ 5, \quad 6, \ 7, \quad 8, \ 9, \quad 10, \ 11, \quad 12, \ 13 \quad \text{etc.}$$

のときに

$$N = +1, \ 0, \ -1, \ 0, \ +1, \ 0, \ -1, \ 0, \ +1, \ 0, \ -1, \ 0 \quad \text{etc.}$$

になる.

3. そしてまた，事をより注意深く考察すると，$N = 0$ となるべき $n = 1$ の場合も，この法則に例外をなすわけではない．というのも，何も次の等式を認めることを妨げないからである.

$$1 - 2^0 + 3^0 - 4^0 + \text{etc.} = \frac{2}{\pi} 0 \left(1 + \frac{1}{3} + \frac{1}{5} + \frac{1}{7} + \frac{1}{9} + \text{etc.}\right).$$

なぜならば，級数

$$1 + \frac{1}{3} + \frac{1}{5} + \frac{1}{7} + \text{etc.}$$

の和は無限であり，そこから

$$\frac{2}{\pi}\,0\,\infty = \frac{1}{2}$$

すなわち級数

$$1 - 1 + 1 - 1 + \text{etc.}$$

に等しくなることが可能だからである．

以上の理由で，まったく例外なく，

$$n = 1, \quad 2, 3, \quad 4, 5, \quad 6, 7, \quad 8, 9 \quad \text{etc.}$$

のときに

$$N = \quad 0 \;\; +1, \; 0, \; -1, \; 0, \; +1, \; 0, \; -1, \; 0 \quad \text{etc.}$$

になる．

そして実際，この法則を満足する，数え切れないほど多くの N に関する式を想定することができる．とはいえ，ここで最も簡単でかつ一番自然なものが，

$$N = \cos\frac{n-2}{2}\pi$$

であることに疑いはない．なお，ここでは π が半円周になるように全正弦が $= 1$ とされているから，π は直角の 2 倍の角を表す．

4. したがって，以上の仮定を認めた上で，一般に以下を得る．

$$1 - 2^{n-1} + 3^{n-1} - 4^{n-1} + \text{etc.}$$
$$= 2\cos\frac{n-2}{2}\pi \cdot \frac{1\cdot 2\cdot 3\cdots(n-1)}{\pi^n}\left(1 + \frac{1}{3^n} + \frac{1}{5^n} + \text{etc.}\right)$$

すなわち，反転させて

$$1 + \frac{1}{3^n} + \frac{1}{5^n} + \frac{1}{7^n} + \text{etc.}$$
$$= \frac{1}{2\cos\dfrac{n-2}{2}\pi} \cdot \frac{\pi^n}{1\cdot 2\cdot 3\cdots(n-1)}(1 - 2^{n-1} + 3^{n-1} - 4^{n-1} + \text{etc.}).$$

そしてまた，先の諸式から明らかなように，この等式は n が偶数のときにはいつも，本当に成立するし，n が奇数の場合にも，真実から隔たらない．したがって，これがまた n が分数の場合にも正しいのであれば，式 $1\cdot 2\cdot 3\cdots(n-1)$ の値を補間によって示さなければならない．これらの値は，実際，半数に対しては，以下のようになる．すなわち，もし

210

$$n - 1 =$$

$$\frac{1}{2}, \qquad \frac{3}{2}, \qquad \frac{5}{2}, \qquad \frac{7}{2}, \qquad \frac{9}{2} \qquad \text{etc.}$$

であれば，これらの値は，

$$\frac{1}{2}\sqrt{\pi}, \quad \frac{1 \cdot 3}{2 \cdot 2}\sqrt{\pi}, \quad \frac{1 \cdot 3 \cdot 5}{2 \cdot 2 \cdot 2}\sqrt{\pi}, \quad \frac{1 \cdot 3 \cdot 5 \cdot 7}{2 \cdot 2 \cdot 2 \cdot 2}\sqrt{\pi}, \quad \frac{1 \cdot 3 \cdot 5 \cdot 7 \cdot 9}{2 \cdot 2 \cdot 2 \cdot 2 \cdot 2}\sqrt{\pi} \quad \text{etc.}$$

となり，また，

$$\cos \frac{(n-2)\pi}{2} =$$

$$\frac{1}{\sqrt{2}}, \qquad \frac{1}{\sqrt{2}}, \qquad -\frac{1}{\sqrt{2}}, \qquad -\frac{1}{\sqrt{2}}, \qquad +\frac{1}{\sqrt{2}} \qquad \text{etc.}$$

となる.

5. したがって，これらの場合に対して，以下を得る.

$$1 + \frac{1}{3\sqrt{3}} + \frac{1}{5\sqrt{5}} + \frac{1}{7\sqrt{7}} + \text{etc.}$$
$$= +\frac{\sqrt{2}}{1}\pi\left(1 - \sqrt{2} + \sqrt{3} - \sqrt{4} + \sqrt{5} - \text{etc.}\right),$$

$$1 + \frac{1}{3^2\sqrt{3}} + \frac{1}{5^2\sqrt{5}} + \frac{1}{7^2\sqrt{7}} + \text{etc.}$$
$$= +\frac{2\sqrt{2}}{1 \cdot 3}\pi^2\left(1 - 2\sqrt{2} + 3\sqrt{3} - 4\sqrt{4} + \text{etc.}\right),$$

$$1 + \frac{1}{3^3\sqrt{3}} + \frac{1}{5^3\sqrt{5}} + \frac{1}{7^3\sqrt{7}} + \text{etc.}$$
$$= -\frac{4\sqrt{2}}{1 \cdot 3 \cdot 5}\pi^3\left(1 - 2^2\sqrt{2} + 3^2\sqrt{3} - 4^2\sqrt{4} + \text{etc.}\right),$$

$$1 + \frac{1}{3^4\sqrt{3}} + \frac{1}{5^4\sqrt{5}} + \frac{1}{7^4\sqrt{7}} + \text{etc.}$$
$$= -\frac{8\sqrt{2}}{1 \cdot 3 \cdot 5 \cdot 7}\pi^4\left(1 - 2^3\sqrt{2} + 3^3\sqrt{3} - 4^3\sqrt{4} + \text{etc.}\right),$$

$$1 + \frac{1}{3^5\sqrt{3}} + \frac{1}{5^5\sqrt{5}} + \frac{1}{7^5\sqrt{7}} + \text{etc.}$$
$$= +\frac{16\sqrt{2}}{1 \cdot 3 \cdot 5 \cdot 7 \cdot 9}\pi^5\left(1 - 2^4\sqrt{2} + 3^4\sqrt{3} - 4^4\sqrt{4} + \text{etc.}\right)$$

etc.

これらの等式が絶対的に正しいか否かを，力強く確言する自信はない．したがって，近似による級数の和を満足するかを探るのが適切である．たとえば，最初の級数に対しては，ほぼ

$$1 - \sqrt{2} + \sqrt{3} - \sqrt{4} + \sqrt{5} - \text{etc.} = 0.380317$$

と和が求まり，この数に $\pi\sqrt{2}$ を乗じると 1.689665 となるが，これは級数

$$1 + \frac{1}{3\sqrt{3}} + \frac{1}{5\sqrt{5}} + \frac{1}{7\sqrt{7}} + \text{etc.}$$

の和にほぼ等しいことが判明する．

6．一方，以上からは，n として奇数を認めるために何かを結論することができるようには見えない．我々の等式の 1 辺が $\frac{0}{0}$ になるからである．そこでこれらの値を探求するために，n として整数を無限小だけ上回る数を取ってみよう．すなわち，ω が無限小の部分を表すとして，n の代わりに $n + \omega$ と書いてみよう．すると，以下が得られる．

$$1 + \frac{1}{3^{n+\omega}} + \frac{1}{5^{n+\omega}} + \frac{1}{7^{n+\omega}} + \text{etc.}$$
$$= \frac{1}{2\cos\dfrac{n-2+\omega}{2}\pi} \cdot \frac{\pi^{n+\omega}}{1 \cdot 2 \cdots (n-1+\omega)}(1 - 2^{n-1+\omega} + 3^{n-1+\omega} - 4^{n-1+\omega} + \text{etc.}).$$

ここでまず私は，対数を自然対数，すなわち双曲的なそれと理解した上で，

$$\frac{1}{a^{n+\omega}} = a^{-n-\omega} = a^{-n}(1 - \omega\, la)\ ^{1)}$$

であることを見て取る．その結果，

$$\frac{1}{a^{n+\omega}} = \frac{1}{a^n} - \frac{\omega\, la}{a^n}$$

となる．同様に，

$$a^{n-1+\omega} = a^{n-1} + a^{n-1}\omega\, la$$

そして，

$$\pi^{n+\omega} = \pi^n(1 + \omega\, l\pi)$$

となる．一方，

$$\cos\frac{n-2+\omega}{2}\pi = \cos\frac{n-2}{2}\pi - \frac{1}{2}\omega\pi\sin\frac{n-2}{2}\pi$$

---

1) 馬場注：l は自然対数（$\log$）である．

である．また最後に，式 $1 \cdot 2 \cdots (n-1+\omega)$ の $n=1$ の場合の値が $=1-0.57721566\omega$ であることを私は以前示したから，簡略化するために

$$\lambda = 0.5772156649015328$$

と書くことにすれば，

$$n \qquad\qquad = \qquad 1, \qquad\qquad 2, \qquad\qquad 3\ \text{ならば}$$
$$1 \cdot 2 \cdots (n-1+\omega) \quad = \qquad 1-\lambda\omega, \qquad 1+(1-\lambda)\omega, \quad 2+(3-2\lambda)\omega,$$

$$n \qquad\qquad = \qquad 4, \qquad\qquad 5 \qquad\qquad \text{etc.\ ならば}$$
$$1 \cdot 2 \cdots (n-1+\omega) \quad = \quad 6+(11-6\lambda)\omega, \quad 24+(50-24\lambda)\omega \qquad \text{etc.}$$

となる．

7. ここではまず，$n=3$ の場合を考察してみよう．というのも，級数

$$1 + \frac{1}{3^3} + \frac{1}{5^3} + \frac{1}{7^3} + \text{etc.}$$

は，その和を探求しようという今までのすべての努力が無駄に終わっているという性質のものだからである．このとき，

$$\cos\frac{n-2}{2}\pi = 0 \quad \text{そして} \quad \sin\frac{n-2}{2}\pi = 1,$$

だから，我々の等式は以下のような形を取ることになる．

$$1 + \frac{1}{3^3} + \frac{1}{5^3} + \frac{1}{7^3} + \text{etc.} - \omega\left(l1 + \frac{l3}{3^3} + \frac{l5}{5^3} + \frac{l7}{7^3} + \text{etc.}\right)$$
$$= \frac{-1}{\pi\omega} \cdot \frac{\pi^3(1+\omega\, l\pi)}{2+(3-2\lambda)\omega}\left(1 - 2^2 + 3^2 - 4^2 + \text{etc.} - \omega(2^2 l2 - 3^2 l3 + 4^2 l4 - \text{etc.})\right).$$

ここでまた，

$$1 - 2^2 + 3^2 - 4^2 + \text{etc.} = 0$$

だから，$\omega = 0$ と置いて，以下を得る．

$$1 + \frac{1}{3^3} + \frac{1}{5^3} + \frac{1}{7^3} + \text{etc.} = \frac{1}{2}\pi^2(2^2 l2 - 3^2 l3 + 4^2 l4 - 5^2 l5 + \text{etc.})$$

したがって，もし以下の対数の級数に和を与えることができたならば，目標に到達したことになる．

$$2^2 l2 - 3^2 l3 + 4^2 l4 - 5^2 l5 + \text{etc.}$$

一方，同様な方法で，残りの冪の級数に関しても，以下が見出される．

$$1 + \frac{1}{3^5} + \frac{1}{5^5} + \frac{1}{7^5} + \text{etc.}$$
$$= \frac{-\pi^4}{1\cdot2\cdot3\cdot4}(2^4\,l2 - 3^4\,l3 + 4^4\,l4 - 5^5\,l5 + \text{etc.}),$$
$$1 + \frac{1}{3^7} + \frac{1}{5^7} + \frac{1}{7^7} + \text{etc.}$$
$$= \frac{+\pi^6}{1\cdot2\cdots6}(2^6\,l2 - 3^6\,l3 + 4^6\,l4 - 5^6\,l5 + \text{etc.}),$$
$$1 + \frac{1}{3^9} + \frac{1}{5^9} + \frac{1}{7^9} + \text{etc.}$$
$$= \frac{-\pi^8}{1\cdot2\cdots8}(2^8\,l2 - 3^8\,l3 + 4^8\,l4 - \bar{5}^8\,l5 + \text{etc.})$$

$$\text{etc.}$$

8. したがって我々は，この無限級数を
$$2^2\,l2 - 3^2\,l3 + 4^2\,l4 - 5^2\,l5 + 6^2\,l6 - 7^2\,l7 + \text{etc.} = Z$$
と表して，
$$1 + \frac{1}{3^3} + \frac{1}{5^3} + \frac{1}{7^3} + \text{etc.} = \frac{1}{2}\pi\pi Z$$
となるようにしよう．そして，この級数の和に絶望しないように，
$$l2 - l3 + l4 - l5 + l6 - \text{etc.} = \frac{1}{2}\,l\frac{\pi}{2}$$
であることに留意しよう．さて，先の級数 Z は，例えば，
$$Z = l2 - 3\,l\frac{3}{2} + 6\,l\frac{4}{3} - 10\,l\frac{5}{4} + 15\,l\frac{6}{5} - 21\,l\frac{7}{6} + \text{etc.},$$
$$Z = l\frac{2\cdot2}{1\cdot3} + 4\,l\frac{4\cdot4}{3\cdot5} + 9\,l\frac{6\cdot6}{5\cdot7} + 16\,l\frac{8\cdot8}{7\cdot9} + 25\,l\frac{10\cdot10}{9\cdot11} + \text{etc.}$$
$$- 2\,l\frac{3\cdot3}{2\cdot4} - 6\,l\frac{5\cdot5}{4\cdot6} - 12\,l\frac{7\cdot7}{6\cdot8} - 20\,l\frac{9\cdot9}{8\cdot10} - \text{etc.}$$
と，さまざまな形に変形可能である．したがって，一般に
$$Z = \alpha\,l\frac{2\cdot2}{1\cdot3} - \beta\,l\frac{3\cdot3}{2\cdot4} + \gamma\,l\frac{4\cdot4}{3\cdot5} - \delta\,l\frac{5\cdot5}{4\cdot6} + \varepsilon\,l\frac{6\cdot6}{5\cdot7} - \zeta\,l\frac{7\cdot7}{6\cdot8} + \text{etc.}$$
と置けば，

$$2\alpha + \beta = 4 \quad \text{となる必要があり，したがって，} \quad \beta = 4 - 2\alpha,$$
$$\alpha + 2\beta + \gamma = 9 \qquad\qquad\qquad\qquad\qquad\qquad \gamma = 1 + 3\alpha,$$
$$\beta + 2\gamma + \delta = 16 \qquad\qquad\qquad\qquad\qquad\qquad \delta = 10 - 4\alpha,$$

$$\gamma + 2\delta + \varepsilon = 25 \qquad\qquad \varepsilon = 4 + 5\alpha,$$
$$\delta + 2\varepsilon + \zeta = 36 \qquad\qquad \zeta = 18 - 6\alpha,$$
$$\varepsilon + 2\zeta + \eta = 49 \qquad\qquad \eta = 9 + 7\alpha,$$
$$\zeta + 2\eta + \theta = 64 \qquad\qquad \theta = 28 - 8\alpha,$$
$$\eta + 2\theta + \iota = 81 \qquad\qquad \iota = 16 + 9\alpha,$$
$$\text{etc.} \qquad\qquad\qquad \text{etc.}$$

となる．ここで我々は，進行が最も規則正しくなるよう，$\alpha = 1$ とした．

9. この後者の式が我々の試みに最も適しているように思われる．というのも，対数が収束する級数に展開されるからである．この目的で，正の項に対して，この展開を利用してみよう．任意の項は，以下の形に含まれるから，

$$xx\, l\, \frac{4xx}{4xx-1} = -xx\, l\left(1 - \frac{1}{4xx}\right).$$

ここから，次の無限級数が生じる．

$$xx\left(\frac{1}{4xx} + \frac{1}{2\cdot 2^4 x^4} + \frac{1}{3\cdot 2^6 x^6} + \frac{1}{4\cdot 2^8 x^8} + \text{etc.}\right)$$

すなわち，

$$\frac{1}{2^2} + \frac{1}{2\cdot 2^4}\cdot\frac{1}{xx} + \frac{1}{3\cdot 2^6}\cdot\frac{1}{x^4} + \frac{1}{4\cdot 2^8}\cdot\frac{1}{x^6} + \frac{1}{5\cdot 2^{10}}\cdot\frac{1}{x^8} + \text{etc.}$$

である．一方，負の項に対しては，一般的な形は

$$-x(x+1)\, l\, \frac{(2x+1)^2}{4x(x+1)} = -x(x+1)\, l\left(1 + \frac{1}{4x(x+1)}\right)$$

であり，これは次の無限級数に展開される．

$$-\frac{1}{2^2} + \frac{1}{2\cdot 2^4}\cdot\frac{1}{x(x+1)} - \frac{1}{3\cdot 2^6}\cdot\frac{1}{x^2(x+1)^2} + \frac{1}{4\cdot 2^8}\cdot\frac{1}{x^3(x+1)^3} - \text{etc.}$$

以上から，Z の値は次の無限級数に変形される．

$$Z = \frac{1}{2^2}\left(1 - 1 + 1 - 1 + \text{etc.}\right)$$
$$+ \frac{1}{2\cdot 2^4}\left(1 + \frac{1}{1\cdot 2} + \frac{1}{2^2} + \frac{1}{2\cdot 3} + \frac{1}{3^2} + \text{etc.}\right)$$
$$+ \frac{1}{3\cdot 2^6}\left(1 - \frac{1}{1^2\cdot 2^2} + \frac{1}{2^4} - \frac{1}{2^2\cdot 3^2} + \text{etc.}\right)$$
$$+ \frac{1}{4\cdot 2^8}\left(1 + \frac{1}{1^3\cdot 2^3} + \frac{1}{2^6} + \frac{1}{2^3\cdot 3^3} + \frac{1}{3^6} + \text{etc.}\right)$$

$$+ \frac{1}{5 \cdot 2^{10}} \left(1 - \frac{1}{1^4 \cdot 2^4} + \frac{1}{2^8} - \frac{1}{2^4 \cdot 3^4} + \text{etc.} \right)$$

$$+ \frac{1}{6 \cdot 2^{12}} \left(1 + \frac{1}{1^5 \cdot 2^5} + \frac{1}{2^{10}} + \frac{1}{2^5 \cdot 3^5} + \frac{1}{3^{10}} + \text{etc.} \right)$$

$$\text{etc.}$$

10. 今，簡潔さのために

$$1 + \frac{1}{2^2} + \frac{1}{3^2} + \frac{1}{4^2} + \text{etc.} = \alpha \pi^2 ,$$

$$1 + \frac{1}{2^4} + \frac{1}{3^4} + \frac{1}{4^4} + \text{etc.} = \beta \pi^4 ,$$

$$1 + \frac{1}{2^6} + \frac{1}{3^6} + \frac{1}{4^6} + \text{etc.} = \gamma \pi^6 ,$$

$$1 + \frac{1}{2^8} + \frac{1}{3^8} + \frac{1}{4^8} + \text{etc.} = \delta \pi^8$$

$$\text{etc.}$$

と置こう．なお，ここで数 α, β, γ, δ その他は既知である．そして

$$1 - 1 + 1 - 1 + \text{etc.} = \frac{1}{2}$$

だから，

$$Z = \frac{1}{2^2} \cdot \frac{1}{2} + \frac{1}{2 \cdot 2^4} \left(\alpha \pi^2 + \frac{1}{2} + \frac{1}{6} + \frac{1}{12} + \text{etc.} \right)$$

$$+ \frac{1}{3 \cdot 2^6} \left(\beta \pi^4 - \frac{1}{2^2} - \frac{1}{6^2} - \frac{1}{12^2} - \text{etc.} \right)$$

$$+ \frac{1}{4 \cdot 2^8} \left(\gamma \pi^6 + \frac{1}{2^3} + \frac{1}{6^3} + \frac{1}{12^3} + \text{etc.} \right)$$

$$+ \frac{1}{5 \cdot 2^{10}} \left(\delta \pi^8 - \frac{1}{2^4} - \frac{1}{6^4} - \frac{1}{12^4} - \text{etc.} \right)$$

$$+ \frac{1}{6 \cdot 2^{12}} \left(\varepsilon \pi^{10} + \frac{1}{2^5} + \frac{1}{6^5} + \frac{1}{12^5} + \text{etc.} \right)$$

$$\text{etc.}$$

となる．したがって，今やすべて試みは，冪の根が矩形数 2, 6, 12, 20 その他であるような，以下の級数の和を求めることに帰着される．

$$\frac{1}{2^n} + \frac{1}{6^n} + \frac{1}{12^n} + \frac{1}{20^n} + \text{etc.}$$

11. 一方，

$$\frac{1}{x^n(x+1)^n}$$

の形をしている，この級数の各項は単純な冪からなる部分に分解される．それは，以下のようなものである．

$$\frac{1}{x(x+1)} = \frac{1}{x} - \frac{1}{x+1},$$

$$\frac{1}{x^2(x+1)^2} = \frac{1}{x^2} + \frac{1}{(x+1)^2} - 2\left(\frac{1}{x} - \frac{1}{x+1}\right),$$

$$\frac{1}{x^3(x+1)^3} = \frac{1}{x^3} - \frac{1}{(x+1)^3} - 3\left(\frac{1}{x^2} + \frac{1}{(x+1)^2}\right) + \frac{3\cdot 4}{1\cdot 2}\left(\frac{1}{x} - \frac{1}{x+1}\right),$$

$$\frac{1}{x^4(x+1)^4} = \frac{1}{x^4} + \frac{1}{(x+1)^4} - 4\left(\frac{1}{x^3} - \frac{1}{(x+1)^3}\right)$$

$$+ \frac{4\cdot 5}{1\cdot 2}\left(\frac{1}{x^2} + \frac{1}{(x+1)^2}\right) - \frac{4\cdot 5\cdot 6}{1\cdot 2\cdot 3}\left(\frac{1}{x} - \frac{1}{x+1}\right)$$

etc.

ここで，総和を前置する記号 $\int$ で示すことにすれば，

$$\int \frac{1}{(x+1)^n} = \int \frac{1}{x^n} - 1$$

であるから，さらにまた

$$\int \frac{1}{x(x+1)} = 1,$$

$$\int \frac{1}{x^2(x+1)^2} = 2\int \frac{1}{x^2} - 1 - 2,$$

$$\int \frac{1}{x^3(x+1)^3} = 1 - 3\left(2\int \frac{1}{x^2} - 1\right) + \frac{3\cdot 4}{1\cdot 2},$$

$$\int \frac{1}{x^4(x+1)^4} = 2\int \frac{1}{x^4} - 1 - 4 + \frac{4\cdot 5}{1\cdot 2}\left(2\int \frac{1}{x^2} - 1\right) - \frac{4\cdot 5\cdot 6}{1\cdot 2\cdot 3}$$

etc.

となる．

12. この各表現において，絶対数は便宜上1つにまとめることが許されて，実際

$$\int \frac{1}{x^2} = \alpha\pi^2, \quad \int \frac{1}{x^4} = \beta\pi^4, \quad \int \frac{1}{x^6} = \gamma\pi^6, \quad \int \frac{1}{x^8} = \delta\pi^8 \quad \text{etc}$$

であるから，以下を得る．

$$\int \frac{1}{x(x+1)} = 1,$$

$$\int \frac{1}{x^2(x+1)^2} = 2\alpha\pi^2 - \frac{2\cdot 3}{1\cdot 2},$$

$$\int \frac{1}{x^3(x+1)^3} = -3\cdot 2\alpha\pi^2 + \frac{3\cdot 4\cdot 5}{1\cdot 2\cdot 3}$$

$$\int \frac{1}{x^4(x+1)^4} = 2\beta\pi^4 + \frac{4\cdot 5}{1\cdot 2}2\alpha\pi^2 - \frac{4\cdot 5\cdot 6\cdot 7}{1\cdot 2\cdot 3\cdot 4},$$

$$\int \frac{1}{x^5(x+1)^5} = -5\cdot 2\beta\pi^4 - \frac{5\cdot 6\cdot 7}{1\cdot 2\cdot 3}2\alpha\pi^2 + \frac{5\cdot 6\cdot 7\cdot 8\cdot 9}{1\cdot 2\cdot 3\cdot 4\cdot 5},$$

$$\int \frac{1}{x^6(x+1)^6} = 2\gamma\pi^6 + \frac{6\cdot 7}{1\cdot 2}2\beta\pi^4 + \frac{6\cdot 7\cdot 8\cdot 9}{1\cdot 2\cdot 3\cdot 4}2\alpha\pi^2 - \frac{6\cdot 7\cdot 8\cdot 9\cdot 10\cdot 11}{1\cdot 2\cdot 3\cdot 4\cdot 5\ \cdot 6}$$

etc.

ここで注目に値する以下の還元を利用すべきである．

$$1 + \frac{n}{1} + \frac{n(n+1)}{1\cdot 2} + \cdots + \frac{n(n+1)\cdots(2n-2)}{1\cdot 2\cdots(n-1)}$$

$$= \frac{n(n+1)(n+2)\cdots(2n-1)}{1\cdot 2\cdot 3\cdots n}.$$

この和は既知の法則から

$$= \frac{(n+1)(n+2)(n+3)\cdots(2n-1)}{1\cdot 2\cdot 3\cdots(n-1)}$$

となる．

13. したがって，これらの値を代入することによって

$$Z = \frac{1}{2^2}\cdot\frac{1}{2} + \frac{1}{2\cdot 2^4}(\alpha\pi^2 + 1) + \frac{1}{3\cdot 2^6}\left(\beta\pi^4 + \frac{2\cdot 3}{1\cdot 2} - 2\alpha\pi^2\right)$$

$$+ \frac{1}{4\cdot 2^8}\left(\gamma\pi^6 + \frac{3\cdot 4\cdot 5}{1\cdot 2\cdot 3} - \frac{3}{1}2\alpha\pi^2\right)$$

$$+ \frac{1}{5\cdot 2^{10}}\left(\delta\pi^8 + \frac{4\cdot 5\cdot 6\cdot 7}{1\cdot 2\cdot 3\cdot 4} - \frac{4\cdot 5}{1\cdot 2}2\alpha\pi^2 - 2\beta\pi^4\right)$$

$$+ \frac{1}{6\cdot 2^{12}}\left(\varepsilon\pi^{10} + \frac{5\cdot 6\cdot 7\cdot 8\cdot 9}{1\cdot 2\cdot 3\cdot 4\cdot 5} - \frac{5\cdot 6\cdot 7}{1\cdot 2\cdot 3}2\alpha\pi^2 - \frac{5}{1}2\beta\pi^4\right)$$

$$+ \frac{1}{7 \cdot 2^{14}} \left(\zeta \pi^{12} + \frac{6 \cdot 7 \cdot 8 \cdot 9 \cdot 10 \cdot 11}{1 \cdot 2 \cdot 3 \cdot 4 \cdot 5 \cdot 6} - \frac{6 \cdot 7 \cdot 8 \cdot 9}{1 \cdot 2 \cdot 3 \cdot 4} 2\alpha \pi^2 \right.$$

$$\left. - \frac{6 \cdot 7}{1 \cdot 2} 2\beta \pi^4 - 2\gamma \pi^6 \right) + \text{etc.}$$

そしてこの表現は次の級数に展開される.

$$Z = \frac{1}{2^2 \cdot 2} + \frac{1}{2 \cdot 2^4} + \frac{2 \cdot 3}{2 \cdot 3 \cdot 2^6} + \frac{3 \cdot 4 \cdot 5}{2 \cdot 3 \cdot 4 \cdot 2^8}$$

$$+ \frac{4 \cdot 5 \cdot 6 \cdot 7}{2 \cdot 3 \cdot 4 \cdot 5 \cdot 2^{10}} + \frac{5 \cdot 6 \cdot 7 \cdot 8 \cdot 9}{2 \cdot 3 \cdot 4 \cdot 5 \cdot 6 \cdot 2^{12}} + \text{etc.}$$

$$+ \frac{\alpha \pi^2}{2 \cdot 2^4} + \frac{\beta \pi^4}{3 \cdot 2^6} + \frac{\gamma \pi^6}{4 \cdot 2^8} + \frac{\delta \pi^8}{5 \cdot 2^{10}} + \frac{\varepsilon \pi^{10}}{6 \cdot 2^{12}} + \text{etc.}$$

$$- 2\alpha \pi^2 \left(\frac{1}{3 \cdot 2^6} + \frac{3}{1 \cdot 4 \cdot 2^8} + \frac{4 \cdot 5}{1 \cdot 2 \cdot 5 \cdot 2^{10}} + \frac{5 \cdot 6 \cdot 7}{1 \cdot 2 \cdot 3 \cdot 6 \cdot 2^{12}} \right.$$

$$\left. + \frac{6 \cdot 7 \cdot 8 \cdot 9}{1 \cdot 2 \cdot 3 \cdot 4 \cdot 7 \cdot 2^{14}} + \text{etc.} \right)$$

$$- 2\beta \pi^4 \left(\frac{1}{5 \cdot 2^{10}} + \frac{5}{1 \cdot 6 \cdot 2^{12}} + \frac{6 \cdot 7}{1 \cdot 2 \cdot 7 \cdot 2^{14}} + \frac{7 \cdot 8 \cdot 9}{1 \cdot 2 \cdot 3 \cdot 8 \cdot 2^{16}} \right.$$

$$\left. + \frac{8 \cdot 9 \cdot 10 \cdot 11}{1 \cdot 2 \cdot 3 \cdot 4 \cdot 9 \cdot 2^{18}} + \text{etc.} \right)$$

$$- 2\gamma \pi^6 \left(\frac{1}{7 \cdot 2^{14}} + \frac{7}{1 \cdot 8 \cdot 2^{16}} + \frac{8 \cdot 9}{1 \cdot 2 \cdot 9 \cdot 2^{18}} + \frac{9 \cdot 10 \cdot 11}{1 \cdot 2 \cdot 3 \cdot 10 \cdot 2^{20}} \right.$$

$$\left. + \frac{10 \cdot 11 \cdot 12 \cdot 13}{1 \cdot 2 \cdot 3 \cdot 4 \cdot 11 \cdot 2^{22}} + \text{etc.} \right)$$

$$\text{etc.}$$

14. ここで我々は，見ての通り，以下の一般的無限級数に導かれる.

$$\frac{1}{n \cdot 2^{2n}} + \frac{n}{(n+1)2^{2n+2}} + \frac{(n+1)(n+2)}{2(n+2)2^{2n+4}}$$

$$+ \frac{(n+2)(n+3)(n+4)}{2 \cdot 3(n+3)2^{2n+6}} + \frac{(n+3)(n+4)(n+5)(n+6)}{2 \cdot 3 \cdot 4(n+4)2^{2n+8}} + \text{etc.}$$

これは先の数的な級数すべてを含んでいる. したがって，この和を探求する必要がある. そこで，この級数の和を一般に $S(n)$ という記号で示すことにすると，以下を得る.

$$Z = -\frac{1}{8} + S(1) + 2\alpha \pi^2 \left(\frac{1}{4 \cdot 2^4} - S(3) \right) + 2\beta \pi^4 \left(\frac{1}{6 \cdot 2^6} - S(5) \right)$$

$$+ 2\gamma\pi^6 \left(\frac{1}{8 \cdot 2^8} - S(7)\right) + 2\delta\pi^8 \left(\frac{1}{10 \cdot 2^{10}} - S(9)\right) + \text{etc.}$$

他方，この我々の一般的級数は以下のように表現することもできる．

$$n(n+1)S(n) = \frac{n+1}{2^{2n}} + \frac{nn}{2^{2n+2}} + \frac{n(n+1)(n+1)}{2 \cdot 2^{2n+4}} + \frac{n(n+1)(n+2)(n+4)}{2 \cdot 3 \cdot 2^{2n+6}}$$

$$+ \frac{n(n+1)(n+3)(n+5)(n+6)}{2 \cdot 3 \cdot 4 \cdot 2^{2n+8}} + \frac{n(n+1)(n+4)(n+6)(n+7)(n+8)}{2 \cdot 3 \cdot 4 \cdot 5 \cdot 2^{2n+10}}$$

$$+ \text{etc.}$$

分母に数 n がなくなり，より扱いやすい．さらにまた以下のように，各項を因数で表現することもできる．

$$S(n) = A + AB + ABC + ABCD + ABCDE + \text{etc.}$$

そして，

$$A = \frac{1}{2 \cdot 2^{2n}}, \qquad B = \frac{nn}{4(n+1)}, \qquad C = \frac{(n+1)(n+1)}{4 \cdot 2n},$$

$$D = \frac{(n+2)(n+4)}{4 \cdot 3(n+1)}, \qquad E = \frac{(n+3)(n+5)(n+6)}{4 \cdot 4(n+2)(n+4)},$$

$$F = \frac{(n+4)(n+7)(n+8)}{4 \cdot 5(n+3)(n+5)} \qquad \text{etc.}$$

となる．ここで，因数一般は次の形をしている．

$$\frac{(n+\lambda-1)(n+2\lambda-3)(n+2\lambda-2)}{4\lambda(n+\lambda-2)(n+\lambda)}.$$

15. 最も簡単な $n=1$ の場合から始めよう．因数一般は

$$= \frac{\lambda(2\lambda-2)(2\lambda-1)}{4\lambda(\lambda-1)(\lambda+1)} = \frac{2\lambda-1}{2\lambda+2}$$

だから，

$$A = \frac{1}{4}, \quad B = \frac{1}{8}, \quad C = \frac{3}{6}, \quad D = \frac{5}{8}, \quad E = \frac{7}{10}, \quad F = \frac{9}{12} \ \text{etc.}$$

となり，ここから

$$S(1) = \frac{1}{4} + \frac{1}{4 \cdot 8}\left(1 + \frac{3}{6} + \frac{3 \cdot 5}{6 \cdot 8} + \frac{3 \cdot 5 \cdot 7}{6 \cdot 8 \cdot 10} + \frac{3 \cdot 5 \cdot 7 \cdot 9}{6 \cdot 8 \cdot 10 \cdot 12} + \text{etc.}\right)$$

となる．他方

$$\sqrt{1-1} = 1 - \frac{1}{2} - \frac{1 \cdot 1}{2 \cdot 4} - \frac{1 \cdot 1 \cdot 3}{2 \cdot 4 \cdot 6} - \frac{1 \cdot 1 \cdot 3 \cdot 5}{2 \cdot 4 \cdot 6 \cdot 8} - \frac{1 \cdot 1 \cdot 3 \cdot 5 \cdot 7}{2 \cdot 4 \cdot 6 \cdot 8 \cdot 10} - \text{etc.} = 0$$

だから

$$1 + \frac{3}{6} + \frac{3 \cdot 5}{6 \cdot 8} + \frac{3 \cdot 5 \cdot 7}{6 \cdot 8 \cdot 10} + \text{etc.} = \frac{2 \cdot 4}{1 \cdot 1}\left(1 - \frac{1}{2}\right) = 4$$

となり，さらには

$$S(1) = \frac{1}{4} + \frac{1}{8} = \frac{3}{8}$$

そして

$$-\frac{1}{8} + S(1) = \frac{1}{4}$$

となる．

16. 他方，残りの級数の和が簡単に定まるように，$\frac{1}{2^2}$ の代わりに x と書いて，$x = \frac{1}{4}$ となるようにしよう．すると，以下を得る．

$$S(n) = \frac{1}{n}x^n + \frac{n}{n+1}x^{n+1} + \frac{(n+1)(n+2)}{2(n+2)}x^{n+2}$$
$$+ \frac{(n+2)(n+3)(n+4)}{2 \cdot 3(n+3)}x^{n+3} + \text{etc.}$$

この式は $n = 1$ の場合には

$$S(1) = x + \frac{1}{2}xx + \frac{2 \cdot 3}{2 \cdot 3}x^3 + \frac{3 \cdot 4 \cdot 5}{2 \cdot 3 \cdot 4}x^4 + \frac{4 \cdot 5 \cdot 6 \cdot 7}{2 \cdot 3 \cdot 4 \cdot 5}x^5 + \text{etc.}$$

になる．すなわち

$$S(1) = x + \frac{1}{2}xx + x^3 + \frac{5}{2}x^4 + \frac{6 \cdot 7}{2 \cdot 3}x^5 + \frac{7 \cdot 8 \cdot 9}{2 \cdot 3 \cdot 4}x^6 + \frac{8 \cdot 9 \cdot 10 \cdot 11}{2 \cdot 3 \cdot 4 \cdot 5}x^7 + \text{etc.}$$

あるいは

$$S(1) = x + \frac{1}{2}xx\left(1 + \frac{2}{1}x + \frac{2 \cdot 5}{1 \cdot 2}xx + \frac{2 \cdot 5 \cdot 14}{1 \cdot 2 \cdot 5}x^3 + \frac{2 \cdot 5 \cdot 14 \cdot 9}{1 \cdot 2 \cdot 3 \cdot 5}x^4 + \text{etc.}\right)$$

あるいは

$$S(1) = x + \frac{1}{2}xx\left(1 + \frac{3}{6}4x + \frac{3 \cdot 5}{6 \cdot 8}4^2x^2 + \frac{3 \cdot 5 \cdot 7}{6 \cdot 8 \cdot 10}4^3x^3\right.$$
$$\left. + \frac{3 \cdot 5 \cdot 7 \cdot 9}{6 \cdot 8 \cdot 10 \cdot 12}4^4x^4 + \text{etc.}\right)$$

である．一方，

$$\sqrt{1 - 4x} = 1 - \frac{1}{2}4x - \frac{1 \cdot 1}{2 \cdot 4}4^2x^2 - \frac{1 \cdot 1 \cdot 3}{2 \cdot 4 \cdot 6}4^3x^3 - \frac{1 \cdot 1 \cdot 3 \cdot 5}{2 \cdot 4 \cdot 6 \cdot 8}4^4x^4 - \text{etc.}$$

である．以上から，

$$\frac{1\cdot 1}{2\cdot 4}\,4^2 x^2\left(1+\frac{3}{6}\,4x+\frac{3\cdot 5}{6\cdot 8}\,4^2 x^2+\text{etc.}\right)=1-2x-\sqrt{1-4x}\,,$$

したがって,

$$S(1)=x+\frac{1-2x-\sqrt{1-4x}}{4}=\frac{1+2x-\sqrt{1-4x}}{4}\,,$$

さらには $x=\dfrac{1}{4}$ と置くことで,先と同じように,

$$S(1)=\frac{1}{4}\left(1+\frac{1}{2}\right)=\frac{3}{8}$$

となる.

17. 今度は $n=3$ と置き,さらには $S(3)=Q$ としよう.既知の

$$S(1)=P=\frac{1+2x-\sqrt{1-4x}}{4}$$

から,

$$P=x+\frac{1}{2}xx+\frac{2\cdot 3}{2\cdot 3}x^3+\frac{3\cdot 4\cdot 5}{2\cdot 3\cdot 4}x^4+\frac{4\cdot 5\cdot 6\cdot 7}{2\cdot 3\cdot 4\cdot 5}x^5+\text{etc.}\,,$$

$$Q=\frac{1}{3}x^3+\frac{3}{4}x^4+\frac{4\cdot 5}{2\cdot 5}x^5+\frac{5\cdot 6\cdot 7}{2\cdot 3\cdot 6}x^6+\frac{6\cdot 7\cdot 8\cdot 9}{2\cdot 3\cdot 4\cdot 7}x^7+\text{etc.}$$

となる.これらから,以下が結論される.

$$\begin{aligned}
Pxx-Q=&\frac{2}{3}x^3-\frac{1}{4}x^4-\frac{2\cdot 3\cdot 5}{2\cdot 3\cdot 5}x^5-\frac{3\cdot 4\cdot 5\cdot 8}{2\cdot 3\cdot 4\cdot 6}x^6\\
&-\frac{4\cdot 5\cdot 6\cdot 7\cdot 11}{2\cdot 3\cdot 4\cdot 5\cdot 7}x^7-\frac{5\cdot 6\cdot 7\cdot 8\cdot 9\cdot 14}{2\cdot 3\cdot 4\cdot 5\cdot 6\cdot 8}x^8-\text{etc.}
\end{aligned}$$

今度はこれを微分して,

$$\begin{aligned}
2Px+\frac{xx\,dP}{dx}-\frac{dQ}{dx}=&\,2xx-x^3-\frac{2\cdot 3}{2\cdot 3}5x^4-\frac{3\cdot 4\cdot 5}{2\cdot 3\cdot 4}8x^5\\
&-\frac{4\cdot 5\cdot 6\cdot 7}{2\cdot 3\cdot 4\cdot 5}11x^6-\frac{5\cdot 6\cdot 7\cdot 8\cdot 9}{2\cdot 3\cdot 4\cdot 5\cdot 6}14x^7-\text{etc.}\,,
\end{aligned}$$

そして

$$\begin{aligned}
\frac{xx\,dP}{dx}=&\,xx+x^3+\frac{2\cdot 3}{2\cdot 3}3x^4+\frac{3\cdot 4\cdot 5}{2\cdot 3\cdot 4}4x^5\\
&+\frac{4\cdot 5\cdot 6\cdot 7}{2\cdot 3\cdot 4\cdot 5}5x^6+\frac{5\cdot 6\cdot 7\cdot 8\cdot 9}{2\cdot 3\cdot 4\cdot 5\cdot 6}6x^7+\text{etc.}
\end{aligned}$$

だから,この 3 倍を前者に加えることで,以下が得られる.

$$2Px + \frac{4xxdP}{dx} - \frac{dQ}{dx} = 5xx + 2x^3 + 4 \cdot \frac{2 \cdot 3}{2 \cdot 3}x^4 + 4 \cdot \frac{3 \cdot 4 \cdot 5}{2 \cdot 3 \cdot 4}x^5$$
$$+ 4 \cdot \frac{4 \cdot 5 \cdot 6 \cdot 7}{2 \cdot 3 \cdot 4 \cdot 5}x^6 + \text{etc.}$$

そして

$$4Px = 4xx + 2x^3 + 4 \cdot \frac{2 \cdot 3}{2 \cdot 3}x^4 + 4 \cdot \frac{3 \cdot 4 \cdot 5}{2 \cdot 3 \cdot 4}x^5 + 4 \cdot \frac{4 \cdot 5 \cdot 6 \cdot 7}{2 \cdot 3 \cdot 4 \cdot 5}x^6 + \text{etc.}$$

だから

$$-2Px + \frac{4xxdP}{dx} - \frac{dQ}{dx} = xx$$

つまり

$$dQ = 4xxdP - 2Pxdx - xxdx\,.$$

ここから,

$$dP = \frac{1}{2}dx + \frac{dx}{2\sqrt{1-4x}}$$

であることを理由に以下が得られる.

$$dQ = -\frac{1}{2}xdx + \frac{1}{2}xdx\sqrt{1-4x} + \frac{2xxdx}{\sqrt{1-4x}} = -\frac{1}{2}xdx + \frac{xdx}{2\sqrt{1-4x}}\,.$$

そして, これを積分して,

$$Q = -\frac{1}{4}xx - \frac{1+2x}{24}\sqrt{1-4x} + \frac{1}{24}\,.$$

$x = \frac{1}{4}$ と置こう. その場合には, $P = \frac{3}{8}$ で, $Q = \frac{5}{192}$ となり, その結果,

$$S(1) = \frac{3}{8}, \quad S(3) = \frac{5}{192}$$

そして

$$-\frac{1}{8} + S(1) = \frac{1}{4}, \quad \frac{1}{4 \cdot 2^4} - S(3) = -\frac{1}{96}$$

となる.

18. 今度は一般に $S(n) = P$, そしてこれに続く和 $S(n+2) = Q$ と置こう. すると

$$P = \frac{1}{n}x^n + \frac{n}{n+1}x^{n+1} + \frac{n+1}{2}x^{n+2} + \frac{(n+2)(n+4)}{2 \cdot 3}x^{n+3}$$
$$+ \frac{(n+3)(n+5)(n+6)}{2 \cdot 3 \cdot 4}x^{n+4} + \text{etc.},$$
$$Q = \frac{1}{n+2}x^{n+2} + \frac{n+2}{n+3}x^{n+3} + \frac{n+3}{2}x^{n+4} + \frac{(n+4)(n+6)}{2 \cdot 3}x^{n+5}$$

$$+ \frac{(n+5)(n+7)(n+8)}{2 \cdot 3 \cdot 4} x^{n+6}$$

となり，これらから，

$$Q = Px - \frac{1}{2}(n+1) \int P dx - \frac{1}{2}(n-1)xx \int \frac{P dx}{xx}$$

となることが結論される．すなわち，$S(n)$ から $S(n+2)$ を決めることができる．ただし，$\int \dfrac{P dx}{xx}$ の中に $\int \dfrac{dx}{x}$ が現れる $n = 1$ の場合を除く．

今は

$$S(3) = \frac{1 - 6xx - (1 + 2x)\sqrt{1 - 4x}}{24}$$

の場合が明らかになっているので，これを P と置くならば，

$$S(5) = Px - 2 \int P dx - xx \int \frac{P dx}{xx}$$

となり，これを積分で展開することで

$$S(5) = \frac{1}{60} \left(1 - 15xx + 10x^3 - (1 + 2x - 9xx)\sqrt{1 - 4x} \right).$$

したがって，$x = \dfrac{1}{4}$ と置いて，

$$S(5) = \frac{7}{32 \cdot 60} = \frac{7}{1920}$$

さらには

$$\frac{1}{6 \cdot 2^6} - S(5) = -\frac{1}{960}$$

となる．

19. 次に $n = 5$ としよう．すると

$$P = \frac{1}{60} \left(1 - 15xx + 10x^3 - (1 + 2x - 9xx)\sqrt{1 - 4x} \right)$$

で

$$S(7) = Px - 3 \int P dx - 2xx \int \frac{P dx}{xx}$$

となり，これらの積分を展開することで，最終的に以下が見出される．

$$S(7) = \frac{1}{112} \left(1 - 28xx + 56x^3 - 14x^4 - (1 + 2x - 22xx + 20x^3)\sqrt{1 - 4x} \right).$$

したがって，$x = \dfrac{1}{4}$ と置いて，

$$S(7) = \frac{1}{112}\left(1 - \frac{7}{4} + \frac{7}{8} - \frac{7}{128}\right) = \frac{9}{2^{11} \cdot 7}$$

さらには

$$\frac{1}{8 \cdot 2^8} - S(7) = -\frac{1}{2^{10} \cdot 7}.$$

以上より，もし今までに見出した値を集めるならば，それに続く値も推測によって容易に得られるだろう．

$$S(1) - \frac{1}{2 \cdot 2^2} = \frac{1}{4} = \frac{1}{1 \cdot 2 \cdot 2^1},$$

$$S(3) - \frac{1}{4 \cdot 2^4} = \frac{1}{96} = \frac{1}{3 \cdot 4 \cdot 2^3},$$

$$S(5) - \frac{1}{6 \cdot 2^6} = \frac{1}{960} = \frac{1}{5 \cdot 6 \cdot 2^5},$$

$$S(7) - \frac{1}{8 \cdot 2^8} = \frac{1}{2^{10} \cdot 7} = \frac{1}{7 \cdot 8 \cdot 2^7}.$$

20. したがって，最終的に Z に対する次の値に到達する．

$$Z = \frac{1}{4} - \frac{\alpha \pi^2}{3 \cdot 4 \cdot 2^2} - \frac{\beta \pi^4}{5 \cdot 6 \cdot 2^4} - \frac{\gamma \pi^6}{7 \cdot 8 \cdot 2^6} - \frac{\delta \pi^8}{9 \cdot 10 \cdot 2^8} - \frac{\varepsilon \pi^{10}}{11 \cdot 12 \cdot 2^{10}} - \text{etc.}$$

その結果，

$$1 + \frac{1}{3^3} + \frac{1}{5^3} + \frac{1}{7^3} + \text{etc.} = \frac{1}{2}\pi\pi Z$$

あるいは

$$1 + \frac{1}{3^3} + \frac{1}{5^3} + \frac{1}{7^3} + \text{etc.} = \frac{1}{8}\pi\pi - \frac{2\alpha\pi^4}{3 \cdot 4 \cdot 2^4} - \frac{2\beta\pi^6}{5 \cdot 6 \cdot 2^6} - \frac{2\gamma\pi^8}{7 \cdot 8 \cdot 2^8} - \text{etc.}$$

この級数の和を探求するために，π を変量と考え，$\dfrac{\pi}{2} = \varphi$ とした上で，

$$\frac{\alpha\varphi^4}{3 \cdot 4} + \frac{\beta\varphi^6}{5 \cdot 6} + \frac{\gamma\varphi^8}{7 \cdot 8} + \frac{\delta\varphi^{10}}{9 \cdot 10} + \text{etc.} = s$$

と置こう．すると

$$\frac{dds}{d\varphi^2} = \alpha\varphi^2 + \beta\varphi^4 + \gamma\varphi^6 + \delta\varphi^8 + \text{etc.} = z$$

となる．そして，ここから

$$2zz = 2\alpha\alpha\varphi^4 + 4\alpha\beta\varphi^6 + 4\alpha\gamma\varphi^8 + 4\alpha\delta\varphi^{10} + \text{etc.}$$
$$+ 2\beta\beta \qquad + 4\beta\gamma$$

を構成しよう．ここで今，

$$\beta = \frac{2\alpha\alpha}{5}, \quad \gamma = \frac{4\alpha\beta}{7}, \quad \delta = \frac{4\alpha\gamma + 2\beta\beta}{9} \quad \text{etc.}$$

だから,

$$2\int zzd\varphi = \beta\varphi^5 + \gamma\varphi^7 + \delta\varphi^9 + \text{etc.} = z\varphi - \alpha\varphi^3$$

となり,さらには

$$2zzd\varphi = zd\varphi + \varphi dz - 3\alpha\varphi\varphi\, d\varphi$$

となる.

21. 今ここで $\alpha = \dfrac{1}{6}$ だから,試行すれば明らかになるように,積分によって

$$z = \frac{1}{2} - \frac{\varphi}{2\tan\varphi}$$

が見出される.ここで

$$dds = zd\varphi^2.$$

だから,

$$\frac{ds}{d\varphi} = \int zd\varphi = \frac{1}{2}\varphi - \frac{1}{2}\int \frac{\varphi\, d\varphi}{\tan\varphi}$$

そして,

$$s = \frac{1}{4}\varphi^2 - \frac{1}{2}\int d\varphi \int \frac{\varphi\, d\varphi}{\tan\varphi}$$

さらには,

$$1 + \frac{1}{3^3} + \frac{1}{5^3} + \frac{1}{7^3} + \text{etc.} = \frac{1}{8}\pi\pi - \frac{1}{2}\varphi\varphi + \int d\varphi \int \frac{\varphi\, d\varphi}{\tan\varphi}$$

が結論される.そして,$\varphi = \dfrac{\pi}{2}$ すなわち,$\pi = 2\varphi$ であることより,

$$1 + \frac{1}{3^3} + \frac{1}{5^3} + \frac{1}{7^3} + \text{etc.} = \int d\varphi \int \frac{\varphi\, d\varphi}{\tan\varphi} = \frac{\pi}{2}\int \frac{\varphi\, d\varphi}{\tan\varphi} - \int \frac{\varphi\varphi\, d\varphi}{\tan\varphi}$$

$$= 2\int \varphi\, d\varphi\, l\sin\varphi - \frac{\pi}{2}\int d\varphi\, l\sin\varphi.$$

一方,

$$\int d\varphi\, l\sin\varphi = -\frac{\pi\, l2}{2}$$

であり,したがって,

$$1 + \frac{1}{3^3} + \frac{1}{5^3} + \frac{1}{7^3} + \text{etc.} = \frac{\pi\pi}{4}\, l2 + 2\int \varphi\, d\varphi\, l\sin\varphi$$

226

となる．ここで積分は，$\varphi = 0$ として徐々に消滅し，次に $\varphi = \dfrac{\pi}{2}$ まで行う必要がある．その結果，提示された級数の和が得られる．なるほど，積分を実行することはできないにしても，求積によってその値を定めることができる．また，先に Z によって示された級数も，和を近似的に求めるために，極めて適したものだ．

22. 以下は，今話題になっている級数をより正確に評価する機会としよう．
$$P = \frac{1}{n}x^n + \frac{n}{n+1}x^{n+1} + \frac{n+1}{2}x^{n+2} + \frac{(n+2)(n+4)}{2\cdot3}x^{n+3}$$
$$+ \frac{(n+3)(n+5)(n+6)}{2\cdot3\cdot4}x^{n+4} + \text{etc.}$$

n が奇数のときのこの級数の和を，我々は単一の方法で決定した．それは以下のようなものである．

$n = 1$ ならば，$P = \dfrac{1}{4}\left(1 + 2x - \sqrt{1-4x}\right)$，

$n = 3$，$\qquad P = \dfrac{1}{24}\left(1 - 6xx - (1+2x)\sqrt{1-4x}\right)$，

$n = 5$，$\qquad P = \dfrac{1}{60}\left(1 - 15xx + 10x^3 - (1+2x-9xx)\sqrt{1-4x}\right)$，

$n = 7$，$\qquad P = \dfrac{1}{112}\big(1 - 28xx + 56x^3 - 14x^4$
$$- (1 + 2x - 22xx + 20x^3)\sqrt{1-4x}\big).$$

求和一般は微分に関する方程式に還元できるのだから，先の値がこれらの場合にどのように適合するかを調べるのが価値のあることのように思われる．しかしここでは，微分を考察することがより便利である．それらの微分は，以下の通り．

$n = 1$ ならば，$\dfrac{dP}{dx} = \dfrac{1}{2}\left(1 + \dfrac{1}{\sqrt{1-4x}}\right)$，

$n = 3$，$\qquad \dfrac{dP}{dx} = \dfrac{1}{2}\left(-x + \dfrac{x}{\sqrt{1-4x}}\right)$，

$n = 5$，$\qquad \dfrac{dP}{dx} = \dfrac{1}{2}\left(-x + xx + \dfrac{x - 3xx}{\sqrt{1-4x}}\right)$，

$n = 7$，$\qquad \dfrac{dP}{dx} = \dfrac{1}{2}\left(-x + 3xx - x^3 + \dfrac{x - 5xx + 5x^3}{\sqrt{1-4x}}\right).$

23. 他方，一般的に，微分することによって

$$\frac{dP}{dx} = x^{n-1} + nx^n + \frac{(n+1)(n+2)}{1\cdot 2}x^{n+1} + \frac{(n+2)(n+3)(n+4)}{1\cdot 2\cdot 3}x^{n+2} + \text{etc.}$$

$x = yy$ そして $\dfrac{dP}{dx} = \dfrac{dP}{2ydy} = s$ と置くならば，以下のようになる．

$$s = y^{2n-2} + ny^{2n} + \frac{(n+1)(n+2)}{1\cdot 2}y^{2n+2} + \frac{(n+2)(n+3)(n+4)}{1\cdot 2\cdot 3}y^{2n+4} + \text{etc.}$$

ここから

$$y^{2-n}s = y^n + ny^{n+2} + \frac{(n+1)(n+2)}{1\cdot 2}y^{n+4} + \frac{(n+2)(n+3)(n+4)}{1\cdot 2\cdot 3}y^{n+6} + \text{etc.}$$

そして，さらに

$$\begin{aligned}
\frac{dd(y^{2-n}s)}{dy^2} = {}& n(n-1)y^{n-2} + \frac{n(n+1)(n+2)}{1}y^n \\
&+ \frac{(n+1)(n+2)(n+3)(n+4)}{1\cdot 2}y^{n+2} + \text{etc.},
\end{aligned}$$

一方，

$$\begin{aligned}
\frac{1}{2dy}d.\frac{s}{yy} = {}& (n-2)y^{2n-5} + (n-1)ny^{2n-3}\,{}^{2)} + \frac{n(n+1)(n+2)}{1\cdot 2}y^{2n-1} \\
&+ \frac{(n+1)(n+2)(n+3)(n+4)}{1\cdot 2\cdot 3}y^{2n+1} + \text{etc.}
\end{aligned}$$

でもある．

この級数に y^{5-2n} を乗じて，再度微分することで，

$$\begin{aligned}
\frac{1}{4dy^2}d.\left(y^{5-2n}d.\frac{s}{yy}\right) = {}& n(n-1)y + \frac{n(n+1)(n+2)}{1}y^3 \\
&+ \frac{(n+1)(n+2)(n+3)(n+4)}{1\cdot 2}y^5 + \text{etc.}
\end{aligned}$$

が生じるが，この級数は上記の級数より

$$= \frac{y^{3-n}dd(y^{2-n}s)}{dy^2}$$

でもあり，その結果 s と y の間に次の等式を得る．

$$d.\left(y^{5-2n}d.\frac{s}{yy}\right) = 4y^{3-n}dd(y^{2-n}s).$$

---

2)　馬場注：1773 年の初出では，右辺第 1 項の指数が $2n-3$，右辺第 2 項が抜けているという誤りがあった．全集版では第 1 項の指数は正しく修正されたが，第 2 項として $(n-1)y^{2n-3}$ を加えるという誤った修正がなされた．正確にはここにある通り．

24. 要素 dy を一定として，この等式を展開すると，以下を得る．

$$y^{3-2n}dds + (1-2n)y^{2-2n}dyds - 4(1-n)y^{1-2n}sdy^2$$
$$= 4y^{5-2n}dds + 8(2-n)y^{4-2n}dyds + 4(2-n)(1-n)y^{3-2n}sdy^2 .$$

この式は，y^{2n-1} を乗じることで，次の式に至る．

$$yy(1-4yy)dds + (1-2n)ydyds - 4(1-n)sdy^2$$
$$- 8(2-n)y^3dyds - 4(2-n)(1-n)yysdy^2 = 0 .$$

この式は，$yy = x$ と置き，さらに dx を一定とすることで，次の式に変形される．

$$xx(1-4x)dds + (1-n)xdxds - (1-n)sdx^2$$
$$- 2(5-2n)xxdxds - (2-n)(1-n)sxdx^2 = 0 .$$

ここで，$s = \dfrac{dP}{dx}$ すなわち，$P = \displaystyle\int sdx$ である．ただし積分は，x を無限小としたときに

$$\frac{ds}{dx} = (n-1)x^{n-2}, \quad s = x^{n-1}$$

そして $P = \dfrac{1}{n}x^n$ になるという法則に従うよう行われる必要がある．

25. もしこの等式を，無限級数によって積分する場合は，項 x^{n-1} から始めることで，他でもない先に提示した級数が再生される．しかし，最初が定数項 x^0 から始まるとすることもできる．そして，そこから我々の条件を満たさない積分も得られる．しかしそれ以外にも，先のものと組み合わせて問題を解決する，別の積分を考察することができる．そこで，以下のように設定しよう．

$$s = O + Ax + Bx^2 + Cx^3 + Dx^4 + Ex^5 + Fx^6 + \text{etc.}$$

すると，

$$\frac{ds}{dx} = A + 2Bx + 3Cxx + 4Dx^3 + 5Ex^4 + 6Fx^5 + \text{etc.}$$

そして

$$\frac{dds}{dx^2} = 2B + 6Cx + 12Dxx + 20Ex^3 + 30Fx^4 + 42Gx^5 + \text{etc.}$$

になる．これらの式を代入によって処理する必要がある．

$$-(1-n)O$$
$$-(2-n)(1-n)Ox -(2-n)(1-n)Ax^2 -(2-n)(1-n)Bx^3 -(2-n)(1-n)Cx^4 -\text{etc.} = 0,$$

$$
\begin{array}{llll}
+(1-n)A & +2(1-n)B & +3(1-n)C & +4(1-n)D \\
-(1-n)A & -2(5-2n)A & -4(5-2n)B & -6(5-2n)C \\
 & -(1-n)B & -(1-n)C & -(1-n)D \\
 & +2B & +6C & +12D \\
 & & -8B & -24C
\end{array}
$$

この等式は以下の式に還元される.

$$-(1-n)O \quad -(2-n)(1-n)Ox$$

$$+(3-n)Bx^2 \qquad +2(4-n)Cx^3 \qquad +3(5-n)Dx^4 \qquad +4(6-n)Ex^5 + \text{etc.} = 0.$$

$$-(3-n)(4-n)A \quad -(5-n)(6-n)B \quad -(7-n)(8-n)C \quad -(9-n)(10-n)D$$

26. したがって，各々の項を無に等置することで，$n=1$ でなければ $O=0$ となる必要がある．そして残りの係数に関しては，以下を得る.

$$B = \frac{(3-n)(4-n)}{1(3-n)}A = \frac{4-n}{1}A,$$

$$C = \frac{(5-n)(6-n)}{2(4-n)}B = \frac{(5-n)(6-n)}{1\cdot 2}A,$$

$$D = \frac{(7-n)(8-n)}{3(5-n)}C = \frac{(6-n)(7-n)(8-n)}{1\cdot 2\cdot 3}A,$$

$$E = \frac{(9-n)(10-n)}{4(6-n)}D = \frac{(7-n)(8-n)(9-n)(10-n)}{1\cdot 2\cdot 3\cdot 4}A$$

$$\text{etc.}$$

ここから，進行の法則は明らかである．一方，$n=1$ の場合には O は不定のままで，そのときは，残りの係数をすべて無にすることで等式は満足され，結果として $s=O$ となる．もっとも，上記決定方法より，以下のようにそれら残りの係数に有限の値を割り当てることも可能である.

$$B = \frac{3}{1}A, \quad C = \frac{4\cdot 5}{1\cdot 2}A, \quad D = \frac{5\cdot 6\cdot 7}{1\cdot 2\cdot 3}A \quad \text{etc.}$$

ここから，積分全体は以下のようになるだろう.

$$s = O + A\left(x + \frac{3}{1}x^2 + \frac{4\cdot 5}{1\cdot 2}x^3 + \frac{5\cdot 6\cdot 7}{1\cdot 2\cdot 3}x^4 + \frac{6\cdot 7\cdot 8\cdot 9}{1\cdot 2\cdot 3\cdot 4}x^5 + \text{etc.}\right).$$

27. 同様な方法で，n が整数である残りの場合にも $O = 0$ となるが，A は任意の数になり，またその他の特定の係数も定めることができず，それゆえ任意に設定することが許される．したがって，それが $= 0$ とすれば，以下のような，有限個の項からなる積分が得られる．

$n = 3$ ならば，$O = 0$, A 不定, $B = 0$, $C = 0$ etc.

$n = 4$ ならば，$O = 0$, A 不定, $B = 0$, $C = 0$ etc.

$n = 5$ ならば，$O = 0$, A 不定, $B = -A$, $C = 0$, $D = 0$ etc.

$n = 6$ ならば，$O = 0$, A 不定, $B = -2A$, $C = 0$, $D = 0$ etc.

$n = 7$ ならば，$O = 0$, A 不定, $B = -3A$, $C = A$, $D = 0$ etc.

$n = 8$ ならば，$O = 0$, A 不定, $B = -4A$, $C = \dfrac{2 \cdot 3}{1 \cdot 2}A$, $D = 0$,
$$E = 0 \text{ etc.}$$

$n = 9$ ならば，$O = 0$, A 不定, $B = -5A$, $C = \dfrac{3 \cdot 4}{1 \cdot 2}A$,
$$D = -\frac{1 \cdot 2 \cdot 3}{1 \cdot 2 \cdot 3}A, \ E = 0 \text{ etc.}$$

$n = 10$ ならば，$O = 0$, A 不定, $B = -6A$, $C = \dfrac{4 \cdot 5}{1 \cdot 2}A$,
$$D = -\frac{2 \cdot 3 \cdot 4}{1 \cdot 2 \cdot 3}A, \ E = 0 \text{ etc.}$$

$n = 11$ ならば，$O = 0$, A 不定, $B = -7A$, $C = \dfrac{5 \cdot 6}{1 \cdot 2}A$,
$$D = -\frac{3 \cdot 4 \cdot 5}{1 \cdot 2 \cdot 3}A, \ E = \frac{1 \cdot 2 \cdot 3 \cdot 4}{1 \cdot 2 \cdot 3 \cdot 4}A, \ F = 0 \text{ etc.}$$
$$\text{etc.}$$

28. したがって，$n = 2$ の場合を除く，すべての正の整数の場合に対する特定の積分は，以下に見るようになり，ここから先に $\dfrac{dP}{dx}$ に対して見出した式の有理部分を結論することができる．

$n = 1$ ならば，$\quad s = O$;

$n = 3$ ならば，$\quad s = Ax$;

$n = 4$ ならば，$\quad s = Ax$;

$n = 5$ ならば，$\quad s = A(x - xx)$;

$n = 6$ ならば，$\quad s = A(x - 2xx)$;

$n = 7$ ならば，$\quad s = A(x - 3xx + x^3)$;

$n = 8$ ならば，　$s = A(x - 4xx + 3x^3)$;

$n = 9$ ならば，　$s = A(x - 5xx + 6x^3 - x^4)$;

$n = 10$ ならば，　$s = A(x - 6xx + 10x^3 - 4x^4)$;

$n = 11$ ならば，　$s = A(x - 7xx + 15x^3 - 10x^4 + x^5)$;

$n = 12$ ならば，　$s = A(x - 8xx + 21x^3 - 20x^4 + 5x^6)$.

29. したがって，任意の数 n に対するこの特定の積分は，

$$s = A \left\{ \begin{array}{l} x - \dfrac{n-4}{1}xx + \dfrac{(n-5)(n-6)}{1 \cdot 2}x^3 - \dfrac{(n-6)(n-7)(n-8)}{1 \cdot 2 \cdot 3}x^4 \\[2ex] \quad + \dfrac{(n-7)(n-8)(n-9)(n-10)}{1 \cdot 2 \cdot 3 \cdot 4}x^5 - \text{etc.} \end{array} \right\}$$

となる．この級数はなるほど無限に続けても条件を満たすが，ある項は消滅するのだから，継続するすべての項，特に個別に取り上げれば別の特定の積分を表すようなものは，取り除くことが許される．

他方，ここで明らかなのは，これらの式の任意のものが，先立つ 2 つの以下のように決定されるということである．すなわち，$n = \nu$, $n = \nu + 1$, $n = \nu + 2$ の場合における s の値を s, s', s'' と置くならば，定数 A がすべての場合に対して同じ値を取る限り，$s'' = s' - sx$ である．さらにはこの法則によって，$n = 2$ の場合には $s = 0$ とすべきである．また，今しがた注意したように，これら特定の積分は我々の条件を満足しない．しかしまた，すぐ後に見るように，有理的部分で十分である．

30. さて，完全な積分を見出すために，無理的部分を示す別の特定の積分を探求してみよう．この目的で，

$$s = \frac{t}{\sqrt{1 - 4x}}$$

と置くと，

$$ds = \frac{dt}{\sqrt{1 - 4x}} + \frac{2t\,dx}{(1 - 4x)^{\frac{3}{2}}}$$

そして

$$dds = \frac{ddt}{\sqrt{1 - 4x}} + \frac{4\,dx\,dt}{(1 - 4x)^{\frac{3}{2}}} + \frac{12t\,dx^2}{(1 - 4x)^{\frac{5}{2}}}$$

となり，これらを代入すると，我々の微分の微分方程式は，以下の式に至る．

$$xx(1 - 4x)ddt - (n - 1)xdtdx + (n - 1)tdx^2$$
$$+ 2(2n - 3)xxdtdx - n(n - 1)txdx^2 = 0.$$

ここで,
$$t = A + Bx + Cx^2 + Dx^3 + Ex^4 + Fx^5 + Gx^6 + \text{etc.}$$
としよう．すると代入によって，以下の等式に至る．
$$0 = (n - 1)A$$
$$-n(n - 1)Ax - (n - 3)Cx^2 \qquad -2(n - 4)Dx^3 \qquad -3(n - 5)Ex^4 - \text{etc.},$$
$$-(n - 2)(n - 3)B \quad -(n - 4)(n - 5)C \quad -(n - 6)(n - 7)D$$

したがって，$n = 1$ でなければ $A = 0$ となる必要があり，残りに関しては，以下のようになる．

$$C = -\frac{(n - 2)(n - 3)}{1(n - 3)}B = -\frac{n - 2}{1}B,$$
$$D = -\frac{(n - 4)(n - 5)}{2(n - 4)}C = +\frac{(n - 2)(n - 5)}{1 \cdot 2}B,$$
$$E = -\frac{(n - 6)(n - 7)}{3(n - 5)}D = -\frac{(n - 2)(n - 6)(n - 7)}{1 \cdot 2 \cdot 3}B.$$

31. したがって，これらから，個々の整数 n に対する有限な t の値は，以下のようになるだろう．

$n = 1$ ならば，$t = A$;

$n = 2$ ならば，$t = Bx$;

$n = 3$ ならば，$t = Bx$;

$n = 4$ ならば，$t = B(x - 2xx)$;

$n = 5$ ならば，$t = B(x - 3xx)$;

$n = 6$ ならば，$t = B(x - 4xx + 2x^3)$;

$n = 7$ ならば，$t = B(x - 5xx + 5x^3)$;

$n = 8$ ならば，$t = B(x - 6xx + 9x^3 - 2x^4)$;

$n = 9$ ならば，$t = B(x - 7xx + 14x^3 - 7x^4)$;

$n = 10$ ならば，$t = B(x - 8xx + 20x^3 - 16x^4 + 2x^5)$.

そして一般に，

$$t = B \left\{ \begin{array}{l} x - \dfrac{n-2}{1}xx + \dfrac{(n-2)(n-5)}{1 \cdot 2}x^3 - \dfrac{(n-2)(n-6)(n-7)}{1 \cdot 2 \cdot 3}x^4 \\[4mm] \quad + \dfrac{(n-2)(n-7)(n-8)(n-9)}{1 \cdot 2 \cdot 3 \cdot 4}x^5 - \text{etc.} \end{array} \right\}$$

ここで，先のように再度，$t'' = t' - tx$ である．

32. 先に級数 P を $S(n)$ で表したように，級数 $s = \dfrac{dP}{dx}$ を $\sum(n)$ で表すならば，一般に以下のようになる．

$$\sum(1) = -A + \frac{B}{\sqrt{1-4x}} \, ,$$

$$\sum(2) = 0 + \frac{2Bx}{\sqrt{1-4x}} \, ,$$

$$\sum(3) = Ax + \frac{Bx}{\sqrt{1-4x}} \, ,$$

$$\sum(4) = Ax + \frac{B(x - 2xx)}{\sqrt{1-4x}} \, ,$$

$$\sum(5) = A(x - xx) + \frac{B(x - 3xx)}{\sqrt{1-4x}} \, ,$$

$$\sum(6) = A(x - 2xx) + \frac{B(x - 4xx + 2x^3)}{\sqrt{1-4x}} \, ,$$

$$\sum(7) = A(x - 3xx + x^3) + \frac{B(x - 5xx + 5x^3)}{\sqrt{1-4x}} \, ,$$

$$\sum(8) = A(x - 4xx + 3x^3) + \frac{B(x - 6xx + 9x^3 - 2x^4)}{\sqrt{1-4x}} \, ,$$

$$\sum(9) = A(x - 5xx + 6x^3 - x^4) + \frac{B(x - 7xx + 14x^3 - 7x^4)}{\sqrt{1-4x}} \, ,$$

$$\sum(10) = A(x - 6xx + 10x^3 - 4x^4) + \frac{B(x - 8xx + 20x^3 - 16x^4 + 2x^5)}{\sqrt{1-4x}}$$

$$\text{etc.} \, ,$$

ここで，これらの式が提示した級数に適合するように，$A = -\dfrac{1}{2}$, $B = \dfrac{1}{2}$ とする．

33. これらの値は再帰的列を構成し，各値がその直前のものから，2 つ前のものに x を乗じたものを取り除いたものに等しいのだから，一般の項，すなわち値

$\sum(n)$ は有限的に表示することができるだろう．実際，再帰的列の性質より，

$$\sum(n) = M\left(\frac{1+\sqrt{1-4x}}{2}\right)^n + N\left(\frac{1-\sqrt{1-4x}}{2}\right)^n$$

となる．ここで，係数 M, N は最初の 2 つの値より

$$M = \frac{(A+B)(1-2x-\sqrt{1-4x}\,)}{2x\sqrt{1-4x}} = \frac{A+B}{x\sqrt{1-4x}}\left(\frac{1-\sqrt{1-4x}}{2}\right)^2,$$

$$N = \frac{(B-A)(1-2x+\sqrt{1-4x}\,)}{2x\sqrt{1-4x}} = \frac{B-A}{x\sqrt{1-4x}}\left(\frac{1+\sqrt{1-4x}}{2}\right)^2$$

となるように定まる．そして，我々の場合には $A = -\dfrac{1}{2}$, $B = \dfrac{1}{2}$ であるから，

$$\sum(n) = \frac{1}{x\sqrt{1-4x}}\left(\frac{1+\sqrt{1-4x}}{2}\right)^2\left(\frac{1-\sqrt{1-4x}}{2}\right)^n$$

すなわち，

$$\sum(n) = \frac{x}{\sqrt{1-4x}}\left(\frac{1-\sqrt{1-4x}}{2}\right)^{n-2} = \frac{dP}{dx}$$

であり，ここでまた，

$$P = \frac{1}{n}x^n + \frac{n}{n+1}x^{n+1} + \frac{n+1}{2}x^{n+2} + \frac{(n+2)(n+4)}{2\cdot 3}x^{n+3}$$
$$+ \frac{(n+3)(n+5)(n+6)}{2\cdot 3\cdot 4}x^{n+4} + \text{etc.}$$

でもある．

34. したがって，我々が P とするこの級数の値は，

$$P = \int \frac{x\,dx}{\sqrt{1-4x}}\left(\frac{1-\sqrt{1-4x}}{2}\right)^{n-2}$$

であり，この積分を求めるために，

$$\frac{1-\sqrt{1-4x}}{2} = y$$

と置くと，

$$dy = \frac{dx}{\sqrt{1-4x}} \quad \text{そして} \quad x = y - yy$$

であり，ここから

$$P = \int dy(y - yy)y^{n-2} = \frac{y^n}{n} - \frac{y^{n+1}}{n+1}$$

さらには

$$P = \frac{n+1-ny}{n(n+1)} \cdot y^n$$

すなわち

$$P = \frac{n+2+n\sqrt{1-4x}}{2n(n+1)} \left(\frac{1-\sqrt{1-4x}}{2} \right)^n = S(n)$$

であり，$x = \dfrac{1}{4}$ として上記 §14 で提示した諸式に対して

$$S(n) = \frac{n+2}{2^{n+1}\, n(n+1)}$$

を得る．これはまたさらに，そこで表されていたように，

$$\frac{1}{(n+1)\,2^{n+1}} - S(n) = -\frac{1}{2^n(n+1)n}$$

となる．この表現は上記 §19 において唯一帰納に基づいて我々が与えたものにまさしく一致するもので，その結果，これ以上いかなる疑問も残る余地がないことになる．

35. さらに注目すべきは，この微分の微分方程式

$$xx(1-4x)dds - (n-1)xdxds + (n-1)sdx^2$$
$$+ 2(2n-5)xxdxds - (n-1)(n-2)sxdx^2 = 0$$

の完全な，そして代数的積分が提示できることで，それはこれまでの結果から，以下のようになる．

$$s = \frac{Cx}{\sqrt{1-4x}} \left(\frac{1+\sqrt{1-4x}}{2} \right)^{n-2} + \frac{Dx}{\sqrt{1-4x}} \left(\frac{1-\sqrt{1-4x}}{2} \right)^{n-2}.$$

これを，先の式から積分によっていかに見出すことができるのか，それほど明らかなことではない．しかし，変換

$$s = \frac{xu}{\sqrt{1-4x}}$$

が極めて有効であることは，直ちに分かる．実際，§30 において $t = ux$ と置けば，以下の方程式が生じる．

$$xx(1-4x)ddu - (n-3)xdxdu - (n-2)(n-3)xudx^2$$
$$+ 2(2n-7)xxdxdu = 0$$

すなわち，

$$x(1-4x)ddu - (n-3)dxdu - (n-2)(n-3)udx^2$$
$$+ 2(2n-7)xdxdu = 0$$

である．したがって，この積分が

$$u = C\left(\frac{1+\sqrt{1-4x}}{2}\right)^{n-2} + D\left(\frac{1-\sqrt{1-4x}}{2}\right)^{n-2}$$

である．

36. もしこの方程式で $\sqrt{1-4x} = y$ と置き，要素 dy を一定のものとして導入するならば，先の方程式は以下のようにさらに簡単になる．

$$(1-yy)ddu + 2(n-3)ydydu - (n-2)(n-3)udy^2 = 0\,,$$

そして，この積分が

$$u = C\left(\frac{1+y}{2}\right)^{n-2} + D\left(\frac{1-y}{2}\right)^{n-2}$$

であることになる．これが先の方程式から如何に得られるかが明らかになるよう，$n = m+2$ と置いてみよう．すると以下を得る．

$$(1-yy)ddu + 2(m-1)ydydu - m(m-1)udy^2 = 0\,,$$

ここで便宜上，$u = (\alpha + \beta y)^m$ という式を調べることができるだろう．ここから，

$$du = m\beta dy(\alpha + \beta y)^{m-1} \quad \text{そして} \quad ddu = m(m-1)\beta\beta dy^2(\alpha + \beta y)^{m-2}$$

であり，この事実から

$$m(m-1)(\alpha + \beta y)^{m-2}(\beta\beta(1-yy) + 2\beta(\alpha y + \beta yy) - \alpha\alpha - 2\alpha\beta y - \beta\beta yy) = 0\,,$$

したがって，$\beta\beta = \alpha\alpha$，よって $u = C(1 \pm y)^m$ となる．さらには複号が理由で，完全な積分

$$u = C(1+y)^m + D(1-y)^m$$

が得られることになる．

37. 他方，次の方程式

$$(1-yy)ddu + 2(m-1)ydydu - m(m-1)udy^2 = 0$$

が，$(1 \pm y)^m$ で割られると，再度積分可能になると知ることは，有用だろう．まず，最初の方程式

$$x(1-4x)ddu - (n-3)dxdu - (n-2)(n-3)udx^2 + 2(2n-7)xdxdu = 0$$

は,

$$x^{-n+3}du - \frac{n-2}{2}x^{-n+2}udx$$

を乗じるならば,積分可能になる.さらに一般に,以下のように仮定した方程式,

$$xx(A+Bx)ddu + \frac{1}{2}(2\alpha+\lambda)\,Axdxdu + \frac{1}{2}\alpha(\lambda-2)\,Audx^2$$
$$+ \frac{1}{2}(2\alpha+\lambda+1)\,Bxxdxdu + \frac{1}{2}\alpha(\lambda-1)\,Bxudx^2 = 0$$

は,

$$x^{\lambda-2}du + \alpha x^{\lambda-3}udx$$

を乗じることで積分可能になり,積分は以下のようになる.

$$\frac{1}{2}x^{\lambda}(A+Bx)du^2 + \alpha x^{\lambda-1}(A+Bx)ududx$$
$$+ \frac{1}{2}\alpha\alpha x^{\lambda-2}(A+Bx)u^2dx^2 = \frac{1}{2}Cdx^2$$

すなわち,

$$x^{\lambda}du^2 + 2\alpha x^{\lambda-1}ududx + \alpha\alpha x^{\lambda-2}u^2dx^2 = \frac{Cdx^2}{A+Bx}\,.$$

したがって,

$$x^{\frac{1}{2}\lambda}du + \alpha x^{\frac{1}{2}\lambda-1}udx = \frac{dx\sqrt{C}}{\sqrt{A+Bx}}\,.$$

そしてここから,

$$u = x^{-\alpha}\int \frac{x^{\alpha-\frac{1}{2}\lambda}dx\sqrt{C}}{\sqrt{A+Bx}}$$

となる.

38. しかし,この一般的な方程式に,先の我々の方程式は含まれない.そこで,方程式

$$xx(A+Bx)ddu + x(C+Dx)dudx + (E+Fx)udx^2 = 0$$

が,

$$x^{\lambda-2}du + \alpha x^{\lambda-3}udx$$

を乗じたときに積分可能になるための条件を,より精密に探ってみよう.まず,

$$\frac{1}{2}x^\lambda(A+Bx)du^2 + \alpha x^{\lambda-1}(A+Bx)udvdx + \frac{\alpha E}{\lambda-2}x^{\lambda-2}uudx^2$$

$$+ \frac{\alpha F}{\lambda-1}x^{\lambda-1}u^2dx^2 = Gdx^2$$

が積分可能であるから，第 1 に

$$C = \left(\alpha + \frac{1}{2}\lambda\right)A, \quad D = \left(\alpha + \frac{1}{2}\lambda + \frac{1}{2}\right)B$$

となる必要があり，さらには次の 3 つの場合がある．

I ．$E = \frac{1}{2}\alpha(\lambda-2)A$ そして $F = \frac{1}{2}\alpha(\lambda-1)B$，これは上記の場合である．

あるいは，

II ．$\lambda = 2\alpha+2,\ F = \frac{1}{2}\alpha(2\alpha+1)B$，$E$ は不定の場合．

あるいは，

III ．$\lambda = 2\alpha+1,\ E = \frac{1}{2}\alpha(2\alpha-1)A$，$F$ は不定の場合．

39. かくして，2 つの十分大きな可能性のある微分の微分方程式があることになる．それは以下の方法で積分することができる．

I ． $xx(A+Bx)ddu + (2\alpha+1)Axdxdu + Eudx^2$

$$+ \left(2\alpha + \frac{3}{2}\right)Bxxdxdu + \frac{1}{2}\alpha(2\alpha+1)Bxudx^2 = 0,$$

これは

$$x^{2\alpha}du + \alpha x^{2\alpha-1}udx$$

を乗じることで，積分

$$\frac{1}{2}x^{2\alpha+2}(A+Bx)du^2 + \alpha x^{2\alpha+1}(A+Bx)udvdx + \frac{1}{2}Ex^{2\alpha}uudx^2$$

$$+ \frac{1}{2}\alpha\alpha Bx^{2\alpha+1}uudx^2 = Gdx^2$$

を与える．

もう 1 つの形は

II ． $xx(A+Bx)ddu + \left(2\alpha + \frac{1}{2}\right)Axdxdu + \frac{1}{2}\alpha(2\alpha-1)Audx^2$

$$+ (2\alpha+1)Bxxdxdu + Fxudx^2 = 0$$

で，これは

$$x^{2\alpha-1}du + \alpha x^{2\alpha-2}udx$$

を乗じることで，次のような積分を与える．

$$\frac{1}{2}x^{2\alpha+1}(A+Bx)du^2 + \alpha x^{2\alpha}(A+Bx)udud x$$

$$+ \frac{1}{2}\alpha\alpha A x^{2\alpha-1}u^2dx^2 + \frac{1}{2}Fx^{2\alpha}u^2dx^2 = Gdx^2\,.$$

前者の積分において，$A=1$, $B=-4$, $2\alpha+1=-n+3$ さらには $E=0$ とする
ならば，§35 において提示した方程式になる．

40. 他方，§23 で研究した列

$$\frac{dP}{dx} = x^{n-1} + \frac{n}{1}x^n + \frac{(n+1)(n+2)}{1\cdot 2}x^{n+1}$$

$$+ \frac{(n+2)(n+3)(n+4)}{1\cdot 2\cdot 3}x^{n+2} + \text{etc.}$$

の積分によって別の方程式が得られる．この列において，x が一定と考えて，次
の級数を考察してみよう．

$$s = 1 + \frac{n}{2}a^2 + \frac{(n+1)(n+2)}{2\cdot 4}a^4 + \frac{(n+2)(n+3)(n+4)}{2\cdot 4\cdot 6}a^6 + \text{etc.}$$

ここで，$aa=2x$ そして $\dfrac{dP}{dx}=x^{n-1}s$ である．ここで，補助として次の級数を
用意しよう．

$$\frac{(1+ay)^{-n+1} + (1-ay)^{-n+1}}{2}$$

$$= 1 + \frac{(n-1)\,n}{1\cdot 2}aay^2 + \frac{(n-1)\,n\,(n+1)(n+2)}{1\cdot 2\cdot 3\cdot 4}a^4y^4 + \text{etc.},$$

そして，これを簡略化のために

$$1 + Aa^2y^2 + Ba^4y^4 + Ca^6y^6 + \text{etc.}$$

と書くことにしよう．すると，

$$s = 1 + \frac{1}{n-1}Aa^2 + \frac{1\cdot 3}{(n-1)\,n}Ba^4 + \frac{1\cdot 3\cdot 5}{(n-1)(n+1)}Ca^6 + \text{etc.}$$

となる．ここでさらに

$$s = \frac{1}{z}\int dz\,(1 + Aa^2y^2 + Ba^4y^4 + Ca^6y^6 + \text{etc.})$$

と置くと，積分の後に y に対してある一定の値を割り当てるとして，

$$\int yydz = \frac{1}{n-1}\int dz\,,$$

240

$$\int y^4 dz = \frac{3}{n} \int yy\,dz\,,$$

$$\int y^6 dz = \frac{5}{n+1} \int y^4 dz\,.$$

さらには一般に

$$\int y^{2\lambda} dz = \frac{2\lambda - 1}{n+\lambda-2} \int y^{2\lambda-2} dz$$

となる必要がある.

41. したがって, 一般に

$$\int y^{2\lambda} dz = \frac{2\lambda - 1}{n+\lambda-2} \int y^{2\lambda-2} dz + \frac{Qy^{2\lambda-1}}{n+\lambda-2}$$

と置き, さらにこれを微分して $y^{2\lambda-1}$ で割ることで, 以下が導かれる.

$$(n+\lambda-2)yy\,dz = (2\lambda-1)dz + y\,dQ + (2\lambda-1)Q\,dy\,.$$

この等式は, すべての λ に対して成立しなければならない. よって,

$$yy\,dz = 2dz + 2Q\,dy$$

であると同時に

$$(n-2)yy\,dz = -dz + y\,dQ - Q\,dy$$

となる. したがって,

$$dz = \frac{2Q\,dy}{yy-2} = \frac{y\,dQ - Q\,dy}{(n-2)yy+1}$$

となり

$$\frac{dQ}{Q} = -\frac{(2n-3)y\,dy}{2-yy} \quad \text{そして} \quad Q = (2-yy)^{n-\frac{3}{2}}$$

さらには,

$$dz = -2dy(2-yy)^{n-\frac{1}{2}}$$

となる. 積分の後に $y = \sqrt{2}$ と置くと

$$\int y^{2\lambda} dz = \frac{2\lambda - 1}{n+\lambda-2} \int y^{2\lambda-2} dz$$

となるのだから, 積分の後に $y = \sqrt{2}$ と置くとして,

$$s = \frac{\int dy(2-yy)^{n-\frac{1}{2}}\left((1+ay)^{-n+1}+(1-ay)^{-n+1}\right)}{2\int dy(2-yy)^{n-\frac{1}{2}}}$$

となることがわかる.

42. この方法は，なるほど求めている和に対して，ただちに積分の式を提示するにしても，値を代数的表現で与えない．一方，すでに

$$\frac{dP}{dx} = \frac{x}{\sqrt{1-4x}}\left(\frac{1-\sqrt{1-4x}}{2}\right)^{n-2}$$

であることを見ているから，そこから

$$s = \frac{x^{2-n}}{\sqrt{1-4x}}\left(\frac{1-\sqrt{1-4x}}{2}\right)^{n-2} = \frac{1}{\sqrt{1-4x}}\left(\frac{1-\sqrt{1-4x}}{2x}\right)^{n-2}$$

となると結論できる．したがって，$2x = aa$ とすると，上記の積分の $y = \sqrt{2}$ の場合の値は，次のような代数的なものになる．

$$s = \frac{1}{\sqrt{1-2aa}}\left(\frac{1-\sqrt{1-2aa}}{aa}\right)^{n-2}.$$

以上の迂回は，決して無駄なものではないように思える．というのも，そこから，おそらく同種の多くの優れた別の事実が導出できるからである．

索引

r 重三角関数　88
アルキメデス　135
アルティン L 関数　40

因数　116

ウォリスの公式　29, 32, 69

L 関数　8, 10
円の求積　144

オイラー　2
オイラー積　3, 5, 16, 25, 28–30, 33, 35–39,
　　59–61
オイラー定数　26
オイラー−マクローリンの定理　47, 54
オイラー和公式　47, 54, 63, 68
オイラーの絶対ゼータ関数　107
オレーム　2

解析接続　36, 42, 51, 56, 59, 62, 66
関数等式　3, 41, 48, 50, 54, 56–59, 61, 81
ガンマ因子　59–61
ガンマ関数　51, 63, 68

奇数回偶数　135, 145, 208
級数 Z　213

偶数回偶数　134, 136, 145, 208
矩形数　215

弧　116
高次単数規準　47
ゴールドバッハ　128, 136
根　116
コンサニ　109
コンヌ　109

三重三角関数　85, 87
算術数列　177

自然対数　150
実素点　60

スーレ　109
数列の一般的求和　178
スターリングの公式　66, 73, 74

正弦　116, 117
$\zeta(3)$　3, 4€, 47
ゼータ正規化　66
積分表示　3, 5, 58
絶対ゼータ関数　3, 5, 65, 92, 107–109, 112
絶対的無限　139

素イデアル　60
双曲対数　150
素数　138, 139
素数の逆数の級数の和　149
素点　59

第 1 種の級数 ⊙　156, 159
第 2 種の級数 〉　159
タウバー型定理　33, 35–37

超幾何数列　164
調和級数　149
調和級数の和　193
直径 1 の円の円周 π　154

定積分のみ計算できる例　205
ディリクン L 関数　30
ディリクン指標　10, 20, 22, 23, 30–33, 35
デデキント・ゼータ関数　60

特殊値　3, 7, 8, 10, 28, 42, 43, 46, 48, 64,
　　71, 85

二重三角関数　71, 85
ニュートン　2, 123

バーゼル問題　7, 8
ハッセ・ゼータ関数　40

ヒルベルトの問題　61

フーリエ　70

フーリエ展開　70
フェルマー予想　40
複素素点　60

平方数　133
ベイリンソン–ブロック予想　47
ベルヌーイ　171
ベルヌーイ数　42, 44, 46, 48, 49, 63, 75
変形可能　213

補間　184
保型 L 関数　40, 61
保型形式　61

マーダヴァ　2

ミレニアム問題　61

無限級数　213, 214
無限級数 O　190
無限小　211

無限積分解　8, 72, 86, 89
無限素点　60
無限大　149

ユークリッド　27, 37
有限素点　60

予想　166

ライプニッツ　2, 120, 123
ラングランズ予想　61

リーマン　3, 4, 41, 50, 58, 59, 61, 62, 67,
　　　68, 82
リーマン・ゼータ関数　17
リーマン予想　40
リヒテンバウム予想　47

累乗　134

レルヒの公式　68

●著者・訳者紹介

黒川信重（くろかわ・のぶしげ）

1952 年栃木県生まれ. 1975 年東京工業大学理学部数学科卒業. 1977 年同大学院理工学研究科修士課程修了. 東京工業大学名誉教授. 専門は整数論・ゼータ関数論・絶対数学. 理学博士.

小山信也（こやま・しんや）

1962 年新潟県生まれ. 1986 年東京大学理学部数学科卒業. 1988 年東京工業大学大学院理工学研究科修士課程修了. 東洋大学理工学部教授. 専門は整数論・ゼータ関数論・量子カオス. 理学博士.

馬場 郁（ばば・かおる）

1959 年北海道生まれ. 1984 年東京大学教養学部教養学科（科学史・科学哲学専攻）卒業. 1987 年同大学院理学系研究科（科学史・科学哲学）修了, 理学修士. コレージュ・ド・フランス日本学高等研究所に勤務.

高田加代子（たかだ・かよこ）

1947 年神戸市生まれ. 1969 年奈良女子大学理学部数学科卒業. 平安女学院中学高等学校, 京都女子中学高等学校にて教鞭を執り, 2013 年退職. 日本数学協会会員.

オイラー《ゼータ関数論文集》

2018 年 8 月 30 日　第 1 版第 1 刷発行

著　者.............................黒川信重・小山信也 ©
訳　者.............................馬場　郁・高田加代子 ©
発行者.............................串崎　浩
発行所.............................株式会社 日本評論社
　　　　　　　　　　　〒170–8474 東京都豊島区南大塚 3–12–4
　　　　　　　　　　　TEL：03–3987–8621［営業部］　https://www.nippyo.co.jp/
企画・制作.....................亀書房［代表：亀井哲治郎］
　　　　　　　　　　　〒 264–0032 千葉市若葉区みつわ台 5–3–13–2
　　　　　　　　　　　TEL & FAX：043–255–5676　　E-mail：kame-shobo.nifty.com
印刷所.............................三美印刷株式会社
製本所.............................牧製本印刷株式会社
装　訂.............................駒井佑二

ISBN 978–4–535–79816–8　　Printed in Japan

JCOPY ＜(社)出版者著作権管理機構 委託出版物＞

本書の無断複写は著作権法上での例外を除き禁じられています.
複写される場合は, そのつど事前に,
　(社) 出版者著作権管理機構
　TEL：03-3513-6969, FAX：03-3513-6979, E-mail：info@jcopy.or.jp
の許諾を得てください.
また, 本書を代行業者等の第三者に依頼してスキャニング等の行為によりデジタル化することは,
個人の家庭内の利用であっても, 一切認められておりません.

ラマヌジャン《ゼータ関数論文集》

黒川信重・小山信也[著・訳]

孤高の天才数学者ラマヌジャンの数学の真価は《ゼータ関数》研究にある。いまこそ注目すべき重要論文4編の日本語訳と詳細な解説。　◆A5判　◆本体3,000円+税

日本評論社　創業100年記念出版

シリーズ ゼータの現在〈全6巻〉

ゼータへの招待　黒川信重・小山信也[著]

ゼータ(関数)の魅力を余すところなく伝えるシリーズの一冊目。ゼータの世界を概観し、さまざまなゼータ関数を具体的に解説する。[第1回配本]　◆A5判　◆本体1,900円+税

オイラーとリーマンのゼータ関数

黒川信重[著]

ゼータ関数の創始者オイラーと確立者であるリーマン。現代的な視点でオイラーの論文をたどりながら、「ゼータの現在」をとらえる。[第2回配本]　◆A5判　◆本体1,900円+税

セルバーグ・ゼータ関数

小山信也[著]　　　リーマン予想への架け橋

本邦初の解説書。関連分野が膨大なため初学者にとっては取り組みにくい内容を天下り的な記述を極力排し、ていねいに解説。[第3回配本]　◆A5判　◆本体2,300円+税

以下続刊(順不同、タイトルは仮題)

ガロア表現のゼータ関数　　　　　　　　　　田口雄一郎
p進ゼータ関数　　　　　　　　　　　　　　青木美穂
ハッセ・ゼータ関数　　　　　　　　　　　　深谷太香子

◆A5判　各巻180〜250ページ　予価:1,900円〜2,700円+税

素数からゼータへ,そしてカオスへ

小山信也[著]

《ゼータ関数》と《数論的量子カオス》への最新で画期的な入門書。リーマン予想も視野にとらえた、魅力あふれる世界へ読者を導く。　◆A5判　◆本体2,500円+税

日本評論社
https://www.nippyo.co.jp/